朝倉数学大系

砂田利一・堀田良之・増田久弥 〔編集〕

逆問題
―理論および数理科学への応用―

堤　正義 〔著〕

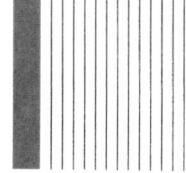

朝倉書店

〈朝倉数学大系〉
編集委員

砂田利一
明治大学教授
東北大学名誉教授

堀田良之
東北大学名誉教授

増田久弥
東京大学名誉教授
東北大学名誉教授

まえがき

　応用数理は，数学をバックボーンにした分野横断的かつ方法論的な側面を持つ本質的に多角的な学問である．

　逆問題は，自然科学や社会科学によって演繹された様々な法則，例えば，力学や電磁気学などの法則を援用して，観測データの中から有意な情報を引き出す様々な理論・手法に対して統一的に名付けられた分野で，応用数理の典型といえる．

　本書は，数理物理や画像処理科学における逆問題の理論と手法に関する題材を，その多角的な性格を強く意識しつつ，主として数学系の読者が関心を持つように心がけてまとめたものである．

　しかしながら，数学の専門書と異なり，逆問題の性格上，統一された理論というよりも料理本のごとく，個々の話題の集積・レシピの寄せ集め的性格を持たざるをえない．

　逆問題のそれぞれの話題に存在する共通の構造は，問題の非適切性と正則化である．したがって，非適切性や正則化の議論を関数解析で統一的にとらえて，それから具体的な話題に移るのが正統的な行き方ともいえようが，逆問題の多角的な性格を強調するために，本書ではあえて，逆な順序で扱った．それは，正則化理論の本質が，データ解析という帰納的推論にあり，演繹的推論である数学とは異質な側面があって，それに対する違和感を和らげたいという意図からでもある．

　また，逆問題の専門書では，工学的な側面が強く打ち出されていることが多いのだが，本書では，これもあえてそうせず，工学的な側面，特に数値解析に関しては，アイデア以上のことを扱うことはしていない．より具体的な詳細に

ついては他の良書を参照してほしい．画像処理に関係する話題が多いのであるが，可視化の工夫よりも理論の把握に重点をおいた．

また，なるべく記号を統一しようと試みたが，話題が多分野にわたっていることもあり，かつ記号の選択は分野の慣習に従った方がベターであるとも考えたので，部分的に他所と記号が異なっている箇所もあることを心に留めていただきたい．

取り上げた話題の選択は筆者の好みに従ったが，なるべく，一般的に多くの人が関心があるものを選択したつもりである．

本書を読むにあたって必要な基礎知識は，微積分と線形代数のほかに，複素関数論，フーリエ解析，関数解析，偏微分方程式の理論などである．

以下で各章の内容に簡単にふれる．

第1章では，古典量子論誕生の契機となった「黒体輻射」と「固体の比熱とフォノンスペクトル」に関する2つの逆問題を扱っている．前者は，1982年のボヤルスキー (Bojarski[15]) に始まる．後者の研究の歴史は面白い．1935年には，すでにブラックマン (Blackman[13]) によって数値解析されている．1942年にはモントロール (Montroll[76]) によって理論的に解析されて，さらには逆変換公式が導かれたが，たぶん忘れ去られた．1970年代にソ連の物理グループによってチホノフ正則化法を用いた数値解析がなされた．1982年には，数論やリーマン予想にからんだブッフゲイム (Bukhgeim[18]) の準安定性に関する話が発表された．1990年にチェン (Chen[23]) によって，数論のメービウス変換と関連付けて研究され，それが "Nature" のニュース[71] に取り上げられてちょっと話題を呼んだ．チェンの仕事は本質的にはモントロールの仕事の再発見である．それから以後もいろいろ研究されている．この2つの話題は，数学的に類似の構造を持っていて，同じ枠組で扱える．ここでは，関連する話題として，ラプラス逆変換の話も述べておいた．

第2章では，電気インピーダンストモグラフィーを扱う．人体の表面の電極から微弱電流を流して電位を測定して，人体内部の構造を調べる医療画像処理の理論的基礎付けである．物理的に実現可能なモデルと考えられている完全電極モデルについて述べる．数学的には，境界のデータから係数を決定する問題で，非線形かつ，強非適切な問題である．カルデロン (Calderon[22]) が先駆的な

研究をしたので，これらの問題をカルデロン問題ともいう．ここでは，その基本的な係数決定の一意性定理に関して，最初の仕事であるシルベスター・ウルマン (Sylvester-Uhlmann[92]) の仕事と最近のブッフゲイム (Bukhgeim[19]) のアイデアによる 2 次元への拡張を紹介する (ただし，ブッフゲイムの原論文よりは，かなり単純になっている)．

第 3 章では，回折トモグラフィー，すなわち，一様でない媒質中の屈折率を求めるポテンシャル逆散乱問題を扱っている．振動数 (周波数) が小さいときは，遠方場を特徴付ける散乱振幅から屈折率を求める逆問題は線形であるが，精度を上げようとすると非線形な逆問題を解くことになる．ここでも，前章のように，屈折率決定の一意性定理をコルトン・クレス (Colton-Kress[30]) を参考に一般的な形で述べた．2 次元は，やはり，前章と同じくブッフゲイムのアイデアを用いた．

第 4 章では心電図の原理を記述する．心外膜と心内膜の電位を間接的に測定することにより，心臓の病変を診断することが可能である．これらの問題はいずれもラプラス方程式の有界な境界における初期値問題を解くことに帰着される．本章では，このラプラス方程式に対する初期値問題を等価な弱形式で表し，その近似可解性について議論する．これにより，近似解の条件安定性や有用な近似数値解法が得られるが，それには深く言及しない．また，ラテス・リオンス (Lattès-Lions[67]) による準可逆法と，対数凸法についても簡単にふれた．

第 5 章では，医療診断で重要な役割を演じているコンピュータ断層撮影法 (CT) の数学的基盤であるラドン変換と関連する積分変換と，それらの逆変換による画像再構成の基本について述べた．CT に関連した技術は，今や大きな産業に成長し，医療診断で絶え間ない進化を遂げているだけでなく，常に多くの新しい応用が生み出されている．新しい応用には，新しい数学理論を必要としていて，数学研究の対象としても牽引車の役割を果たしている．

第 6 章では，逆問題の解法で最も重要な非適切問題の正則化を扱う．はじめに，バナッハ空間における線形作用素の枠組で正則化を議論し，さらに，それの非線形への拡張を反復法とからめて述べた．

ところで，電子計算機が発達するずっと昔の 1930 年代に，チホノフ (Tikhonov) は，観測データから有意な情報を引き出す理論においては，演繹

的法則を用いたとしても，非適切な問題を扱わざるを得ず，それにもかかわらずデータから有意な情報を引き出すためには，問題の正則化が必要であることを認識していた．近年，ヴァプニク (V. N. Vapnik) によって統計学的見地からそのパラダイムの変更の重要さが指摘され，さらに，2000年代に入り逆問題の正則化理論と統計的学習理論との類似性の研究が進展している．本書ではこれらに関連した話題は，紙数の関係もありふれていない．

　第7章では，偏微分方程式で記述される逆問題，特に，係数同定問題安定性評価などに有力な手段を提供するカルレマン型評価に関する話題を扱った．方程式をシュレディンガー方程式に限ったのは，単に筆者の好みである．メルカド・オッセス・ロジヤー (Mercado-Osses-Rosier[73]) の最近の仕事だけを紹介したが，それだけでも手法のアイデアは把握でき，様々な方程式系への拡張が可能であろう．

　本書の執筆にあたっては，多くの人の援助を受けた．特に，第1章の「固体の比熱とフォノンスペクトル」の逆問題に関して，いろいろ文献を紹介いただいた故田崎秀一教授と，原稿の一部をセミナーして多くのミスを指摘してくれた研究室の学生諸君，さらには，本書執筆の動機付けを与えてくれた応用数理学科のスタッフ；伊藤公久，大石信一，柏木雅英，北田韶彦，鈴木　武，高橋大輔，谷口正信，橋本喜一朗，松嶋敏泰，山田義雄，匂坂芳典，豊泉　洋 の諸氏に感謝の意を表する．

　最後に，貴重なコメントをいただいた編集委員の増田久弥先生と朝倉書店編集部に心からの感謝を申し上げる．

　　　2012年9月

堤　　正　義

～本書を恩師 故 飯野理一早稲田大学名誉教授に捧ぐ～

目　　次

1　メービウス逆変換の一般化と物理学への応用 ……………… 1
- 1.1　物理学からの古典的話題 ……………………………………… 1
  - 1.1.1　黒体輻射の問題 ……………………………………………… 1
  - 1.1.2　固体の比熱とフォノンスペクトル ………………………… 2
- 1.2　数学の準備 ……………………………………………………… 5
  - 1.2.1　メービウス逆変換 …………………………………………… 5
  - 1.2.2　メリン変換 …………………………………………………… 8
  - 1.2.3　リーマン予想と条件安定性 ………………………………… 15
  - 1.2.4　ラプラス変換 ………………………………………………… 19
  - 1.2.5　積分作用素 …………………………………………………… 21
- 1.3　物理への応用 …………………………………………………… 23
  - 1.3.1　逆黒体輻射 …………………………………………………… 23
  - 1.3.2　固体の比熱とフォノンスペクトル ………………………… 30
  - 1.3.3　数 値 解 法 …………………………………………………… 37
  - 1.3.4　ラプラス逆変換の実解法 …………………………………… 42

2　電気インピーダンストモグラフィー ………………………… 49
- 2.1　問 題 設 定 ……………………………………………………… 49
  - 2.1.1　完全電極モデル ……………………………………………… 49
  - 2.1.2　線形化問題 …………………………………………………… 51
  - 2.1.3　連続モデル …………………………………………………… 52
- 2.2　カルデロン問題の一意性 ……………………………………… 53
  - 2.2.1　高 調 波 解 …………………………………………………… 55

         2.2.2 一意性の証明 ……………………………………… 68
         2.2.3 $n=2$ の場合の定理 2.3 の証明 …………………… 72

 3 回折トモグラフィー …………………………………………… 86
    3.1 はじめに ……………………………………………………… 86
    3.2 順 問 題 ……………………………………………………… 87
         3.2.1 遠方場パターン ……………………………………… 93
    3.3 逆 問 題 ……………………………………………………… 97
         3.3.1 線形逆問題 …………………………………………… 97
         3.3.2 非線形逆問題 ………………………………………… 99
         3.3.3 逆問題の解の近似解法 ……………………………… 110

 4 ラプラス方程式のコーシー問題 ……………………………… 113
    4.1 心 電 図 法 …………………………………………………… 113
         4.1.1 心外膜電位測定 ……………………………………… 113
         4.1.2 心内膜電位測定 ……………………………………… 114
    4.2 ラプラス方程式のコーシー問題 ………………………… 116
         4.2.1 一 意 性 ……………………………………………… 117
         4.2.2 解 の 存 在 …………………………………………… 118
    4.3 準 可 逆 法 …………………………………………………… 125
    4.4 半 平 面 問 題 ………………………………………………… 129

 5 ラドン変換 ……………………………………………………… 134
    5.1 透過型断層撮影法 ………………………………………… 134
    5.2 ラドン変換の一般論 ……………………………………… 136
    5.3 ラドン変換に関連した積分変換 ………………………… 142
         5.3.1 X 線 変 換 …………………………………………… 143
         5.3.2 コーンビーム変換 …………………………………… 146
         5.3.3 減衰を含むラドン変換 ……………………………… 148
         5.3.4 テンソル場の X 線変換 ……………………………… 148

 5.4 CT 再構成アルゴリズム $\cdots\cdots\cdots\cdots\cdots\cdots\cdots\cdots\cdots\cdots\cdots\cdots$ 150
  5.4.1 フィルタ逆投影法 $\cdots\cdots\cdots\cdots\cdots\cdots\cdots\cdots\cdots\cdots\cdots\cdots$ 150
  5.4.2 反　復　法 $\cdots\cdots\cdots\cdots\cdots\cdots\cdots\cdots\cdots\cdots\cdots\cdots\cdots\cdots$ 158
  5.4.3 フーリエ再構成 $\cdots\cdots\cdots\cdots\cdots\cdots\cdots\cdots\cdots\cdots\cdots\cdots\cdots$ 163
  5.4.4 コーンビーム変換の再構成 $\cdots\cdots\cdots\cdots\cdots\cdots\cdots\cdots\cdots$ 164

6 非適切問題の正則化 $\cdots\cdots\cdots\cdots\cdots\cdots\cdots\cdots\cdots\cdots\cdots\cdots\cdots\cdots\cdots$ 166
 6.1 非適切線形問題とコンパクト作用素 $\cdots\cdots\cdots\cdots\cdots\cdots\cdots\cdots$ 167
  6.1.1 適切な問題と非適切な問題 $\cdots\cdots\cdots\cdots\cdots\cdots\cdots\cdots\cdots$ 167
  6.1.2 最小 2 乗解と一般化された逆作用素 $\cdots\cdots\cdots\cdots\cdots\cdots$ 169
  6.1.3 コンパクト作用素の特異値分解 $\cdots\cdots\cdots\cdots\cdots\cdots\cdots\cdots$ 175
  6.1.4 平滑性の仮定と誤差の評価 $\cdots\cdots\cdots\cdots\cdots\cdots\cdots\cdots\cdots$ 178
  6.1.5 正　則　化　列 $\cdots\cdots\cdots\cdots\cdots\cdots\cdots\cdots\cdots\cdots\cdots\cdots\cdots$ 179
  6.1.6 特異値分解による正則化 $\cdots\cdots\cdots\cdots\cdots\cdots\cdots\cdots\cdots\cdots$ 182
 6.2 チホノフの正則化法 $\cdots\cdots\cdots\cdots\cdots\cdots\cdots\cdots\cdots\cdots\cdots\cdots\cdots$ 185
 6.3 モロゾフの相反原理 $\cdots\cdots\cdots\cdots\cdots\cdots\cdots\cdots\cdots\cdots\cdots\cdots\cdots$ 193
 6.4 非線形問題への拡張 $\cdots\cdots\cdots\cdots\cdots\cdots\cdots\cdots\cdots\cdots\cdots\cdots\cdots$ 199
  6.4.1 非線形チホノフ正則化 $\cdots\cdots\cdots\cdots\cdots\cdots\cdots\cdots\cdots\cdots\cdots$ 205
 6.5 反　復　法 $\cdots\cdots\cdots\cdots\cdots\cdots\cdots\cdots\cdots\cdots\cdots\cdots\cdots\cdots\cdots\cdots$ 210

7 カルレマン評価 $\cdots\cdots\cdots\cdots\cdots\cdots\cdots\cdots\cdots\cdots\cdots\cdots\cdots\cdots\cdots\cdots$ 220
 7.1 シュレディンガー発展方程式のカルレマン評価 $\cdots\cdots\cdots\cdots\cdots$ 220
  7.1.1 基本的恒等式 $\cdots\cdots\cdots\cdots\cdots\cdots\cdots\cdots\cdots\cdots\cdots\cdots\cdots\cdots$ 221
  7.1.2 荷重関数と評価式 $\cdots\cdots\cdots\cdots\cdots\cdots\cdots\cdots\cdots\cdots\cdots\cdots$ 226
  7.1.3 擬凸カルレマン荷重関数の構成 $\cdots\cdots\cdots\cdots\cdots\cdots\cdots\cdots$ 235
 7.2 逆問題への応用・境界の観測データに関する安定性 $\cdots\cdots\cdots\cdots$ 237

参　考　文　献 $\cdots\cdots\cdots\cdots\cdots\cdots\cdots\cdots\cdots\cdots\cdots\cdots\cdots\cdots\cdots\cdots\cdots\cdots\cdots\cdots$ 243
索　　　　引 $\cdots\cdots\cdots\cdots\cdots\cdots\cdots\cdots\cdots\cdots\cdots\cdots\cdots\cdots\cdots\cdots\cdots\cdots\cdots\cdots$ 249

第1章 メービウス逆変換の一般化と物理学への応用

19世紀の前半，熱統計物理学や物性物理学の理論が明確な形を取り始めるころからずっと研究され，量子力学誕生のきっかけとなった「黒体輻射」と「固体の比熱とフォノンスペクトル」に関する逆問題を数学的に解析する．解析は，荷重ルベーグ空間の中で主としてメリン変換やラプラス変換を用いて展開した．この逆問題は，整数論に現れるメービウス逆変換やゼータ関数のゼロ点に関するリーマン予想が絡んできたりして，なかなか興味深い構造がある．さらに，これらの逆変換公式にはラプラス逆変換が含まれているので，関連する話題として，ラプラス逆変換の実解法についても少しふれておく．

1.1 物理学からの古典的話題

1.1.1 黒体輻射の問題

温度が T の熱平衡状態にある物体を考える．この物体は，電磁波 (光) の放出および吸収を行っている．この物体が，入射するすべての電磁波 (光) を吸収するとき，その物体を黒体という．この黒体が放出する電磁波 (光) は，その温度だけで定まり，物体の形状にはよらない．黒体は，実際には存在しない仮想的なものであるが，それに近い振舞いをするものを考えることはできる．

例えば，よく用いられる例として，小さな覗き窓のある炉の内部がある．炉を加熱すると炉の温度が上がり，内部壁面より光を放出して覗き窓より光が出る．覗き窓を閉じれば，放出した光は外に洩れない．光は，炉の内部壁面に吸収され，同時に内部壁面から放出され，これらのことが無限に繰り返されて熱平衡の状態になる．このとき，光の波長は，炉の形状によらず温度だけの関数になる．このように，炉の内部を黒体として扱うことができる．

炉の温度を上げると，覗き窓から見える光は，暗赤色から，赤，橙，黄，青，紫，白と変化する．この経験的事実を古典力学と古典的統計力学ではうまく説明できなかった．

この黒体輻射の問題は，プランク (Planck) によって解かれた．プランクは量子仮説を用いてこの現象を説明した．量子仮説とは

「振動数 ν を持つ光には最小のエネルギー単位 ϵ があって

$$\epsilon = h\nu$$

と表される」という主張である．ただし，h はプランク定数である．量子仮説は，量子力学成立のきっかけを作り，現在はプランク則と呼ばれる．

絶対温度 T の黒体の単位面積あたりに放出されるエネルギースペクトル $P(\nu)$ は，プランクの輻射公式

$$P(\nu) = \frac{2h\nu^3}{c^2} \frac{1}{e^{h\nu/k_B T} - 1}$$

で与えられる．ただし，h はプランク定数，k_B はボルツマン (Boltzmann) 定数，c は光速である．その導出は，黒体から放出される電磁波を，その振動数の調和振動子と考え，そのエネルギーの値が ϵ の整数倍のみ許されると考えて，プランクの法則を用いる．詳細は，量子力学の教科書を参照されたい．

もし黒体の (単位面積あたりの) 温度分布が $a(T)$ ならば，全エネルギースペクトル $W(\nu)$ は

$$W(\nu) = \frac{2h\nu^3}{c^2} \int_0^\infty \frac{1}{e^{h\nu/k_B T} - 1} a(T) dT$$

である．

逆問題は，全エネルギースペクトル $W(\nu)$ を与えて，温度分布 $a(T)$ を求める問題で，1980 年代にボヤルスキー (Bojarski[15]) によって最初に提案され，それ以後多くの研究がなされている．

1.1.2　固体の比熱とフォノンスペクトル

温度が減少するとき固体の比熱が減少する現象も，黒体輻射の問題と同様に，定性的にでさえも，古典力学と古典統計力学ではうまく説明できなかった．プ

ランクの量子仮説が当時の物理界で受け入れられたのは，黒体輻射の問題だけでなく，アインシュタイン (Einstein) がプランクの量子仮説を固体の格子振動に応用してこの説明に成功したことも，その要因の1つであった.

アインシュタインの方法による通常の結晶の分配関数の振動因子は

$$Q = \prod_{i=1}^{3N} \frac{e^{-h\nu_i/2k_BT}}{1-e^{-h\nu_i/k_BT}}$$

であり，アインシュタインの「結晶のすべての$3N$個の振動数が等しい数値を持つ」という仮定による結果は低温部分の，$3NkT$のデュロン・プティ(Dulong-Petit) 値以下で観測される比熱の減少を説明している．ここで，hはプランク定数でk_Bはボルツマン定数，Tは絶対温度，ν_iはi番目の基準振動数，Nは格子数である.

20世紀はじめにおける比熱の精密測定の結果，アインシュタインの理論は低温部分で定量的には実験と一致しないことがわかった．デバイ (Debye) とボルン・フォン・カルマン (Born - von Karman) はこの食い違いが，「結晶格子は同一のアインシュタイン振動数を持っておらず，基準振動 (波数ベクトル) は，ある分布を持っている」という事実に起因していることを指摘した．例えば，格子点の熱による振動の自由エネルギー$F_V(T)$への寄与は

$$F_V(T) = -k_BT \int_0^\infty g(\nu)\log(1-e^{-h\nu/k_BT})d\nu$$

と表される．ここで，$g(\nu)$は，振動数νの分布である.

デバイは固体を等しい弾性を持つ連続体として扱うことを提案し，その結果ν^2に比例した振動数分布を導き，理論的には結晶では定数であるパラメータ$\Theta = h\nu_L/k_B$を用いた物理量の方程式を導いた．ここで，ν_Lは最大基準振動数である．Θはデバイ温度と呼ばれる．しかし，デバイの理論は，後で述べるボルン・フォン・カルマン理論に比べて数学的には，はるかに簡単に扱えたのだが，まだ不十分であった．なぜなら，実験によるとΘは広い温度領域で定数ではないことが認められたからである.

ボルン・フォン・カルマンが行ったアインシュタイン理論の拡張は，デバイが提案したモデルより，より正確な物理像を与えている．しかし，その理論は

1次元の場合は解析的に解くことができるが，2次元，3次元の場合には解析的に解くことはできず，難しい数値計算が必要になる．ボルン・フォン・カルマン理論においては，結晶と同じように同じ結合定数と力の定数を持つ連結した振動子の集合の方程式 (格子波方程式) を導出して，その基準振動が N^3 のオーダーの永年行列式の特性根であることを示す．基準振動 $\mathbf{q}$ に対する永年行列式の根をすべて求めて，ν と $\nu + d\nu$ に入る振動数の個数を数えあげれば，振動数分布は求められる．これによって，振動数分布を数値計算により実際に計算することが可能になる．しかし，今のところ数値計算以外に有効な手だてはない．そこで逆に，固体比熱の実験データから，振動数分布を計算することが考えられる．この逆問題を解くためには，まず，振動数分布がわかっているとして，振動数分布と比熱の関係式を求めることが必要である．

格子波は熱によって励起される．比熱の計算は量子化して考える．格子方程式はカノニカルな座標変換によって，1組の独立な調和振動子の運動方程式になる．したがって，この励起の量子 (フォノン) はボーズ・アインシュタイン型でなければならない．すなわち，基準振動 $\mathbf{q}$ にはエネルギー $\hbar\nu_q$ のフォノンをいくらでも与えることができる．よって，統計力学の理論より基準振動 $\mathbf{q}$ には，平均して

$$\overline{n}_q = \frac{1}{e^{\hbar\nu_q/kT} - 1}$$

個のフォノンが存在し，それらが寄与するエネルギーは

$$\overline{E_q} = \left(\overline{n}_q + \frac{1}{2}\right)\hbar\nu_q$$

である．よって，系の全エネルギーは，

$$\overline{E} = \sum_q \frac{\hbar\nu_q(e^{\hbar\nu_q/k_BT} + 1)}{2(e^{\hbar\nu_q/k_BT} - 1)}$$

で与えられる．ただし，和はすべての基準振動にわたってとる．$\mathcal{D}(\nu)$ を $g(\nu)d\nu$ が区間 $[\nu, \nu+d\nu]$ に存在する振動数を持つ基準振動の個数を表すものとすると，単位格子あたり n 個の原子を持つ結晶構造には全部で $3nN$ 個の基準振動が存在して

$$\overline{E} = 3nN \int_0^\infty \frac{\hbar\nu(e^{\hbar\nu/k_BT}+1)}{2(e^{\hbar\nu/k_BT}-1)} \mathcal{D}(\nu)d\nu$$

となる．比熱はエネルギーを温度で微分したものであるから

$$C_V(T) = \frac{\partial \overline{E}}{\partial T} = 3nNk_B \int_0^\infty \left(\frac{\hbar\nu}{k_BT}\right)^2 \frac{e^{\hbar\nu/k_BT}}{(e^{\hbar\nu/k_BT}-1)^2} \mathcal{D}(\nu)d\nu$$

である．よって，格子比熱をすべての温度 T にわたって求めることができれば，この積分方程式を逆に解くことによって，$\mathfrak{D}(\nu)$ を求めることができる．1942年に，モントロール (E.W. Montroll) は，論文[76]でこのことを指摘していた．

この逆問題の数値計算は膨大な計算量を必要とし，電子計算機が必要であった．1970 年代，その当時急速に発達してきた電子計算機を用いて，ロシアの数理物理グループが，この問題の数値解析を試みた．その際，数学者チホノフ (Tikhonov) の正則化理論が用いられ，その理論の有効性が確認された[61]．

1.2 数 学 の 準 備

1.2.1 メービウス逆変換

$1 \leq p < \infty, \lambda \in \mathbb{R}$ に対して $L_\lambda^p(\mathbb{R}_+)$ を有限なノルム

$$\|f\|_{\lambda,p} = \left(\int_0^\infty |x^\lambda f(x)|^p dx\right)^{1/p}$$

を持つバナッハ (Banach) 空間とする．

任意の整数論的関数 $\alpha(n), n \in \mathbb{N}$ と $f \in C_0(\mathbb{R}_+)$ に対して，乗法的作用素 $A^\pm$ を

$$(A^\pm f)(x) = \sum_{n=1}^\infty a(n)f(n^{\pm 1}x) \tag{1.1}$$

によって定義する．ただし，$C_0(\mathbb{R}_+)$ は $\mathbb{R}_+$ で定義されたコンパクトな台を持つ連続な実関数の全体とする．ここで，またこれ以降も，± は現れる同じ順序にとるものとする．

補題 1.1 $\lambda \in \mathbb{R}$ に対して

$$c_\lambda^\pm = \sum_{n=1}^\infty n^{\mp(\lambda+1/p)}|a(n)| < \infty \qquad (1.2)$$

ならば，$A^\pm$ は $L_\lambda^p(\mathbb{R}_+)$ 上の有界線形作用素で，

$$\|A^\pm f\|_{\lambda,p} \le c_\lambda^\pm \|f\|_{\lambda,p} \qquad (1.3)$$

となる．

[証明] ノルムに関する三角不等式と条件 (1.2) より

$$\|A^\pm f\|_{\lambda,p} = \left\|\sum_{n=1}^\infty a(n)f(n^{\pm 1}\cdot)\right\|_{\lambda,p}$$
$$\le \sum_{n=1}^\infty |a(n)| \left\|f(n^{\pm}\cdot)\right\|_{\lambda,p}$$
$$\le \sum_{n=1}^\infty |a(n)| n^{\mp(p\lambda+1)/p} \left(\int_0^\infty \left||n^{\pm 1}x|^\lambda f(n^{\pm 1}x)\right|^p d\left(n^{\pm 1}x\right)\right)^{1/p}$$
$$= c_\lambda^\pm \|f\|_{\lambda,p}$$

となり (1.3) が従う．証明終わり．

$A^\pm$ の逆作用素を求めるために，整数論に現れるメービウス (Möbius) の反転公式を拡張する．メービウス関数 $\mu(n)$ は，次式で定義される．

$$\mu(n) = \begin{cases} 1 & n=1 \\ (-1)^r & n \text{ が相異なる } r \text{ 個の素因数に分解されるとき} \\ 0 & \text{その他} \end{cases}$$

$f \in C_0(\mathbb{R}_+)$ に対して，作用素 $B^\pm$ を

$$(B^\pm f)(x) = \sum_{n=1}^\infty a(n)\mu(n)f(n^{\pm 1}x) \qquad (1.4)$$

で定義する．このとき，次の定理が成り立つ．

定理 1.1 $\lambda \in \mathbb{R}$ に対して

$$C_\lambda^\pm = \sum_{n=1}^\infty n^{\mp(\lambda+1/p)}|a(n)\mu(n)| < \infty \tag{1.5}$$

ならば, $B^\pm$ は $L_\lambda^p(\mathbb{R}_+)$ 上の有界線形作用素で,

$$\|B^\pm f\|_{\lambda,p} \leq C_\lambda^\pm \|f\|_{\lambda,p} \tag{1.6}$$

である. さらに, $a(n)$ が乗法的, すなわち, $a(m)a(n) = a(mn)$, $(n, m \in \mathbb{N})$ ならば,

$$A^\pm B^\pm f = B^\pm A^\pm f = f, \quad \forall f \in L_\lambda^p(\mathbb{R}_+) \tag{1.7}$$

が成り立つ. すなわち, $A^\pm$ は可逆で, $B^\pm = (A^\pm)^{-1}$ である. このとき,

$$\|f\|_{\lambda,p} \leq C_\lambda^\pm \|A^\pm f\|_{\lambda,p}, \quad \forall f \in L_\lambda^p(\mathbb{R}_+) \tag{1.8}$$

が成立する.

[証明] 補題 1.1 より, 前半の主張が成り立つ. したがって, $a(n)$ が乗法的なとき, 任意の $f \in C_0(\mathbb{R}_+)$ に対して $A^\pm B^\pm f = f$ が成り立つことを示せば十分である.

$$\sum_{mn=k} \mu(m) = \sum_{m|k} \mu(m) = \delta_{k1}$$

であるから

$$\sum_{n=1}^\infty a(n) \left(\sum_{m=1}^\infty a(m)\mu(m)f(m^{\pm 1}n^{\pm 1}x) \right)$$
$$= \sum_{k=1}^\infty \left[\sum_{mn=k} \mu(m) \right] a(mn)f((mn)^{\pm 1}x)$$
$$= a(1)f(x) = f(x).$$

証明終わり.

特に, $a(n) = n^{-\alpha}(\alpha \in \mathbb{R})$ の場合は

$$(T_\alpha^\pm f)(x) = \sum_{n=1}^\infty n^{-\alpha} f(n^{\pm 1}x) \tag{1.9}$$

と定義する.

系 1.1 $\lambda = \pm(\sigma - \alpha) - \dfrac{1}{p}$, $\sigma > 1$ のとき

$$\|f\|_{\lambda,p} \leq \frac{\zeta(\sigma)}{\zeta(2\sigma)} \|T_\alpha^\pm f\|_{\lambda,p}, \quad \forall f \in L_\lambda^p(\mathbb{R}_+) \tag{1.10}$$

が成り立つ. ただし, $\zeta(\sigma)$ はリーマン (Riemann) のゼータ関数である.

[証明] 定理 1.1 で, $a(n) = n^{-\alpha}\mu(n)$ とおき, よく知られた公式

$$\frac{\zeta(\sigma)}{\zeta(2\sigma)} = \sum_{n=1}^\infty \frac{\mu(n)^2}{n^\sigma}$$

を用いる. 証明終わり.

系 1.1 より, $\sigma > 1$ ならば, g を与えて f を求める問題 $T_\alpha^\pm f = g$ は適切である. $\sigma < 1$ のとき, 問題は, 非適切になる. (適切性の定義については, 第 6 章を参照せよ. ここでは, 問題の適切性は $T_\alpha^\pm$ が有界な逆作用素を持つことを意味することを述べるに留める.)

注意 1.1 定理 1.1 で $\alpha(n) = 1$ とすると,

$$g(x) = \sum_{n=1}^\infty f(nx) \iff f(x) = \sum_{n=1}^\infty \mu(n)g(nx)$$

$$g(x) = \sum_{n=1}^\infty f\left(\frac{x}{n}\right) \iff f(x) = \sum_{n=1}^\infty \mu(n)g\left(\frac{x}{n}\right)$$

が成り立つ. 後者は, 物理のこの方面の研究者の間ではチェン (Chen[23]) の逆変換公式として知られている.

ただし, これらの逆変換公式は, 数学ではもっと以前より知られていて, 例えば, 証明とともにエドワーズ (Edwards[35](1974)) の本 p.217 に載っている.

1.2.2 メリン変換

$s \in \mathbb{C}$ に対して, 変換 $f \mapsto \mathcal{M}[f]$:

$$\mathcal{M}[f](s) = \int_0^\infty x^{s-1} f(x) dx \tag{1.11}$$

を，メリン (Mellin) 変換と呼ぶ．

$\sigma_1, \sigma_2, \in \mathbb{R}$, $\sigma_1 < \sigma_2$, $s = \sigma + it$ に対して

$$\Sigma(\sigma_1, \sigma_2) = \{s \in \mathbb{C} : \sigma_1 < \mathrm{Re}(s) = \sigma < \sigma_2\},$$

$$\mathbb{A}(\sigma_1, \sigma_2) = \{a(s) : a(s) \text{ は領域 } \Sigma(\sigma_1, \sigma_2) \text{ で解析的 }\}$$

と定義する．$\Sigma(\sigma_1, \sigma_2)$ を基本帯状領域と呼ぶ．

命題 1.1 $\sigma_1, \sigma_2 \in \mathbb{R}$, $\sigma_1 < \sigma_2$ とする．$f \in L^1_{\mathrm{loc}}(\mathbb{R}_+)$ で

$$f(x) = O(x^{-\sigma_1}) \quad (x \to 0), \tag{1.12}$$

$$f(x) = O(x^{-\sigma_2}) \quad (x \to \infty) \tag{1.13}$$

ならば，任意の $s \in \Sigma(\sigma_1, \sigma_2)$ に対して $\mathcal{M}[f]$ は存在し，$\Sigma(\sigma_1, \sigma_2)$ で解析的である．すなわち，$\mathcal{M}[f] \in \mathbb{A}(\sigma_1, \sigma_2)$ となる．$f \in C_0(\mathbb{R})$ ならば，$\mathcal{M}[f] \in \mathbb{A}(-\infty, \infty)$ である．

命題 1.1 の証明はティッチマルシュ (Titchmarsh[96]) を参照せよ．

以下に，メリン変換のよく知られた性質を列挙する．ただし，話を簡単にするために $f \in C_0^\infty(\mathbb{R}_+)$ と仮定する．ここで，$C_0^\infty(\mathbb{R}_+)$ は $\mathbb{R}_+$ で定義されたコンパクトな台を持つ無限回微分可能な実関数の全体である．そうすれば，それらの性質の証明は簡単にチェックできる．

1) 任意の $s \in \mathbb{C}$ に対して，

$$\mathcal{M}[f](s) = \mathcal{M}[\mathscr{I}f](-s) \tag{1.14}$$

となる．ただし

$$(\mathscr{I}f)(x) = f\left(\frac{1}{x}\right) \tag{1.15}$$

とする．

2) 任意の $s \in \mathbb{C}$, $\alpha \in \mathbb{R}$ に対して，

$$\mathcal{M}[x^\alpha f](s) = \mathcal{M}[f](s + \alpha) \tag{1.16}$$

となる．

3) $D = -x\dfrac{\partial}{\partial x}$ とすると
$$\mathcal{M}[D^m f](s) = s^m \mathcal{M}[f](s) \tag{1.17}$$
となる.

4) $s = \sigma + it$ とすると
$$\mathcal{M}[f](s) = \int_{-\infty}^{\infty} f(e^y) e^{(\sigma+it)y} dy = \mathscr{F}[f(e^y)e^{\sigma y}](t) \tag{1.18}$$
であり,パーセバルの等式より
$$\|\mathcal{M}[f](\sigma + i\cdot)\|_{L^2}^2 = \|f\|_{\sigma-\frac{1}{2},2}^2 \tag{1.19}$$
が成り立つ.ただし,$\mathscr{F}[\cdot]$ はフーリエ変換を表す.

5) 任意に固定した $c \in \mathbb{R}$ に対して
$$f(x) = \dfrac{1}{2\pi i} \int_{c-i\infty}^{c+i\infty} \mathcal{M}[f](s) x^{-s} ds \tag{1.20}$$
が成り立つ.

注意 1.2 $f \in C^1(\mathbb{R}_+)$ かつ (1.11) の右辺が $a < \mathrm{Re}(s) < b$ で絶対収束すれば,$a < c < b$ に対して (1.20) が成立する.また,$1 < p \leq 2$ に対して $f \in L_\lambda^p(\mathbb{R}_+)$ ならば $\mathcal{M}[f] \in L_\lambda^q, q = p/(p-1)$ で,$c = \lambda$ に対して (1.20) が成立する.

$F(s) = \mathcal{M}[f]$ が与えられたとき,写像
$$\mathcal{M}^{-1} : F \mapsto \dfrac{1}{2\pi i} \int_{c-i\infty}^{c+i\infty} F(s) x^{-s} ds \tag{1.21}$$
をメリン逆変換とよぶ.5) より
$$f(x) = \mathcal{M}^{-1}\mathcal{M}[f](x)$$
である.

さらに,$f, g \in C_0^\infty(\mathbb{R})$ に対して,乗法的畳み込み

$$(f \vee g)(t) = \int_0^\infty f\left(\frac{t}{u}\right) g(u) \frac{du}{u} \tag{1.22}$$

を定義すると，

$$\mathcal{M}[f \vee g](s) = F(s)G(s), \tag{1.23}$$

$$\mathcal{M}^{-1}[F(s)G(s)](t) = (f \vee g)(t) \tag{1.24}$$

が成り立つ．ただし，$F(s) = \mathcal{M}[f](s), G(s) = \mathcal{M}[g](s)$ である．

次の補題の主張はよく知られている．証明は，例えば，ティッチマルシュ[96]，第2章 p.13-23) に載っている．

補題 1.2 ガンマ関数は $\mathrm{Re}(s) > 0$, $\mathrm{Re}(a) > 0$ において

$$\Gamma(s) = \int_0^\infty x^{s-1} e^{-x} dx = \mathcal{M}[e^{-x}](s) = a^s \mathcal{M}[e^{-ax}](s) \tag{1.25}$$

と書ける．また，ゼータ関数について $\mathrm{Re}(s) > 1$, $\mathrm{Re}(a) > 0$ において

$$\zeta(s)\Gamma(s) = \int_0^\infty x^{s-1} \frac{1}{e^x - 1} dx = \mathcal{M}[e^x - 1](s)$$
$$= a^s \mathcal{M}[e^{ax} - 1](s) \tag{1.26}$$

が成り立つ．さらに，$\zeta(s)$ は，$\mathbb{C}\setminus\{1\}$ で正則であり，関数方程式

$$\zeta(s) = 2^s \pi^{s-1} \sin\left(\frac{\pi s}{2}\right) \zeta(1-s) \Gamma(1-s) \tag{1.27}$$

を満たす．$0 < \mathrm{Re}(s) < 1$ すなわち，$s \in \Sigma_{0,1}$ においては

$$\zeta(s)\Gamma(s) = \int_0^\infty x^{s-1} \left(\frac{1}{e^x - 1} - \frac{1}{x}\right) \frac{1}{e^x - 1} dx \tag{1.28}$$

が成立する．

$p(s)$ を多項式とする．微分作用素 $D = -x\dfrac{\partial}{\partial x}$ に対して，$p(D)$ は，メリン変換を用いて自然に

$$p(D)f(x) = \mathcal{M}^{-1} p(s) \mathcal{M}[f](x)$$

で定義される．これをもっと一般な場合に拡張しよう．$\sigma_1, \sigma_2 \in \mathbb{R}, \sigma_1 < \sigma_2$ とする．任意の $\sigma + it \in \Sigma(\sigma_1, \sigma_2)$ に対して，

$$\mathbb{D}(\sigma_1, \sigma_2) = \{f \in C_0^\infty(\mathbb{R}) : t \mapsto \mathcal{M}[f](\sigma + it) \in C_0^\infty(\mathbb{R})\}$$

とする.

$a \in \mathbb{A}(\sigma_1, \sigma_2)$ に対して,

$$a(D) : \mathbb{D}(\sigma_1, \sigma_2) \to \mathbb{D}(\sigma_1, \sigma_2)$$

を

$$\mathcal{M}[a(D)f](s) = a(s)\mathcal{M}[f](s)$$

で定義する. このとき, (1.16) より

$$x^\alpha a(D) x^{-\alpha} = a(D + \alpha)$$

が成り立つ.

命題 1.2 任意の実数 α と, 任意の $f \in C_0(\mathbb{R})$ に対して $\mathcal{M}[T_\alpha^\pm f](s)$ は存在し, $\Sigma_\alpha = \{s, , \sigma = \mp \mathrm{Re}(s) < \alpha - 1\}$ で解析的である. さらに, $s \in \Sigma_\alpha$ に対して

$$|\mathcal{M}(T_\alpha^\pm f)(s)| \leq C \|f\|_{\sigma-1,1} \tag{1.29}$$

となる正定数 $C = C(\sigma, \alpha)$ が存在する.

[証明] $f \in C_0(\mathbb{R})$ だから, 積分と無限和の順序が交換できて, 定義より

$$\mathcal{M}[T_\alpha^\pm f](s) = \int_0^\infty \sum_{n=1}^\infty n^{-\alpha} f(n^{\pm 1} x) x^{s-1} dx$$

$$= \sum_{n=1}^\infty n^{\mp s - \alpha} \int_0^\infty f(\xi) \xi^{s-1} d\xi$$

である. よって, (1.29) が従う. 証明終わり.

$f : [0, \infty) \to \mathbb{C}$ に対して, ミュンツ (Müntz) の作用素 P を

$$(Pf)(x) = T_0^+ f - \frac{1}{x} \int_0^\infty f(x) dx \tag{1.30}$$

と定義する.

命題 1.3 (ミュンツの公式) $f \in C^1([0,\infty))$ かつ $x \to \infty$ のとき,ある $\alpha > 1$ に対して $f(x) = O(x^{-\alpha})$, $xf'(x) = O(x^{-\alpha})$ とする.このとき,$0 < \mathrm{Re}(s) < 1$ において

$$\zeta(s)\mathcal{M}[f](s) = \mathcal{M}[Pf](s) \tag{1.31}$$

が成り立つ.

[証明] バエズ・ドアルト (Báez-Duarte)[5)] による証明を紹介する.χ を区間 $[0,1]$ の特性関数とし,$\rho(x) = x - [x]$ を x の小数部分とする.

$$[x] = \sum_{n=1}^{\infty} \chi\left(\frac{n}{x}\right)$$

であるから,任意の $T > 0$ に対して

$$\int_0^T \rho\left(\frac{t}{x}\right) f'(t) dt = \int_0^T \left(\frac{t}{x} - \sum_{n=1}^{\infty} \chi\left(\frac{nx}{t}\right)\right) f'(t) dt$$

$$= \frac{1}{x} \int_0^T t f'(t) dt - \int_0^T \sum_{n=1}^{\infty} \chi\left(\frac{nx}{t}\right) f'(t) dt$$

となる.最右辺の第 1 項は,部分積分を施せば

$$\frac{1}{x} \int_0^T t f'(t) dt = T f(T) - \int_0^T f(t) dt \to -\int_0^{\infty} f(t) dt, \quad T \to \infty$$

となる.第 2 項は,単調収束定理より積分と無限和の順序が交換できて

$$\int_0^T \sum_{n=1}^{\infty} \chi\left(\frac{nx}{t}\right) f'(t) dt = \sum_{n=1}^{\infty} \int_0^T \chi\left(\frac{nx}{t}\right) f'(t) dt = \sum_{n=1}^{\infty} \int_{nx}^T f'(t) dt$$

$$= \left[\frac{T}{x}\right] f(T) - \sum_{n \leq T/x} f(nx)$$

となる.よって,$T \to \infty$ とすると

$$\int_0^T \sum_{n=1}^{\infty} \chi\left(\frac{nx}{t}\right) f'(t) dt \to \sum_{n=1}^{\infty} f(nx) = (T_0^+ f)(x).$$

したがって,

$$(Pf)(x) = -\int_0^{\infty} \rho\left(\frac{t}{x}\right) f'(t) dt$$

と表現できる．これを用いると，仮定より積分順序が交換できて

$$
\begin{aligned}
\int_0^\infty x^{s-1} Pf(x)dx &= \int_0^\infty x^{s-1} \int_0^\infty \rho\left(\frac{t}{x}\right) f'(t) dt dx \\
&= \int_0^\infty \left(\int_0^\infty x^{s-1} \rho\left(\frac{t}{x}\right) dx\right) f'(t) dt \\
&= \int_0^\infty \left(\int_0^\infty (ut)^{s-1} \rho\left(\frac{1}{u}\right) du\right) t f'(t) dt \\
&= \int_0^\infty u^{s-1} \rho\left(\frac{1}{u}\right) du \int_0^\infty t^s f'(t) dt \\
&= -\frac{\zeta(s)}{s} \int_0^\infty t^s f'(t) dt = \zeta(s) \int_0^\infty t^{s-1} f(t) dt
\end{aligned}
$$

が成立する．ただし，最後から2番目の等号において，よく知られた公式 (ティッチマルシュ[96]) の (2.1.5) 式)

$$
-\frac{\zeta(s)}{s} = \int_0^\infty u^{s-1} \rho\left(\frac{1}{u}\right) du
$$

を用いた．

命題 1.4 $f \in \mathbb{D}(\alpha, \alpha+1)$ で $f \perp x^{-\alpha}$, すなわち

$$
\int_0^\infty f(x) x^{-\alpha} dx = 0
$$

ならば，

$$
T_\alpha^\pm f = \zeta(\pm D + \alpha) f \tag{1.32}
$$

と表される．

[証明] T_α^+ の場合を考える．$\alpha = 0$ のときはミュンツの公式より，$T_0^+ f = \zeta(D) f$ が従う．$\alpha \neq 0$ のときは，

$$
x^\alpha T_0^+(x^{-\alpha} f) = x^\alpha \zeta(D)(x^{-\alpha} f)
$$

である．ところで

$$
x^\alpha T_0^+(x^{-\alpha} f(x)) = x^\alpha \sum_{n=1}^\infty (nx)^{-\alpha} f(nx) = T_\alpha^+ f(x)
$$

であるから，定義より
$$T_\alpha^+ f = \zeta(D+\alpha)f$$
が従う．

次に，T_α^- を考える．$\alpha=0$ のときは，$\mathscr{I}$ を (1.15) で定義すると
$$(\mathscr{I}T_0^- f)(x) = (T_0^- f)\left(\frac{1}{x}\right) = \sum_{n=1}^{\infty} f\left(\frac{1}{nx}\right) = (T_0^+ \mathscr{I}f)(x)$$
であるから，(1.16) とミュンツの公式より，$T_0^- f = \zeta(-D)f$ が従う．$\alpha \neq 0$ のときも同様に示せる．証明終わり．

これ以後，この章では $[0,\infty)$ で可測な実関数 $f(x), g(x)$ に対して
$$\int_0^\infty f(x)g(x)dx = 0$$
のとき，$f \perp g$ と表すことにする．

1.2.3 リーマン予想と条件安定性

系 1.1 で示したように，$\sigma > 1$ のとき，$\lambda = \pm(\sigma-\alpha) - \frac{1}{p}$, $(p \geq 1)$ に対して逆問題 $T_\alpha^\pm u = f$ は $L_\lambda^p(\mathbb{R}_+)$ において適切である．しかし，$\sigma < 1$ のときは，非適切になる．ブッフゲイム (Bukhgeim[18]) は，$\sigma \in (\frac{1}{2}, 1)$ ならば，(以下に述べる) リーマン予想が成り立つことと，問題 $T_\alpha^\pm u = f$ の解に対する条件安定性の評価が得られることが等価であることを示した．この項では，その理論を紹介する (条件安定性の評価は，非適切問題の近似解を構成するときに有用な情報である．条件安定性が成り立てば，逆問題の弱適切性が成り立ち，逆問題の解の一意性と弱い意味の連続依存性がいえる．詳しくは[98]を参照).

リーマン予想

「ゼータ関数 $\zeta(s) = \sum_{n=1}^{\infty} 1/n^s$, $s \in \mathbb{C}\setminus\{1\}$ の自明でない零点は，すべて複素平面内の実部が $\frac{1}{2}$ の直線上に存在する．」

リーマン予想は，整数論の分野における最も重要な未解決問題の 1 つとして著名である．

次の補題は，ティッチマルシュ[96] に載っている．

補題 1.3 リーマン予想が成立すると仮定すると，以下の主張が成り立つ．

1) すべての $\sigma \in (\frac{1}{2}, 1)$ に対して，

$$\left|\frac{1}{\zeta(\sigma+it)}\right| \leq c_0 \sqrt{\sigma^2 + t^2}, \quad \forall t \in \mathbb{R} \tag{1.33}$$

となる定数 $c_0(\sigma) > 0$ が存在する．

2) すべての $\sigma \in (\frac{1}{2}, 1)$ に対して，$T \to \infty$ のとき

$$\frac{1}{2T}\int_{-T}^{T}\frac{1}{|\zeta(\sigma+it)|^2}dt \to \frac{\zeta(2\sigma)}{\zeta(4\sigma)} \tag{1.34}$$

が成り立つ．

3) 十分小さな $\gamma > 0$ に対して，$t \to \infty$ のとき

$$|\zeta(\sigma+it)| = O(t^\gamma), \quad \forall \sigma > \frac{1}{2} \tag{1.35}$$

が成り立つ．

次の定理が成り立つ．

定理 1.2 リーマン予想が成立すると仮定すると，すべての $\sigma \in (\frac{1}{2}, 1)$ に対して，正定数 $c_0(\sigma)$ が存在して，次の条件安定性評価 (1.36) が成り立つ．

条件安定性評価： $\alpha \in \mathbb{R}$ を固定すると，任意の $\varepsilon > 0$ と任意の $f \in C_0^\infty(\mathbb{R}_+), f \perp x^{-\alpha}$ と任意の $m \in \mathbb{N}$ に対して

$$\|f\|_{\lambda,2} \leq \varepsilon \|D^m f\|_{\lambda,2} + c_0(\sigma)\varepsilon^{-1/m}\|T_\alpha^\pm f\|_{\lambda,2} \tag{1.36}$$

となる．ただし，$\lambda = \pm(\sigma - \frac{1}{2} - \alpha)$, $D = -x\frac{\partial}{\partial x}$ である．

逆に，すべての $\pm\sigma \in (\frac{1}{2}, 1)$ に対して，条件安定性評価 (1.36) が成り立てば，リーマン予想は成立する．ただし，$\pm$ は同じ順序にとるものとする．

[証明] T_α^+ の場合を示す．T_α^- も同様に証明できる．$g = x^{-\alpha}f$ とおくと，$v \perp 1$ である．パーセバルの等式 (1.19) より，任意の $T > 0$ に対して

$$\|g\|_{\sigma-\frac{1}{2},2}^2 = \frac{1}{2\pi}\int_{-\infty}^{\infty}|\mathcal{M}[g](\sigma+it)|^2 dt$$

$$= \frac{1}{2\pi}\int_{|t|<T}|\mathcal{M}[g](\sigma+it)|^2 dt + \frac{1}{2\pi}\int_{|t|\geq T}|\mathcal{M}[g](\sigma+it)|^2 dt$$
$$= I_1 + I_2$$

が成り立つ. このとき, $\sigma \in (\frac{1}{2}.1)$ に対して

$$I_2 = \frac{1}{2\pi}\int_{|t|\geq T}|(\sigma+it-\alpha)^{-m}(\sigma+it-\alpha)^m\mathcal{M}[g](\sigma+it)|^2 dt$$
$$\leq |(T^2+(\alpha-1)^2)|^{-m}\int_{-\infty}^{\infty}|(\sigma+it-\alpha)^m\mathcal{M}[g](\sigma+it)|^2 dt$$
$$= |(T^2+(\alpha-1)^2)|^{-m}\|(D-\alpha)g\|^2_{\sigma-\frac{1}{2},2}$$

と評価される. また,

$$I_1 = \frac{1}{2\pi}\int_{|t|<T}|\zeta^{-1}(\sigma+it)\zeta(\sigma+it)\mathcal{M}[g](\sigma+it)|^2 dt$$
$$\leq c_0(\sigma)(\sigma^2+T^2)\|\zeta(D)g\|^2_{\sigma-\frac{1}{2},2}$$

となる.

よって, $\varepsilon = |(T^2+(\alpha-1)^2)|^{-m}$ とおくと, $T \to \infty$ のとき, $\varepsilon \to 0$ だから, 任意の $\varepsilon > 0$ に対して

$$\|g\|^2_{\sigma-\frac{1}{2},2} \leq \varepsilon\|(D-\alpha)g\|^2_{\sigma-\frac{1}{2},2} + c_0\varepsilon^{-1/m}\|\zeta(D)g\|^2_{\sigma-\frac{1}{2},2}$$

が成り立つ. これより

$$\|f\|^2_{\sigma-\frac{1}{2}-\alpha,2} \leq \varepsilon\|Df\|^2_{\sigma-\frac{1}{2}-\alpha,2} + c_0\varepsilon^{-1/m}\|\zeta(D-\alpha)f\|^2_{\sigma-\frac{1}{2}-\alpha,2}$$

を得る. したがって, 命題 1.4 より (1.36) が従う.

逆に, 条件安定性評価 (1.36) が成り立つとし, リーマン予想が成り立たないとする. リーマン, ド・ラヴァレ・プーサン, アダマール等によって, ゼータ関数 $\zeta(s)$ の非自明な零点は存在するとすれば実部が区間 $(0,1)$ の間にあることが証明されているから, ある $\sigma \in (0,1)$ で $\zeta(\sigma+it_0)=0$ となる t_0 が存在する. ここで

$$g(x) = \frac{1}{2\pi}(D-1)(x^{-\sigma-it_0}e^{-\delta(\log x)^2})$$

1.2 数学の準備

とおく．ただし，$\delta > 0$ は十分小さな任意の正数とする．このとき
$$\mathcal{M}[g](\sigma + it) = (\sigma + it - 1)\frac{1}{2\sqrt{\pi\delta}}\exp(-(t-t_0)^2/4\delta)$$
であり，
$$\int_0^\infty g(x)dx = \mathcal{M}[g](1) = 0$$
となる．さらに，パーセバルの等式より
$$\|g\|^2_{\sigma-\frac{1}{2},2} = \frac{1}{2\pi}\int_{-\infty}^\infty |\mathcal{M}[g](\sigma+it)|^2 dt$$
$$= \frac{1}{8\pi^2\delta}\int_{-\infty}^\infty ((\sigma-1)^2 + t^2)e^{-(t-t_0)^2/2\delta}dt = O(\delta^{-\frac{1}{2}})$$
が成り立つ．同様に
$$\|(D-\alpha)^m g\|^2_{\sigma-\frac{1}{2},2} = O(\delta^{-\frac{1}{2}})$$
を得る．ところで，
$$|\zeta(\sigma+it)| = \left|\int_0^1 |\frac{d}{d\theta}\zeta(\sigma + i\theta(t-t_0))d\theta\right|$$
$$\leq \int_0^1 |\zeta'(\sigma + i\theta(t-t_0))|d\theta|t-t_0|$$
$$\leq C(\log(|t-t_0|+2))^2|t-t_0|$$
であるから ([35] 参照)，
$$\|\zeta(D)g\|^2_{\sigma-\frac{1}{2},2}$$
$$= \frac{1}{8\pi\delta}\int_\infty^\infty |\zeta(\sigma+it)|^2((\sigma-1)^2+t^2)\exp(-(t-t_0)^2/2\delta)dt$$
$$\leq C\delta^{1/2}\int_\infty^\infty (\log(|\tau|+2))^4\tau^2(\tau^2+1)e^{-\tau^2}d\tau$$
$$\leq C\delta^{1/2}$$
となる．ただし，C は正定数である．よって，
$$\|\zeta(D)g\|^2_{\sigma-\frac{1}{2},2} = O(\delta^{1/2})$$

が成立する．そこで，$f = x^\alpha g$ とおくと，$u \perp x^\alpha$ であり，仮定より (1.36) が任意の $\varepsilon > 0$ に対して成り立つ．ところが，

$$\|f\|_{\lambda,2} = O(\delta^{-1/4}), \quad \|D^m f\|_{\lambda,2}^2 = O(\delta^{-1/4})$$

$$\|T_\alpha f\|_{\lambda,2} = O(\delta^{1/4})$$

であるから，$\delta = \varepsilon^{4/m}$ とすると，$\varepsilon \to 0$ のとき，左辺は無限大に発散するが，右辺は有界となり矛盾する．よって，定理の主張は成立する．証明終わり．

この定理によって，後で述べるように，黒体輻射の逆問題や固体比熱の逆問題の解に対して条件安定性評価が成り立つことと，リーマン予想が等価なことがわかる．

1.2.4 ラプラス変換

関数 $f \in L^1_{\mathrm{loc}}(\mathbb{R}_+)$ に対して

$$\mathscr{L}[f](s) = \int_0^\infty e^{-st} f(t) dt, \quad s \in \mathbb{C}$$

の右辺が定義できるとき，$\mathscr{L}[f]$ を f のラプラス変換という．

$$\int_0^\infty |f(t)| e^{-\sigma t} dt < \infty$$

ならば，$\mathscr{L}[f]$ は $\mathrm{Re}(s) > \sigma$ で広義一様に絶対収束し，領域 $\{s \in \mathbb{C}, : \mathrm{Re}(s) > \sigma\}$ で正則である．

フーリエ逆変換公式から，ラプラス逆変換公式

$$f(t) = \frac{1}{2\pi i} \int_{\sigma - i\infty}^{\sigma + i\infty} g(s) e^{st} ds$$

が得られる．ただし，$g = \mathscr{L}[f]$ である．このとき，$f(t) = \mathscr{L}^{-1}[g](t)$ と書く．右辺の積分はブロムウィッチ (Bromwich) 積分と呼ばれる．

ところで，科学現象における具体的な問題が，ラプラス変換を用いて記述されるとき，通常データとして得られるのは正の実軸上のみである．したがって，ブロムウィッチ積分で定義された逆変換公式を適用するには，データから求められた関数の正則性を仮定して解析接続しなければならない．しかし，解析接続の問題は，データに対する連続依存性が失われて非適切である（例えば，[8] 参照）．

実は，正の実軸上のみの情報でも逆変換公式が得られる．例えば，
$$t \mapsto \frac{1}{k!}\left(\frac{k}{s}\right)^{k+1} t^k e^{-kt/s}$$
が，$k \to \infty$ のとき $\delta(t-s)$ に収束することを用いると以下に述べるポスト・ウィダー (Post-Widder) の定理) が得られる[103]．

定理 1.3 (ポスト・ウィダー)　$f \in L^1_{\mathrm{loc}}(\mathbb{R}_+)$ で，$s > \sigma$ で
$$g(s) = \int_0^\infty e^{-st} f(t) dt$$
が定義されているとする．このとき，ほとんどいたるところで
$$f(s) = \lim_{k\to\infty} \frac{1}{k!}\left(\frac{k}{s}\right)^{k+1} \int_0^\infty t^k e^{-kt/s} f(t) dt$$
$$= \lim_{k\to\infty} \frac{1}{k!}\left(\frac{k}{s}\right)^{k+1} \frac{d^k}{ds^k} g\left(\frac{k}{s}\right)$$
が成り立つ．

この定理は，$f(t)$ の再構成に $\mathbb{R}_+$ における g のすべての階数の導関数が既知であることを要求するものである．実用的には，実有限区間における $g(s)$ と高々1，2階の微分係数が計測できるだけであり，この定理を，そのまま用いることはできないので，やはり適切な近似理論が必要である．

しかし，以下の註で示されるように．どのようにしても問題の非適切性からは逃れられない．この章の最後に，ラプラス逆変換の実解法に関する研究の進展を簡単に述べておいた．

[註] ラプラス変換の逆変換を求める問題は，どのような逆変換公式を用いても，ヒルベルトスケール $\{H^s(\mathbb{R}_-+)\}_{s\geq 0} \subset L^2(\mathbb{R})$ に関して強非適切であることを以下に示そう．さらにソボレフ (Sobolev) の埋蔵定理を考慮すれば，バナッハスケール $\{H^{s,p}(\mathbb{R})\}_{s\geq 0}$ に関しても強非適切であることがわかる (適切問題，弱非適切問題，非適切問題，強非適切の一般的な定義は 6 章の 6.1 節を参照)．実際，定義よりラプラス変換の逆変換を求める問題 $\mathscr{L}f = g$ が強非適切であるということは，弱非適切でないということで

ある.そこで,問題 $\mathscr{L}f = g$ が弱非適切であると仮定して,矛盾を導こう.

問題 $\mathscr{L}f = g$ が,ヒルベルトスケール $\{H^s(\mathbb{R}+)\}_{s \geq 0}$ に関して,弱非適切であるとは,ある $s_0 \geq 0$ に対して,正定数 $C > 0$ が存在して任意の $f \in H^s(\mathbb{R}_+)$ に対して,

$$\|\mathscr{L}f\|_{L^2(\mathbb{R}_+)} \geq C\|f\|_{H^{s_0}(\mathbb{R}_+)} \tag{1.37}$$

が成り立つとことである.そこで,$f_,: \mathbb{R}_+ \to \mathbb{R}$ を,コンパクトな台を持つ滑らかな関数で,ある $\gamma > 0$ に対して,$\mathrm{supp} f \subset [0, \gamma]$ とする.さらに,f を $\mathbb{R}_-$ にゼロ拡張する.このとき

$$|\mathscr{L}f(\sigma)| \leq e^{-\gamma \sigma}\|f\|_{L^1(\mathbb{R}^n)}, \quad \forall \sigma \in \mathbb{R}$$

となる.よって,$\mathscr{L}f \in L^2(\mathbb{R}_+)$ であるから,弱非適切性の仮定より (1.37) が成り立つ.

ところで,ラプラス変換の定義より

$$\mathscr{L}[f(t-\beta)](\sigma) = e^{-\beta\sigma}\mathscr{L}f(\sigma)$$

であるから,ルベーグの収束定理によって

$$\lim_{\beta \to +\infty} \|\mathscr{L}[f(t-\beta)](\sigma)\|_{L^2(\mathbb{R}_+)} = \lim_{\beta \to +\infty} \|e^{-\beta\sigma}\mathscr{L}f(\sigma)\|_{L^2(\mathbb{R}_+)} = 0.$$

しかし

$$\|f(t-\beta)\|_{H^{s_0}(\mathbb{R}_+)} = \|f\|_{H^{s_0}(\mathbb{R}_+)}, \quad \forall \beta > 0$$

である.これは,弱非適切性の仮定 (1.37) に矛盾する.

1.2.5 積分作用素

前節で述べたように,ここで扱う物理の問題は次の形の積分作用素で記述される.

$$(Kf)(x) = \int_0^\infty k(x,y)f(y)dy, \quad x > 0$$

$k(x,y)$ を積分作用素 K の核という.次の定理は,次の節で扱う積分作用素の L_λ^p 有界性を示すのに用いられる.

定理 1.4 $p > 1$ とし,$k(x,y)$ は非負値関数で,次の 2 条件

[A1] $k(\lambda x, \lambda y) = \lambda^{-1} k(x, y), \quad \forall \lambda > 0$

かつ

[A2] $C_p = \int_0^\infty k(x,1) x^{-\frac{1}{p}} dx = \int_0^\infty k(1,y) y^{-\frac{1}{p'}} dx < \infty$

を満たすとする．ただし，$\frac{1}{p} + \frac{1}{p'} = 1$ である．このとき，

$$\|Kf\|_{0,p} \leq C_p \|f\|_{0,p}$$

が成り立つ．

[証明] 証明はハーディ・リトルウッド・ポリヤ(Hardy-Littlewood-Polýa[47])による．ヘルダーの不等式より

$$\int_0^\infty \int_0^\infty k(x,y) f(x) g(y) dx dy$$
$$= \int_0^\infty \int_0^\infty f(x) k(x,y)^{1/p} \left(\frac{x}{y}\right)^{1/pp'} g(y) k(x,y)^{1/p'} \left(\frac{y}{x}\right)^{1/pp'} dx dy$$
$$\leq \left(\int_0^\infty \int_0^\infty |f(x)|^p k(x,y) \left(\frac{x}{y}\right)^{1/p'} dx dy \right)^{1/p}$$
$$\times \left(\int_0^\infty \int_0^\infty |g(y)|^{p'} k(x,y) \left(\frac{x}{y}\right)^{1/p} dx dy \right)^{1/p'}$$

が成り立つ．ところで，

$$\int_0^\infty k(x,y) \left(\frac{x}{y}\right)^{1/p'} dy = \int_0^\infty k(1, y/x) \left(\frac{x}{y}\right)^{1/p'} d(y/x)$$
$$= \int_0^\infty k(1, \eta) \eta^{-1/p'} d\eta = C_p$$

であるから

$$\int_0^\infty \int_0^\infty |f(x)|^p k(x,y) \left(\frac{x}{y}\right)^{1/p'} dx dy = C_p \|f\|_{0,p}^p.$$

同様にして

$$\int_0^\infty \int_0^\infty |g(y)|^{p'} k(x,y) \left(\frac{x}{y}\right)^{1/p} dx dy = C_p \|g\|_{0,p'}^{p'}.$$

よって

$$\left|\int_0^\infty \int_0^\infty k(x,y)f(x)g(y)dxdy\right| \leq C_p \|f\|_{0,p} \|g\|_{0,p'}$$

が成り立つ．$L_0^p(\mathbb{R}_+)$ の共役空間が $L_0^{p'}(\mathbb{R}_+)$ であるから，定理の主張が成り立つ．証明終わり．

1.3 物理への応用

1.3.1 逆黒体輻射

1.1 節で述べたように，ν を振動数とし，黒体の (単位面積あたりの) 温度分布を $\tilde{a}(T)$ とすると全エネルギースペクトル $W(\nu)$ は

$$W(\nu) = \frac{2h\nu^3}{c^2} \int_0^\infty \frac{1}{e^{h\nu/k_B T} - 1} \tilde{a}(T) dT, \quad \nu > 0$$

で与えられる．ここで，変数を

$$u = \left(\frac{h}{k_B}\right) \frac{1}{T}$$

と変換すると，与式は

$$W(\nu) = \nu^3 \int_0^\infty \frac{1}{e^{u\nu} - 1} a(u) du \tag{1.38}$$

となる．ただし，

$$a(u) = \frac{2h^2}{c^2 k_B u^2} \tilde{a}\left(\frac{h}{k_B u}\right)$$

である．

[註] 変数 T を u に変更するのは，この分野の研究者達の扱い方に合わせたものである．もちろん，数学的には本質的な変更でなく，後の議論をみればわかるように，変数を T のままで扱う方が見た目がきれいに思えるが，ここでは物理や工学の論文に合わせて，この分野の慣習を踏襲することにした．

さて，写像

$$\mathscr{A} : a \mapsto \nu^3 \int_0^\infty \frac{1}{e^{u\nu}-1} a(u) du$$

を空間 $L_\lambda^p(\mathbb{R}^n)$ の中で考えよう. まず, 定理 1.4 より, 次の評価が得られる.

命題 1.5 $p > 1$ とする.

1) $\lambda < 1 - \frac{3}{p}$ のとき, 任意の $a \in L_\lambda^p(\mathbb{R}_+)$ に対して

$$\|\mathscr{A}(a)\|_{-\lambda-2-\frac{2}{p},p} \leq \zeta\left(2-\lambda-\frac{3}{p}\right)\Gamma\left(2-\lambda-\frac{3}{p}\right)\|a\|_{\lambda,p} \quad (1.39)$$

が成り立つ.

2) $1 - \frac{3}{p} < \lambda < 2 - \frac{3}{p}$ のとき, 任意の $a \in L_\lambda^p(\mathbb{R}_+) \cap L_{-1}^1(\mathbb{R}_+)$ に対して

$$\|\mathscr{A}(a)(\nu) - E_1 \nu^3 W_0(\nu)\|_{-\lambda-2-\frac{2}{p},p}$$
$$\leq -\zeta\left(2-\lambda-\frac{3}{p}\right)\Gamma\left(2-\lambda-\frac{3}{p}\right)\|a-a_1\|_{\lambda,p} \quad (1.40)$$

が成り立つ. ただし,

$$a_1(u) = E_1 e^{-u}, \quad E_1 = \int_0^\infty u^{-1} a(u) du$$
$$W_0(\nu) = \int_0^\infty \frac{u e^{-u}}{e^{u\nu}-1} du = \nu^{-2} \zeta\left(2, 1+\frac{1}{\nu}\right)$$

である. ここで, $\zeta(s,a)$ はフルビッツ (Hurwitz) のゼータ関数である.

[証明]

1) $\lambda < 1 - \frac{3}{p}$ のとき,

$$k(x,y) = x^{1-\lambda-\frac{2}{p}} \frac{1}{e^{x/y}-1} y^{-2+\lambda+\frac{2}{p}}$$

とおくと, $k(x,y)$ は $\mathbb{R}_+ \times \mathbb{R}_+$ 上で非負値であり, 定理 1.4 の条件 [A1] と [A2] を満たしている. (1.38) は $k(x,y)$ を用いて

$$\nu^{-\lambda-2-\frac{2}{p}} W(\nu) = \int_0^\infty k(\nu,y) a\left(\frac{1}{y}\right) y^{-\lambda-\frac{2}{p}} dy$$

と書き直せるから, 定理 1.4 と補題 1.2 より (1.39) を得る.

2) $1 - \frac{3}{p} < \lambda < 2 - \frac{3}{p}$ のときを考える. まず,

$$b(u) = u^{-1}a(u) - E_1 e^{-u}$$

とおくと，$b(u) \perp 1$ で，(1.38) は

$$W(\nu) - E_1\nu^3 W_0(\nu) = \nu^2 \int_0^\infty \left(\frac{u\nu}{e^{u\nu}-1} - 1\right) b(u) du \qquad (1.41)$$

となる．そこで

$$\tilde{k}(x,y) = -x^{-\lambda - \frac{2}{p}} k(x/y) y^{-1+\lambda+\frac{2}{p}}$$

とおく．ただし，

$$k(x) = x\left(\frac{1}{e^x - 1} - \frac{1}{x}\right).$$

$k(x)$ は $x > 0$ で負値関数である．よって，$k(x,y)$ は $\mathbb{R}_+ \times \mathbb{R}_+$ 上で正値で，定理 1.4 の条件 [A1] と [A2] を満たす．$\tilde{k}(x,y)$ を用いて (1.41) を書き直すと

$$\nu^{-\lambda-2-\frac{2}{p}}(W(\nu) - E_\alpha \nu^3 W_0(\nu)) = \int_0^\infty \tilde{k}(\nu,y) b\left(\frac{1}{y}\right) y^{-\lambda-\frac{2}{p}} dy$$

となる．よって，再び，定理 1.4 と補題 1.2 より (1.39) を得る．証明終わり．

注意 1.3 (1.40) より，$\sigma \in (0,1)$ のとき，$\zeta(\sigma) < 0$ となることが従う．

注意 1.4 定理 1.5 の 2) において，(1.39) と同型の評価式を得ようとすると，積分核の可積分性の条件から $a(u) \perp 1$ の条件が必要になる．しかし，$\tilde{a}(T)$ は温度分布であるから，$\tilde{a}(T)$，したがって，$a(u)$ は非負値関数と考える方が自然である．このとき，$a(u) \perp 1$ から $a(u) \equiv 0$ となり，$a(u) \perp 1$ という条件を課すことは，不自然である．そこで，(1.39) を修正して，(1.40) の形の評価を導いた．もちろん，$a(u)$ の非負値という条件を外し，$E_1 = 0$ とすれば，前半と同じ形の評価が得られる．

命題 1.5 より，作用素 $\mathscr{A}$ の値域を定めることができて，順問題が解ける．

さて，$W(\nu)$ を与えて，$a(u)$ を求める逆問題を考えよう．すなわち，問題

$$\mathscr{A}[a](\nu) = W(\nu) \tag{1.42}$$

の逆変換公式を求める．(1.42) は，第一種フレドフルム積分方程式で，その逆問題は，非適切である（第 6 章 6.1 節参照）．しかし以下に示すように，その積分核が特別な形をしているので，メービウス逆変換やメリン逆変換を用いて，(1.42) の逆変換公式を導くことができる．

はじめに，メービウス逆変換を含む逆変換公式を求めよう．まず

$$\frac{1}{e^{u\nu}-1} = \sum_{n=1}^{\infty} e^{-nu\nu}$$

が，$(0, \infty)$ で u について局所一様に絶対収束することから，積分と無限和の順序が交換できて，

$$W(\nu) = \nu^3 \sum_{n=1}^{\infty} \int_0^{\infty} e^{-nu\nu} a(u) du$$

が成り立つ．そこで，$x = nu$ とおくと，上式の中の積分は

$$\int_0^{\infty} e^{-nu\nu} a(u) du = \int_0^{\infty} e^{-x\nu} \frac{1}{n} a\left(\frac{x}{n}\right) dx$$

となるから，もう一度，積分と無限和を交換すると

$$W(\nu) = \nu^3 \int_0^{\infty} e^{-x\nu} \sum_{n=1}^{\infty} \frac{1}{n} a\left(\frac{x}{n}\right) dx \tag{1.43}$$

となる．そこで，

$$A(x) = \sum_{n=1}^{\infty} \frac{1}{n} a\left(\frac{x}{n}\right) = (T_1^- a)(x)$$

とおくと，

$$W(\nu) = \nu^3 \int_0^{\infty} e^{-x\nu} A(x) dx = \nu^3 \mathscr{L}[A](\nu)$$

を得る．すなわち，形式的に

$$A(x) = \mathscr{L}^{-1}\left[\frac{W(\nu)}{\nu^3}\right](x)$$

と書けるから，定理 1.1 を用いると，求める逆変換公式は

$$a(x) = \mathscr{A}^{-1}(W) = \sum_{n=1}^{\infty} \frac{\mu(n)}{n} A\left(\frac{x}{n}\right)$$

$$= \sum_{n=1}^{\infty} \frac{\mu(n)}{n} \mathscr{L}^{-1}\left[\frac{W(\nu)}{\nu^3}\right]\left(\frac{x}{n}\right) \quad (1.44)$$

で与えられる．この逆変換公式がメービウス逆変換とラプラス逆変換を含むことに，逆問題 $\mathscr{A}(a) = W$ の非適切性が表れている．

次に，メリン変換を用いて，(1.42) の逆変換公式を導こう．

(1.38) の両辺にメリン変換を施すと，$\mathrm{Re}\,s > -2$ のとき

$$\mathcal{M}[W](s) = \int_0^{\infty} \nu^{s-1} \nu^3 \left(\int_0^{\infty} \frac{a(u)}{e^{u\nu}-1} du\right) d\nu$$

$$= \int_0^{\infty} a(u) \left(\int_0^{\infty} \frac{\nu^{s+3-1}}{e^{u\nu}-1} d\nu\right) du$$

$$= \zeta(s+3)\Gamma(s+3) \int_0^{\infty} a(u) u^{-s-3} du$$

を得る．よって，補題 1.2 を用いると

$$\mathcal{M}[W](s) = \zeta(s+3)\Gamma(s+3)\mathcal{M}[a](-s-2) \quad (1.45)$$

となる．これより，再び補題 1.2 を用いると

$$\mathcal{M}[a](s) = \frac{\mathcal{M}[W](-s-2)}{\zeta(1-s)\Gamma(1-s)} \quad (1.46)$$

$$= \frac{\mathcal{M}[W](-s-2)}{\zeta(s)} 2^s \pi^{s-1} \sin\left(\frac{\pi s}{2}\right) \quad (1.47)$$

が成り立つ．(1.45) は

$$\mathscr{A}[a](x) = \zeta(D+3)\Gamma(D+3)(\mathscr{I}(x^2 a))(x)$$

と書くこともできる．

ここで，$\sigma_1, \sigma_2 \in \mathbb{R}$，$\sigma_1 < \sigma_2$ に対して $a \in L^1_{\mathrm{loc}}(\mathbb{R})$ かつ

$$a(u) = O(u^{-\sigma_1}) \quad (u \to 0)$$
$$a(u) = O(u^{-\sigma_2}) \quad (u \to \infty)$$

と仮定すると，$\mathcal{M}[a] \in \mathbb{A}(\sigma_1, \sigma_2)$ となる．よって，$\sigma_1 > -2$ ならば，$\sigma \in (-\sigma_1 - 2, 1)$ に対して

$$a(u) = \mathscr{A}^{-1}[W]$$
$$= \frac{1}{2\pi i} \int_{\sigma-i\infty}^{\sigma+i\infty} u^{-s} \frac{\mathcal{M}[W](-s-2)}{\zeta(1-s)\Gamma(1-s)} ds \quad (1.48)$$

が成り立つ．この表現と (1.44) は，形式的には同じであることが容易に示せる．

次に，問題 (1.42) の条件安定性を考えよう．注意 1.4 でも述べたように，定理 1.2 の場合と異なり，逆問題の解 $a(u)$ は温度分布に対応するから，非負であり，$a \perp x^{-\alpha}$ などの条件では不自然である．そこで，定理 1.2 の主張の類推をこの逆問題に対して考える場合は，次のように拡張する．

定理 1.5 リーマン予想が成り立つとし，$E_1 > 0$ を既知とする．このとき，任意の関数 $a \in C_0^\infty(\mathbb{R}_+)$ で，

$$\int_0^\infty u^{-1} a(u) du = E_1 \quad (1.49)$$

を満たすものに対して，条件安定性評価

$$\|a - a_1\|_{\lambda+1,2} \leq \varepsilon \|(D-1)^m (a - a_1)\|_{\lambda+1,2}$$
$$+ c(\varepsilon) \|\mathscr{A}[a] - E_1 \nu^3 W_0\|_{4-\lambda,2}, \quad \forall \varepsilon > 0, \ \forall m \in \mathbb{N} \quad (1.50)$$

が成り立つ．ただし，

$$\lambda = \sigma - \frac{1}{2}, \quad \sigma \in \left(\frac{1}{2}, 1\right), \quad D = -x\frac{\partial}{\partial x},$$
$$c(\varepsilon) = c_1 e^{c_2 \varepsilon^{-m}} (1 + \varepsilon^{-m}), \quad a_1(u) = E_1 e^{-u},$$
$$W_0(\nu) = \int_0^\infty \frac{ue^{-u}}{e^{u\nu} - 1} du = \nu^{-2} \zeta\left(2, 1 + \frac{1}{\nu}\right)$$

である．ここで，c_1, c_2 は正定数，$\zeta(s, a)$ はフルビッツのゼータ関数である．

逆に，(1.49) を満たす任意の関数 $a \in C_0^\infty(\mathbb{R}_+)$ に対して (1.50) が成り立てば，リーマン予想は成立する．

[証明] 任意の関数 $a \in C_0^\infty(\mathbb{R}_+)$ で, (1.49) を満たすものに対して

$$b(u) = u^{-1}a(u) - a_1(u)$$

とおくと, $b(u) \perp 1$ であるから, 定義より

$$\nu^{-4}\mathscr{A}[a](\nu) = \nu^{-1}\int_0^\infty \left(\frac{u\nu}{e^{u\nu}-1} - 1\right)b(u)du + E_1\nu^{-1}W_0(\nu)$$

である. $s \in \Sigma_{0,1}$ としてメリン変換を施し, 補題 1.2 を用いると

$$\mathcal{M}[\mathscr{A}[a]](s-4) = \zeta(s)\Gamma(s)\mathcal{M}[b](2-s) + E_1\mathcal{M}[W_0](s-1)$$

となる. よって, s をあらためて $1-s$ とおくと, $s \in \Sigma_{0,1}$ で

$$\mathcal{M}[\mathscr{A}[a]](-s-2)$$
$$= \zeta(1-s)\Gamma(1-s)\mathcal{M}[b](s+1) + E_1\mathcal{M}[W_0](-s)$$
$$= \frac{\zeta(s)}{\rho(s)}\mathcal{M}[b](s+1) + E_1\mathcal{M}[W_0](-s).$$

ただし,

$$\rho(s) = 2^{s+\alpha}\pi^{s+\alpha-1}\sin(\pi(s+\alpha)/2).$$

ここで, $\sigma = \mathrm{Re}\,s \in (\frac{1}{2}, 1)$ とすると, 定理 1.2 の証明と同様にして,

$$\max_{|t|\leq T}\left|\frac{1}{\rho(\sigma+it)}\zeta(\sigma+it)\right| \leq c_1 e^{c_2 T}(1+T)$$

となる. よって,

$$\|ub(u)\|_{\sigma-\frac{1}{2},2} \leq \varepsilon\|D^m(ub(u))\|_{\sigma-\frac{1}{2},2}$$
$$+ c_\sigma(\varepsilon)\left\|\frac{\zeta(D)}{\rho(D)}(ub(u))\right\|_{\sigma-\frac{1}{2},2}$$

が成立する (詳しくは, [18] を参照のこと).

ところで

$$\left\|\frac{\zeta(D)}{\rho(D)}(ub(u))\right\|_{\sigma-\frac{1}{2},2} = \|\mathscr{I}(\nu^3\mathscr{A}[a] - E_1\nu^{-1}W_0)\|_{\sigma-\frac{1}{2},2}$$
$$= C\|\mathscr{A}(a) - E_1\nu^3 W_0\|_{4-\sigma+\frac{1}{2},2}$$

だから，条件安定性評価 (1.50) が成り立つ．逆の主張の証明は，定理 1.2 の証明と同様であるから省略する．証明終わり．

条件安定性より，逆問題の解の一意性が従う．

系 1.2 リーマン予想が成り立つとし，$E_1 > 0$ を既知とする．このとき，任意の関数 $a, \tilde{a} \in C_0^\infty(\mathbb{R}_+)$ で，
$$\int_0^\infty u^{-1} a(u) du = \int_0^\infty u^{-1} \tilde{a}(u) du = E_1$$
を満たすものに対して，$\mathscr{A}[a] = \mathscr{A}[\tilde{a}]$ ならば，$a = \tilde{a}$ である．

[証明] 問題の線形性より，$E_1 = 0$ で，$\mathscr{A}[a] = 0$ ならば，$a = 0$ を示せばよい．(1.50) より
$$\|a\|_{\lambda+1,2} \leq \varepsilon \|(D-1)^m a\|_{\lambda+1,2}, \forall \varepsilon > 0$$
となるから，$\varepsilon \to 0$ とすれば，$a = 0$ が従う．証明終わり．

1.3.2 固体の比熱とフォノンスペクトル

1.1 節で述べたことを，現代的に要約すると，次のようになる．正規化された有効格子ハミルトニアンが
$$\hat{H} = \sum_q \hbar \omega_q \left(b_q^+ b_q + \frac{1}{2} \right)$$
で与えられているとする．このフォノン系は化学ポテンシャルがゼロの理想ボーズ気体と考えられるので，フォノンの状態密度を $g(\omega)$ とするとき，格子比熱 $C_v(T)$ は
$$C_v(T) = k_B \int_0^\infty \left(\frac{\hbar \omega}{k_B T} \right)^2 \frac{e^{\hbar \omega / k_B T}}{(e^{\hbar \omega / k_B T} - 1)^2} g(\omega) d\omega$$
で与えられる．ここで，k_B はボルツマン定数で，$h = 2\pi \hbar$ はプランク定数である．前項の逆黒体輻射の問題と同様に，簡単のために，$u = \hbar / k_B T$，$h(u) = C_v(T) / k_B$ とすると，上式は
$$\int_0^\infty (\omega u)^2 \frac{e^{\omega u}}{(e^{\omega u} - 1)^2} g(\omega) d\omega = h(u), \quad u > 0 \tag{1.51}$$

となる．

$h(u)$ を知って $g(\omega)$ を決定する問題は，前項と同様に，写像

$$\mathscr{G} : g \mapsto \int_0^\infty (\omega u)^2 \frac{e^{\omega u}}{(e^{\omega u}-1)^2} g(\omega) d\omega$$

を定義して，問題

$$\mathscr{G}[g](u) = h(u) \tag{1.52}$$

の逆変換公式を求めることになる．

作用素 $\mathscr{G}$ を空間 $L_\lambda^p(\mathbb{R}^n)$ の中で考えると，前項の場合と同様に，定理 1.4 より次の評価が得られる．

定理 1.6 $p > 1$ とする．任意の $u \in L_\lambda^p(\mathbb{R}_+)$ と $\lambda < 2 - \frac{3}{p}$ に対して

$$\|\mathscr{G}[g]\|_{1-\lambda-\frac{2}{p},p} \leq \zeta\left(3-\lambda-\frac{3}{p}\right) \Gamma\left(4-\lambda-\frac{1}{p}\right) \|g\|_{\lambda,p} \tag{1.53}$$

が成り立つ．

$2 - \frac{3}{p} < \lambda < 3 - \frac{3}{p}$ のときは，任意の $g \in L_\lambda^p(\mathbb{R}_+)$ に対して

$$\|\mathscr{G}(g) - N_0 h_0\|_{1-\lambda-\frac{2}{p},p}$$
$$\leq -\zeta\left(3-\lambda-\frac{3}{p}\right) \Gamma\left(2-\lambda-\frac{3}{p}\right) \|g(\omega) - N_0 e^{-\omega}\|_{\lambda,p} \tag{1.54}$$

が成立する．ただし，

$$N_0 = \int_0^\infty g(\omega) d\omega, \tag{1.55}$$

$$h_0(u) = u^{-1} \int_0^\infty \frac{x^2 e^{(1-1/u)x}}{(e^x-1)^2} dx$$
$$= 2(u^{-1})\zeta(2, u^{-1}) + u^{-2}\zeta(3, u^{-1}) \tag{1.56}$$

である．ここで，$\zeta(s, a)$ はフルビッツのゼータ関数である．

[証明]

$$k(x) = x^2 \frac{e^x}{(e^x-1)^2}$$

とおく．$\lambda < 2 - \frac{3}{p}$ のときは

$$k(x,y) = x^{1-\lambda-\frac{2}{p}} k(x/y) y^{-2+\lambda+\frac{2}{p}}$$

とすると，

$$u^{1-\lambda-\frac{2}{p}} \mathscr{G}[g](u) = \int_0^\infty k(u,y) g\left(\frac{1}{y}\right) y^{-\lambda-\frac{2}{p}} dy$$

となる．これに定理 1.4 を適用すると

$$\|u^{1-\lambda-\frac{2}{p}}(\mathscr{G}[g])\|_{0,p} \leq C_p \|\mathscr{I}(g(y)y^{\lambda+\frac{2}{p}})\|_{0,p}$$

を得る．ただし，

$$\begin{aligned}
C_p &= \int_0^\infty k(x,1) x^{-\frac{1}{p}} dx \\
&= \int_0^\infty x^{3-\lambda-\frac{3}{p}} \frac{e^x}{(e^x-1)^2} dx \\
&= -\int_0^\infty x^{3-\lambda-\frac{3}{p}} \frac{d}{dx} \frac{1}{e^x-1} dx \\
&= \left(3-\lambda-\frac{3}{p}\right) \int_0^\infty x^{2-\lambda-\frac{3}{p}} \frac{1}{e^x-1} dx \\
&= \left(3-\lambda-\frac{3}{p}\right) \zeta\left(3-\lambda+1-\frac{3}{p}\right) \Gamma\left(3-\lambda+1-\frac{3}{p}\right) \\
&= \zeta\left(3-\lambda-\frac{3}{p}\right) \Gamma\left(4-\lambda-\frac{3}{p}\right).
\end{aligned}$$

よって，

$$\|\mathscr{G}[g]\|_{1-\lambda-\frac{2}{p},p} \leq C_p \|g\|_{\lambda,p}$$

となる．$2 - \frac{3}{p} < \lambda < 3 - \frac{3}{p}$ のときは，

$$\tilde{k}(x,y) = x^{1-\lambda-\frac{2}{p}}(k(x/y)-1) y^{-2+\lambda+\frac{2}{p}}$$

とすると，$g(\omega) - N_0 e^{-\omega} \perp 1$ だから

$$\begin{aligned}
&u^{1-\lambda-\frac{2}{p}}(\mathscr{G}[g](u) - N_0 h_0(u)) \\
&= \int_0^\infty \tilde{k}(u,y) \left(g\left(\frac{1}{y}\right) - N_0 e^{-1/y}\right) y^{-\lambda-\frac{2}{p}} dy
\end{aligned}$$

となる．$k(x)-1$ は $x>0$ で非正であるから $\tilde{k}(x,y)$ も非正で，さらに，定理 1.4 の仮定を満たしているから

$$\|y^{1-\lambda-\frac{2}{p}}(\mathscr{G}[g]-N_0 h_0)\|_{0,p} \le C_p \|g(\omega)-N_0 e^{-\omega}\|_{\lambda,p}$$

を得る．このとき，補題 1.2 より

$$\begin{aligned}
C_p &= -\int_0^\infty \tilde{k}(x,1) x^{-1/p} dy \\
&= \int_0^\infty x^{3-\lambda-\frac{3}{p}} \frac{d}{dx}\left(\frac{1}{e^x-1}-\frac{1}{x}\right) dx \\
&= -\left(3-\lambda-\frac{3}{p}\right) \int_0^\infty x^{2-\lambda-\frac{3}{p}} \left(\frac{1}{e^x-1}-\frac{1}{x}\right) dx \\
&= -\left(3-\lambda-\frac{3}{p}\right) \zeta\left(2-\lambda-\frac{3}{p}\right) \Gamma\left(2-\lambda-\frac{3}{p}\right) \\
&= -\zeta\left(3-\lambda-\frac{3}{p}\right) \Gamma\left(4-\lambda-\frac{3}{p}\right)
\end{aligned}$$

となる．証明終わり．

注意 1.5 $g(u)$ はフォノンの状態密度なので，非負値関数であるから，この場合も条件 $g(u) \perp 1$ は，不適切である．自然な物理的要請は，状態密度 $g(\omega)$ が N を固体を構成する原子数として

$$\int_0^\infty g(\omega) d\omega = 3N$$

という拘束条件を満たすことなので，それを一般化した形で定理を述べた．

逆黒体輻射問題と同様にメービウスの反転公式を用いて $\mathscr{G}[g]=h$ の逆変換公式を導こう．はじめに，

$$\frac{\partial}{\partial u}\frac{1}{1-e^{-\omega u}} = \frac{\omega e^{-\omega u}}{(1-e^{-\omega u})^2}$$

であり，

$$\frac{1}{1-e^{-\omega u}} = \sum_{n=0}^\infty e^{-n\omega u}$$

が，$(0, \infty)$ で t, ω について局所一様に絶対収束することから，項別微分すると，
$$\frac{e^{\omega u}}{(e^{\omega u} - 1)^2} = \frac{1}{e^{\omega u}(1 - e^{-\omega u})^2} = \sum_{n=1}^{\infty} n e^{-n\omega u}$$
となる．これを，積分方程式 (1.51) に代入すると，右辺の級数が ω について局所一様に収束することより積分と無限和が交換できて，積分方程式 (1.51) は
$$\sum_{n=1}^{\infty} n \int_0^{\infty} \omega^2 e^{-n\omega u} g(\omega) d\omega = \frac{h(u)}{u^2}$$
となる．$n\omega = \nu$ とおくと
$$\sum_{n=1}^{\infty} \int_0^{\infty} e^{-\nu u} \left(\frac{\nu}{n}\right)^2 g\left(\frac{\nu}{n}\right) d\nu = \frac{h(u)}{u^2}.$$
よって，
$$\int_0^{\infty} e^{-\nu u} \sum_{n=1}^{\infty} \left(\frac{\nu}{n}\right)^2 g\left(\frac{\nu}{n}\right) d\nu = \frac{h(u)}{u^2} \tag{1.57}$$
を得る．そこで，
$$G(\nu) = \sum_{n=1}^{\infty} \left(\frac{\nu}{n}\right)^2 g\left(\frac{\nu}{n}\right)$$
とおくと，
$$\frac{h(u)}{u^2} = \int_0^{\infty} e^{-\nu u} G(\nu) du = \mathscr{L}[G](u) \tag{1.58}$$
が成り立つ．よって，形式的に
$$G(\nu) = \mathscr{L}^{-1}\left[\frac{h(u)}{u^2}\right](\nu)$$
であり，1.1.1 項と同様に定理 1.1 を用いると，求める逆変換公式は
$$g(\nu) = \mathscr{G}^{-1}[h](\nu) = \nu^{-2} \sum_{n=1}^{\infty} \mu(n) G\left(\frac{\nu}{n}\right)$$
$$= \nu^{-2} \sum_{n=1}^{\infty} \mu(n) \mathscr{L}^{-1}\left[\frac{h(u)}{u^2}\right]\left(\frac{\nu}{n}\right) \tag{1.59}$$
となる．

ところで，補題 1.2 より

$$a^{-s}\zeta(s)\Gamma(s) = \int_0^\infty \frac{x^{s-1}}{e^{ax}-1}dx$$

である．この両辺を a で微分すると

$$sa^{-s-1}\zeta(s)\Gamma(s) = \int_0^\infty \frac{x^s e^{ax}}{(e^{ax}-1)^2}dx$$

となる．よって，

$$s\zeta(s)\Gamma(s) = a^{s+1}\int_0^\infty \frac{x^s e^{ax}}{(e^{ax}-1)^2}dx$$

を得る．したがって，(1.51) の両辺にメリン変換を適用すれば

$$\begin{aligned}
\mathcal{M}[h](s) &= \int_0^\infty u^{s-1}u^2\left(\int_0^\infty \frac{\omega^2 e^{u\omega}g(\omega)}{(e^{u\omega}-1)^2}d\omega\right)du \\
&= \int_0^\infty \omega^2 g(\omega)\left(\int_0^\infty \frac{e^{u\omega}}{(e^{u\omega}-1)^2}u^{s+1}du\right)d\omega \\
&= (s+1)\zeta(s+1)\Gamma(s+1)\int_0^\infty \omega^{-s}g(\omega)d\omega
\end{aligned}$$

となるから

$$\mathcal{M}[h](s) = \zeta(s+1)\Gamma(s+2)\mathcal{M}[g](1-s) \tag{1.60}$$

が得られる．よって，形式的に

$$\mathcal{M}[g](s) = \frac{\mathcal{M}[h](1-s)}{\zeta(2-s)\Gamma(3-s)} \tag{1.61}$$

が成り立つ．(1.60) は

$$\mathscr{G}[g](x) = \zeta(2-D)\Gamma(3-D)(xg(1/x))$$

と書くこともできる．

ここで前項と同様に，$\sigma_1, \sigma_2 \in \mathbb{R}$，$\sigma_1, \sigma_2$ に対して $h \in L^1_{\text{loc}}(\mathbb{R})$ かつ

$$g(\omega) = O(\omega^{-\sigma_1}) \quad (\omega \to 0)$$
$$g(\omega) = O(\omega^{-\sigma_2}) \quad (\omega \to \infty)$$

と仮定すると，$\mathcal{M}[h] \in \mathbb{A}(\sigma_1, \sigma_2)$ である．よって，$\sigma_2 < 1$ ならば，$\sigma \in (0,1)$

に対して

$$g(u) = \mathscr{G}^{-1}[h]$$
$$= \int_{\sigma-i\infty}^{\sigma+i\infty} u^{-s} \frac{\mathcal{M}[h](1-s)}{\zeta(2-s)\Gamma(3-s)} ds \quad (1.62)$$

となる.前項と同様に,この表現と (1.59) は,実は形式的には同じになることを指摘しておこう.

最後に,問題 (1.42) の条件安定性に関して考える.この場合も,状態密度 $g(\omega)$ が

$$\int_0^\infty g(\omega) d\omega = 3N$$

という拘束条件を満たすことを考慮して,次の定理を得る.ただし,N は固体を構成する原子数である.

定理 1.7 リーマン予想が成り立つとする.$N_0 > 0$ を既知とする.このとき,任意の $m \in \mathbb{N}$ と任意の関数 $g \in C_0^\infty(\mathbb{R}_+)$ で

$$\int_0^\infty g(\omega) d\omega = N_0$$

を満たすものに対して,条件安定性評価

$$\|g(\omega) - N_0 e^{-\omega}\|_{\lambda+1,2} \leq \varepsilon \|(D-1)^m \tilde{a}\|_{\lambda+1,2} + c_0(\sigma)\varepsilon^{-1/m} \|\mathscr{G}[\tilde{a}]\|_{-1-\lambda,2} \quad (1.63)$$

が成り立つ.ただし,

$$\lambda = \sigma - \frac{1}{2}, \quad D = -x\frac{\partial}{\partial x}$$

である.

[証明] 定義より

$$u^{-1}(\mathscr{G}[g](u) - N_0 h_0(u))$$
$$= u^{-1} \int_0^\infty \left(u^2\omega^2 \frac{e^{u\omega}}{(e^{u\omega}-1)^2} - 1 \right) (g(\omega) - N_0 e^{-\omega}) d\omega + N_0 u^{-1} h_0(u)$$

である．$s \in \Sigma_{(0,1)}$ として両辺にメリン変換を施し，補題 1.2 を用いると

$$\mathcal{M}[\mathscr{G}[g]](s-1)$$
$$= -\int_0^\infty x^s \frac{d}{dx}\left(\frac{1}{e^x - 1} - \frac{1}{x}\right) dx \int_0^\infty \omega^{-s}(g(\omega) - N_0 e^{-\omega}) d\omega$$
$$= -s\zeta(s)\Gamma(s)\mathcal{M}[g(\omega) - N_0 e^{-\omega}](1-s).$$

よって，s をあらためて $1-s$ とおくと，$s \in \Sigma_{(0,1)}$ で

$$\mathcal{M}[\mathscr{G}[g]](-s)$$
$$= -(1-s)\zeta(1-s)\Gamma(1-s)\mathcal{M}[g(\omega) - N_0 e^{-\omega}](s+1)$$
$$= \frac{(1-s)\zeta(s)}{\rho(s)}\mathcal{M}[g(\omega) - N_0 e^{-\omega}](s+1)$$

となる．したがって，定理 1.5 と同様にして (1.63) を得る．証明終わり．

注意 1.6 この場合も，条件安定性より，逆問題の一意性が従う．

1.3.3　数値解法

逆黒体輻射問題や比熱からフォノンスペクトル分布を求める問題の数値解法には大きく分けて 2 つの解法がある．
(1)　逆変換公式 (1.44), (1.59) を用いる解法．
(2)　積分方程式 (1.38), (1.51) を直接数値解析する方法．

a.　逆変換公式を用いる解法

逆変換公式 (1.44), (1.59) には，ラプラス逆変換が含まれているので，ラプラス逆変換の実数値解法を適用する必要がある．また，同値な逆変換公式 (1.48), (1.62) には，メリン変換，メリン逆変換が含まれていて，この場合はメリン逆変換の実数値解法が必要である．問題の非適切性が現れるのは，ラプラス逆変換やメリン逆変換の実解法の部分が大きく，その意味でその実解法を確立することが本質的である．

黒体輻射問題やフォノンスペクトル分布逆問題に関して，逆ラプラス逆変換の実解法やメリン逆変換の実解法を用いた研究は，筆者の知る限り，以下に述べるボヤルスキー (Bojarsky)[15] の仕事を除いては公開された文献はないよう

である．

　この節の末尾に，非適切問題の典型であるラプラス逆変換の実解法について関連した話題としてふれておく．

　逆黒体輻射問題において，逆変換公式 (1.44) を導く前の式 (1.43) で

$$\sum_{n=1}^{\infty}\frac{1}{n}a\left(\frac{x}{n}\right)=f(x)$$

とおいて変形すると

$$a(x)=f(x)-\sum_{n=2}^{\infty}\frac{1}{n}a\left(\frac{x}{n}\right)$$

となる．このとき

$$f(x)=\mathscr{L}^{-1}\left[\frac{c^2 W(\nu)}{2h\nu^3}\right](x)$$

である．この変形に注目して，ボヤルスキーは，逆変換公式 (1.44) を次の逐次近似で解いた．

$$a_0(x)\equiv 0,$$
$$a_{m+1}(x)=\mathscr{L}^{-1}\left[\frac{c^2 W(\nu)}{2h\nu^3}\right](x)-\sum_{n=2}^{\infty}\frac{1}{n}a_m\left(\frac{x}{n}\right),\quad m=0,1,\cdots.$$

このとき，a_1 の計算だけにラプラス逆変換が必要となる．この近似解法の収束性や誤差評価は，筆者の知る限りなされていない．

　同様の手法をフォノンスペクトル分布を求める問題に適応することができる．すなわち，

$$G(\nu)=\sum_{n=1}^{\infty}\left(\frac{\nu}{n}\right)^2 g\left(\frac{\nu}{n}\right)$$

を変形して，

$$\nu^2 g(\nu)=G(\nu)-\sum_{n=2}^{\infty}\left(\frac{\nu}{n}\right)^2 g\left(\frac{\nu}{n}\right)$$

とし，逐次近似

$$g_0(\nu) = 0$$

$$g_{m+1}(\nu) = \nu^{-2} G(\nu) - \sum_{n=2}^{\infty} \left(\frac{1}{n}\right)^2 g_m\left(\frac{\nu}{n}\right)$$

$$m = 0, 1, 2, \cdots$$

を考える．ただし，

$$G(\nu) = \mathscr{L}^{-1}\left[\frac{h(u)}{u^2}\right](\nu)$$

である．

b. 積分方程式の正則化を用いる解法

これらの問題は第一種のフレドホルム積分方程式で記述された非適切問題であるから，非適切問題な積分方程式の数値解法の観点から開発された種々の正則化解法を，この問題に適用することができる．手法としては同じなので，逆黒体輻射問題だけに話を限定する．

温度分布 $a(T)$ が与えられたとき，輻射全エネルギースペクトル $W(\nu)$ は，プランクの法則

$$W(\nu) = \frac{2h\nu^3}{c^2} \int_0^{\infty} \frac{1}{e^{h\nu/k_B T} - 1} a(T) dT$$

によって表されるが，現実の現象を考えるとき，温度の範囲は，50～1000K，振動数の範囲は，0～2×10^{14}Hz と考えるのが妥当で，決して $(0, \infty)$ にわたることはない．したがって，ボヤルスキー[15]のように $a(T), W(\nu)$ は $(0, \infty)$ でコンパクトな台 $[t_1, t_2], [v_1, v_2]$ ($t_1, t_2, v_1, v_2 > 0$) を持つと考えるのは自然である．これは，この逆問題を解くときの先見的な情報の1つと見なすことができる．したがって，問題は

$$W(\nu) = \int_{t_1}^{t_2} K(\nu, T) a(T) dT \tag{1.64}$$

$$K(\nu, T) = \frac{2h\nu^3}{c^2} \frac{1}{e^{h\nu/k_B T} - 1} \tag{1.65}$$

を解くことになり，作用素

$$A : a(T) \mapsto \int_{t_1}^{t_2} K(\nu, T) a(T) dT$$

を，$L^2([t_1, t_2])$ から $L^2([v_1, v_2])$ への作用素と考えることになる．A はコンパクト線形作用素である．共役作用素 $A^* : L^2([v_1, v_2]) \to L^2([t_1, t_2])$ は

$$(A^* W)(T) = \int_{v_1}^{v_2} K(\nu, T) W(\nu) d\nu$$

となる．実際,

$$\begin{aligned}(A^* W, a)_{L^2([t_1, t_2])} &= (W, Aa)_{L^2([v_1, v_2])} \\ &= \int_{v_1}^{v_2} \left(W(\nu) \int_{t_1}^{t_2} K(\nu, T) a(T) dT \right) d\nu \\ &= \int_{t_1}^{t_2} \left(a(T) \int_{v_1}^{v_2} K(\nu, T) W(\nu) d\nu \right) dT\end{aligned}$$

である．積分をシンプソンの公式などで離散化すれば，対応する離散問題が得られる．このようにして得られた離散問題もやはり非適切である．

(1.64), (1.65) について $W(\nu)$ を与えて，$a(T)$ を求める逆問題の解法は，いろいろ知られている．ここでは，そのいくつかを以下に略述する．

b-1 チホノフの正則化法[90]

$\alpha > 0$ を正則化パラメータとし，チホノフ汎関数

$$J_\alpha(a) = \|Aa - W\|^2_{L^2([v_1, v_2])} + \alpha \|a\|^2_{L^2([t_1, t_2])}$$

を最小化する $a^\alpha \in L^2([t_1, t_2])$ を求める．これは，次の積分方程式の解 $a^\alpha \in L^2([t_1, t_2])$ を求めることと同値である

$$\alpha a^\alpha + A^* A a^\alpha = A^* W$$

すなわち,

$$a^\alpha = (\alpha + A^* A)^{-1} A^* W.$$

このアルゴリズムでは $(\alpha + A^* A)^{-1}$ を計算しなければならず，効率的でない．

[註] この方法を比熱からフォノンスペクトル分布を求める問題へ応用したのは，古くは 1978 年のコルシュノフ (Korshunov) である[61]．

b-2　ランドウェバー (Landweber) 法

ランドウェバーが 1951 年に提案した最速降下法の応用である．正規方程式 $A^*Aa = A^*W$ を $x = (I - \mu A^*Aa)x + \mu A^*W$ と変形して，次の逐次近似を考える (チャング・ツォウ (Cheng-Zhou)[24] を参照)．

$$a^0 = 0 \qquad a^m = (I - \mu A^*A)a^{m-1} + \mu A^*W, \quad m = 1, 2, \cdots.$$

緩和パラメータ μ は $0 < \mu < 1/\|A\|^2$ となるようにとる．これは，

$$a^0 = 0 \qquad a^m = a^{m-1} - \mu A^*(Aa^{m-1} - W), \quad m = 1, 2, \cdots.$$

と考えると，汎関数 $\|Aa - W\|_{L^2([v_1, v_2])}^2$ の最速降下の方向が $-A^*(Aa - W)$ であることから，汎関数 $\|Aa - W\|_{L^2([v_1, v_2])}^2$ の最小化問題を最速降下法で解くことに対応している．

b-3　ペナルティー付き最大尤度法 (最大エントロピー法)

(1.64), (1.65) において，$k(\nu, T) \geq 0$ であるから，$a(T) \geq 0$ ならば，$W(\nu) \geq 0$ になる．さらに，

$$\int_{v_1}^{v_2} W(\nu) d\nu = 1 \tag{1.66}$$

と仮定する．ペナルティー付き最大尤度法 (最大エントロピー法) は，例えば，次のペナルティー汎関数のついたエントロピー汎関数

$$\ell_\alpha(a) = -\int_{v_1}^{v_2} W(\nu) \log(Aa)(\nu) d\nu + \int_{t_1}^{t_2} a(T) dT + \alpha^2 \gamma(a)$$

を $W(\nu) \geq 0$ かつ (1.66) の仮定で最小化する a を求める．ただし，$\gamma(f)$ は例えば，グッド・ガスキン (Goodd-Gaskins[41]) のラフネスペナルティー (roughness penalty functional) 汎関数

$$\gamma(a) = \int_{T_1}^{T_2} \frac{|\nabla a(T)|^2}{a(T)} dT$$

などとする (エガモント・ラリチア[38] 参照)．ペナルティーを考慮しない場

合 ($\alpha = 0$) はチャング・ツォウ[24]の仕事を参照.

1.3.4 ラプラス逆変換の実解法

フーリエ逆変換を利用したラプラス逆変換公式は，扱う関数の複素解析性と虚軸に平行な直線上の関数値が必要である．しかし，実際に測定できるデータは，通常実軸上のみだから，逆変換の適当な実近似解法があると便利である．

逆変換の実解法は，1934 年のウィダー (Widder) の仕事に始まり，逆問題の非適切性が明確に意識される以前から数多くの研究がある．(例えば，1939 年から 1976 年までの文献は，ピエッセンス (Piessens[85]) を参照せよ.)

実解法のアプローチとしては，次のようなものがある.
① 実軸からの解析接続とブロムウィッチ積分の応用[64]
② メリン変換とその逆変換を利用[1, 63]
③ ラゲール多項式展開を利用[28, 29]
④ ポスト・ウィダーの公式を利用
⑤ フレドホルム積分方程式に対する正則化法の応用

④については，以前にふれた．また，⑤は，ラプラス変換を第一種フレドホルム積分方程式で記述される非適切問題としてとらえた解法で，非適切問題で開発された種々の正則化法を応用した研究がなされている (例えば，[39, 72, 40, 74] など，正則化法については，第 6 章参照). ここでは，①〜③のみを紹介する.

a. ①について

実軸からの解析接続は非適切問題であるから，何らかの付加情報が必要である．付加情報として，次の性質 (P) を仮定する.

(P): 関数 $F(p) = \mathscr{L}[f](p)$ は $p > 0$ で解析的で，1/4 半平面

$$\{z \in \mathbb{C}\backslash\{0\}\ \mathrm{Re} z \geq 0,\ 0 \leq \arg z \leq \pi/2\}$$

に解析接続可能であり，$W(1) = 1$ を満たす適当な解析的な荷重関数 $W(z)$ が存在して，$z \in \{z \in \mathbb{C}\backslash\{0\} : 0 \leq \arg \leq \pi/2\}$ において，任意の $c > 0$ に対して

$$|F(c+pz)W(i/z)| = \begin{cases} o(|z|^{-\varepsilon}) & (|z| \to 0) \\ o(|z|^{-\varepsilon'}) & (|z| \to \infty) \end{cases}$$

を満たす.ただし,$\varepsilon, \varepsilon' > 0$ である.

この条件の下で,任意の $c > 0$ に対して

$$F_R(c+ip) = \frac{1}{\pi}\int_0^\infty F(c+pu)W(i/u)\frac{\sin R\log(-iu)}{u-i}du$$

とおくと

$$\lim_{R\to\infty} F_R(c+ip) = F(c+ip)$$

となる.この証明は,変数変換 $\log(-iu) = \omega$ とおき,

$$\frac{\sin Rx}{\pi x} \to \delta(x), \quad R \to \infty$$

を用いれば,容易に確かめられる.$F_R(c+ip)$ は $F(c+p)$ の解析接続の正則化と見なせる.このこととブロムウィッチ積分から,次の定理が従う.

定理 1.8 $F(p)$ は性質 (P) を満たすとする.このとき,

$$f_R(t) = \int_0^\infty F(u)K(R, tu)du, \tag{1.67}$$

$$K(R, z) = \frac{1}{\pi}\mathscr{L}^{-1}\left[\frac{\sin(R\log p)}{p-1}W(p)\right](z) \tag{1.68}$$

が定義できて,

$$\mathscr{L}^{-1}[F(p)](t) = f(t) = \lim_{R\to\infty} f_R(t), \quad \forall t > 0$$

が成立するような適当な荷重関数 $W(z)$ が存在する.

(1.68) を具体的に計算できるように W を選ぶことができるので,(1.67) を離散化してラプラス逆変換の数値解法を得ることができる.

このアイデアは,基本的にデルタ関数の近似の仕方に依存している.デルタ関数を近似する関数を変えれば,類似のいろいろな近似公式が得られる.

b. ②について

ラプラス変換

$$F(p) = \int_0^\infty f(t)e^{-pt}dt, \quad \text{Re}\, p > 0$$

の両辺にメリン変換を施すと

$$\mathcal{M}[F](s) = \Gamma(s)\mathcal{M}[f](1-s)$$

となるから

$$\mathcal{M}[f](s) = \frac{\mathcal{M}[F](1-s)}{\Gamma(1-s)} \quad (1.69)$$

である．ただし，—$\mathrm{Re}\, s = \sigma \in (0,1)$．メリン逆変換を施すと

$$f(t) = \frac{1}{2\pi i}\int_{\sigma-\infty}^{\sigma+i\infty}\frac{\mathcal{M}[F](1-s)}{\Gamma(1-s)}t^{-s}ds \quad (1.70)$$

となる．

(1.70) において，直線 $\mathrm{Re}\, s = \sigma > 0$ 上の $\mathcal{M}[F](s)$ の値は，メリン変換の定義

$$\mathcal{M}[F](s) = \int_0^\infty F(p)p^{s-1}dp$$

より，$p > 0$ における F の値だけで計算できるから，(1.70) を，ラプラス逆変換の実解法に用いることができる．例えば，以下のアルゴリズムが，アイラペテゥアン・ラム (Airapetyan-Ram[1]) によって提案されている．

ステップ 1： $\mathcal{M}[F](1-s)$ の計算

$s = \sigma + i\xi$ とおくと

$$\begin{aligned}\mathcal{M}[F](1-s) &= \int_0^\infty F(p)p^{-\sigma}e^{-i\xi\log(p)}dp \\ &= \int_0^1 F(p)p^{-\sigma}e^{-i\xi\log(p)}dp + \int_1^\infty F(p)p^{-\sigma}e^{-i\xi\log(p)}dp\end{aligned}$$

であるから，第 1 式で，$p = e^{-\tau}$，第 2 式で $p = e^\tau$ とすれば

$$\mathcal{M}[F](1-s) = \int_0^\infty F(e^{-\tau})e^{(\sigma-1)}e^{i\xi\tau}d\tau + \int_0^\infty F(e^\tau)e^{(1-\sigma)}e^{-i\xi\tau}d\tau$$

となる．第 1 式は逆高速フーリエ変換 (IFFT)，第 2 式は高速フーリエ変換 (FFT) を用いて計算する．フーリエ変換は，L^2 保存であるから，この計算部分は本質的には非適切ではない．

〈仮定〉 $|F(p)| \leq C_1 p^{-\alpha}, \quad p \in [1, \infty)$

$|F(p)| \leq C_2, \quad p \in [0, 1]$

の下で，積分は収束する．ただし，$a > 0, C_1, C_2$ は正定数とする．実際，任意の $\tau > 0$ に対して

$$|F(e^\tau)e^{(1-\sigma)\tau}| \leq C_1 e^{-(\sigma+\alpha-1)\tau},$$
$$|F(e^{-\tau})e^{(\sigma-1)\tau}| \leq C_2 e^{-(1-\sigma)\tau}$$

となるから，$\alpha \in (0, 2)$ ならば，$\sigma \in (0, 1)$ を

$$\sigma + \alpha - 1 = 1 - \sigma \quad \Rightarrow \quad \sigma = 1 - \frac{\alpha}{2}$$

と選ぶと，同じ減衰オーダーになる．$\alpha \geq 2$ ならば，σ をできるだけ小さくとる．

もちろん，実際の計算では，半無限の積分区間を有限区間で近似する必要がある．データのノイズを考慮したときの最良の有限区間のとり方は，原論文を参照のこと．

ステップ 2： ガンマ関数 $\Gamma(1-s)$ の計算

ガンマ関数は e^{-u} のメリン変換であるから，ステップ 1 と同様の方法で計算すればよい．この段階も非適切な問題ではない．$\Gamma(1 - \sigma - i\xi)$ の計算誤差は，ξ が大きくなると増大するが，そのときは，漸近展開

$$\Gamma(s) = \sqrt{2\pi} e^{-s} e^{(s-\frac{1}{2})\log s} \left[1 + \frac{1}{12s} + \frac{1}{288s^2} \cdots \right]$$

を使うことができる．

ステップ 3： (1.70) の計算

この計算は非適切問題で，何らかの正則化が必要である．例えば，無限区間を有限な区間 $|\text{Im}\, s| \leq R$ とするときの R は正則化パラメータと見なせる．すなわち，R を大きくとると，非積分関数の誤差が増大し，一方，積分の近似を良くするには，大きな R をとる必要があって，相反している．適切なとり方に関する考察は，原論文を参照のこと．

ステップ 3 の不明確さを避けるために，クルズニー (Kryzhniy[63]) は，次のように変形した．

$\Gamma(s)\Gamma(1-s) = \pi/\sin\pi s$ であるから，(1.69) は

$$\mathcal{M}[f](s) = \frac{1}{\pi}\Gamma(s)\sin\pi s \mathcal{M}[F](1-s)$$

となる．$\Gamma(s)\sin\pi s$ の逆メリン変換は存在しないので，次のような近似を考える．

$$\mathcal{M}[f_\alpha](s) = \frac{1}{\pi}\Gamma(s)\frac{\sin\pi s}{1+\alpha\sin\pi s}\mathcal{M}[F](1-s) \qquad (1.71)$$

明らかに $\alpha \to 0$ のとき，$\mathcal{M}[f_\alpha](s) \to \mathcal{M}[f](s)$ である．

$$G(s) = \frac{1}{\pi}\Gamma(s)\frac{\sin\pi s}{1+\alpha\sin\pi s}$$
$$= \frac{1}{\pi\alpha}\Gamma(s)\left(1 - \frac{1}{1+\alpha\sin\pi s}\right)$$

とおく．

$$\mathcal{M}^{-1}\left[\frac{1}{1+\alpha\sin\pi s}\right] = \frac{2\coth(\pi R)}{\pi}\sin(R\log x)\frac{\sqrt{x}}{x^2-1},$$
$$-\frac{1}{2} < \mathrm{Re}(s) < \frac{3}{2}$$

である．ただし，$R = \pi^{-1}\cosh^{-1}(1/\alpha)$ で，$\alpha \to 0$ のとき，$R \to \infty$ となる．

$$\mathcal{M}[F](1-s) = \mathcal{M}[tF(t)](s)$$

に注意して，(1.71) の両辺にメリン逆変換を施すと

$$f_R(t) = \int_0^\infty F(u)K_R(tu)dt,$$
$$K_R(t) = \mathcal{M}^{-1}[G](t)$$
$$= \frac{1}{\pi\alpha}\mathcal{M}^{-1}[\Gamma](t) - \frac{1}{\pi\alpha}\left(\mathcal{M}^{-1}[\Gamma] \vee \mathcal{M}^{-1}\left[\frac{1}{1+\alpha\sin\pi s}\right]\right)(t)$$

を得る．f_R はラプラス逆変換の正則化になっている．R が正則化パラメータである．これを近似して離散化することで実近似解法が得られる．

c. ③について

$w(t) = e^{-t}$ とする．

$$L_w^2(\mathbb{R}^+) = \{u\,[0,\infty) \to \mathbb{R}\,:\,\text{可測かつ}\int_0^\infty |u(t)|^2 e^{-t}dt < \infty\}$$

は，内積
$$(u,v)_w = \int_0^\infty u(t)v(t)e^{-t}dt$$
によって，ヒルベルト空間になる．$\phi_j(t)$ を j 次のラゲール多項式とする．ラゲール多項式の集合 $\{\phi_j(t)\}_{j=0}^\infty$ は $L_w^2(\mathbb{R}^+)$ で完全正規直交系をなす．
$$\phi_j(t) = \sum_{k=0}^{j} \begin{pmatrix} j \\ k \end{pmatrix} \frac{(-t)^k}{k!}$$
であるから
$$\mathscr{L}[\phi_j](p) = \sum_{k=0}^{j} \begin{pmatrix} j \\ k \end{pmatrix} \frac{(-1)^k}{p^{k+1}} = \frac{1}{p}\left(1 - \frac{1}{p}\right)^j$$
となる．そこで，
$$f(x) = \sum_{j=0}^{\infty} c_j \phi_j(x), \quad c_j = (f, \phi_j)_w$$
と展開すると，
$$F(p) = \sum_{j=0}^{\infty} c_j \frac{1}{p}\left(1 - \frac{1}{p}\right)^j$$
となる．

したがって，逆に N 個の点 p_j で $F(p)$ が与えられたとき，$pF(p)$ を適当な N 次多項式
$$\Phi_N(p) = \sum_{j=0}^{N} d_j p^j$$
で補間し，それに，メービウス変換
$$z = \frac{1}{1-p}$$
を施すと，$f(x)$ の近似式
$$f_N(x) = \sum_{j=0}^{\infty} d_j \phi_j(x)$$

が得られる．これが，ラゲール多項式を用いる解法の原型である．このアイデアの適用範囲を拡大し，誤差評価ができるように厳密化することについては，原論文[29]を参照されたい．

第2章 電気インピーダンストモグラフィー

種々の医療診断において，人体内部の電気的性質(電気伝導率と誘電率)の時間的変動を外部より間接的に測定して人体内部の状態を調べることが有用である．この数学的モデルは，電気変動が準静的であるという仮定の下では，電気的性質の変動を表す係数を含むラプラス方程式の境界値問題で記述される．境界における観測データから係数を定めることができれば，間接的診断が可能となる．このアイデアは，電気インピーダンストモグラフィー (electrical impedance tomography) と呼ばれ，人体以外にも，食品の品質評価・異物測定，鉱物探査，地下水探査などに応用されている．ここでは，そのうち，完全電極モデルの紹介と，派生する係数同定問題の数学的解析について述べる．

2.1 問題設定

2.1.1 完全電極モデル

完全電極モデル (complete electrode model) は，電気インピーダンストモグラフィーの物理的に実現可能な数理モデルとして，チェイニー，アイザクソンとヌュウェル (Cheney-Isaacson-Newell[26]) によって提案され，さらにその適切性も解析されている．これを以下に示す．

人体(領域) $\Omega \subset \mathbb{R}^3$ を流れる角振動数 ω の電流に対する人体内の点 $x \in \Omega$ における電気伝導率を $\sigma = \sigma(x,\omega)$，電気誘電率を $\epsilon = \epsilon(x,\omega)$ とすると，内部許容度 (admittibity) γ は

$$\gamma(x,\omega) = \sigma(x,\omega) + i\omega\epsilon(x,\omega)$$

で与えられる．このとき，人体 Ω 中の電圧 u は

$$\nabla \cdot (\gamma(x,\omega)\nabla u) = 0, \quad x \in \Omega \tag{2.1}$$

を満たす．物質の均一部分の内部許容度 γ はその部分のインピーダンスの逆数に比例している．式の導出は，原著[26]を参照してほしい．

人体の表面に置かれた有限個の電極より微弱電流を流して生じる電圧を測定して，内部の伝導率や誘電率を推定することを考える．

人体の表面 (領域の境界) $\partial\Omega$ 上で，電極が置かれている場所を E_ℓ とする．電極における電圧 u は

$$u + Z_\ell \nu \cdot \gamma \nabla u = V_\ell, \quad x \in E_\ell, \quad \ell = 1, \cdots, q \tag{2.2}$$

を満たす．ここで，Z_ℓ は表面インピーダンス，ν は $\partial\Omega$ の外部単位法線ベクトル，V_ℓ は測定電圧である．

電極間には電流が流れないとすると

$$\nu \cdot \gamma \nabla u = 0, \quad x \in \partial\Omega \backslash (E_1 \cup \cdots \cup E_q) \tag{2.3}$$

が成り立つ．さらに，各電極に流れる電流を g_ℓ とすると

$$\int_{E_\ell} \nu \cdot \gamma \nabla u d\sigma = g_\ell, \quad \ell = 1, \cdots, q$$

となる．

最後に，電荷保存則

$$\sum_{\ell=1}^{q} g_\ell = 0 \tag{2.4}$$

と接地条件

$$\sum_{\ell=1}^{q} V_\ell = 0 \tag{2.5}$$

を課する．このとき，$\gamma(x,\omega)$ を既知として，(2.1)〜(2.5) を満たす順問題の解 u はただ 1 つ存在することが証明されている ([88] 参照)．したがって，この順問題は適切である．

電気インピーダンス・トモグラフィー (逆問題) では，測定電圧 V_ℓ をいろいろ与えて，それに対応する電極の電流 g_ℓ を観測して，内部許容度 γ を求める．

すなわち,

$$g_j = (g_1^j, \cdots, g_q^j), \quad V_j = (V_1^j, \cdots, V_q^j), \quad j = 1, \cdots, p$$

とおく.

u_j を $V_\ell = V_\ell^j$ としたときの (2.1)〜(2.5) の解とする. 作用素 $R_j : L^2(\Omega) \to \mathbb{R}^q$ を

$$(R_j(\gamma))_\ell = \int_{E_\ell} \nu \cdot \gamma \nabla u_j d\sigma$$

で定義すると, 問題は

$$R_j(\gamma) = g_j, \quad j = 1, 2, \cdots, p \tag{2.6}$$

となる γ を求めることである.

2.1.2 線形化問題

前項の (2.1)〜(2.5) の解 u_j は γ の関数であるから, この逆問題 (2.6) は非線形であり, その解析は簡単ではない.

ここでは, カルデロン (Calderon[22)]) がより簡単なモデルに対して提案した線形化法による近似解の構成を略述しよう.

$\gamma = \gamma_0 + f$ とし, f は十分小さいとする. また, 簡単のために $\partial\Omega$ の近くで, $\gamma = \gamma_0$ と仮定する. u_0^j を

$$\nabla \cdot (\gamma_0 \nabla u_0^j) = 0, \quad x \in \Omega$$
$$u_0^j + Z_\ell \nu \cdot \gamma_0 \nabla u_o^j = V_\ell^j, \quad x \in E_\ell, \quad \ell = 1, \cdots, q$$
$$\nu \cdot \gamma_0 \nabla u_0^j = 0, \quad x \in \partial\Omega \backslash (E_1 \cup \cdots \cup E_q)$$

の解とする. (2.1)〜(2.5) において, $u_j = u_0^j + w^j$ とおいて, f と w^j の 2 次の項を無視すると,

$$\nabla \cdot (\gamma_0 \nabla w^j) = -\nabla \cdot (f \nabla u_0^j), \quad x \in \Omega \tag{2.7}$$
$$w^j + Z_\ell \nu \cdot \gamma_0 \nabla w^j = 0, \quad x \in E_\ell, \quad \ell = 1, \cdots, q \tag{2.8}$$
$$\nu \cdot \gamma_0 \nabla w^j = 0, \quad x \in \partial\Omega \backslash (E_1 \cup \cdots \cup E_q) \tag{2.9}$$

となる．このとき，$\partial\Omega$ 上では $\gamma = \gamma_0$ であるから

$$\int_{E_\ell} \nu \cdot \gamma_0 \nabla w^j d\sigma = g_\ell^j, \quad \ell = 1, \cdots, q, \quad j = 1, \cdots, p$$

となる．そこで，線形境界値問題 (2.7)〜(2.9) のグリーン関数を G_0 とすると，解 w^j は次のように表現できる．

$$\begin{aligned} w^j(x) &= \int_\Omega G_0(x,y)\{\nabla \cdot (f\nabla u_0^j)(y)\}dy \\ &= -\int_\Omega \nabla G_0(x,y)(\nabla u_0^j)(y)f(y)\}dy. \end{aligned}$$

よって，$x \in \partial\Omega$ において

$$\nu \cdot (\gamma_0 \nabla_x w^j)(x) = \int_\Omega J(x,y)f(y)dy$$

となる．ここで，

$$J(x,y) = \nu(x) \cdot (\gamma_0(x)\nabla_x \nabla G_0(x,y)(\nabla u_0^j)(y)$$

は既知関数である．したがって，問題は，次の線形積分方程式を解くことに帰着される．

$$\int_{E_\ell}\int_\Omega J(x,y)dyd\sigma_x = g_\ell^j \quad \ell = 1, \cdots, q, \quad j = 1, \cdots, p.$$

この積分方程式の解法，あるいは数値解析については，チェイニーやアイザクソン等の論文[26, 53]を参照せよ．

2.1.3 連続モデル

完全電極モデルは，その数学的構造を解析するには複雑すぎるので，簡単化のために次の連続近似を考える．

$$\nabla \cdot \gamma(x,\omega)\nabla u = 0, \quad x \in \Omega$$
$$(u + Z\nu \cdot \gamma\nabla u)|_{\partial\Omega} = h.$$

ここで，h は境界上で定義された既知関数で Z は境界上の接触インピーダンスを記述する関数である．このとき，完全境界計測は，ロバン・ノイマン (Robin-Neumann) 写像 (略して，RN 写像)

$$R = R_{Z,\gamma} : h = (u + Z\nu \cdot \gamma\nabla u)|_{\partial\Omega} \mapsto \nu \cdot \gamma\nabla u|_{\partial\Omega}$$

によって特徴付けられる．R は適当な $s \in [s_0, s_1]$ に対して，$H^s(\partial\Omega)$ 上の有界作用素になる．s_0, s_1 は境界 $\partial\Omega$ の滑らかさに依存する．ここでは，境界は少なくとも C^2 とすると，$s = \frac{1}{2}$ にとれる．

$Z = 0$ ならば，$R = R_{Z,\gamma}$ は，ディリクレ・ノイマン (Dirichlet-Neumann) 写像 (略して DN 写像)

$$\Lambda_\gamma : u|_{\partial\Omega} \mapsto \nu \cdot \gamma\nabla u|_{\partial\Omega}$$

になる．Z と境界上の γ が既知ならば，$R_{Z,\gamma}$ を知ることと Λ_γ を知ることは等価である．

γ がスカラー関数 × 恒等作用素 のときは，γ は等方的であるといい，γ が行列関数のとき異方的であるという．以下では，等方的な場合のみを扱う．

実際に計測して，ディリクレ・ノイマン写像から γ を再構成したり，その数値解析を行うには，完全電極モデルに戻らねばならない．

カルデロン[22] は，DN 写像の代わりに，

$$Q_\gamma(f) = \int_\Omega \gamma|\nabla u|^2 dx = \int_{\partial\Omega} \Lambda_\gamma(f) f dS$$

を解析することを提案して，写像

$$\gamma \mapsto Q_\gamma$$

の定数からの線形化が一対一になることを示した．このカルデロンの先駆的仕事に敬意を示して，この問題とそれに関連する逆問題は特にウルマン (Uhlmann) の周辺とそれに影響を受けた数学の研究者の間では，カルデロン問題と呼ばれている (文献[3, 99] を参照).

2.2 カルデロン問題の一意性

前節で述べたカルデロン問題の一意性を考える．

$\Omega \subset \mathbb{R}^n (n \geq 2)$ を，滑らかな境界 $\partial\Omega$ を持つ有界領域とする．次のディリク

レ問題を考える.

$$L_\gamma u(x) = \nabla \cdot \gamma(x)\nabla u(x) = 0, \quad x \in \Omega \tag{2.10}$$
$$u(x) = f(x), \quad x \in \partial\Omega. \tag{2.11}$$

ここで，$\gamma(x)$ は $\overline{\Omega}$ で定義された滑らかな正値関数とする．この節の目的は，次の定理を示すことである．

定理 2.1 $\gamma_1, \gamma_2 \in C^2(\overline{\Omega})$ とし，$\gamma_1(x), \gamma_2(x) > 0, \quad \forall x \in \overline{\Omega}$ とする．このとき，$Q_{\gamma_1} = Q_{\gamma_2}$ ならば，$\overline{\Omega}$ で $\gamma_1 = \gamma_2$ である．

ただし，

$$Q_\gamma(f) = \int_{\partial\Omega} \Lambda_\gamma(f) f dS, \tag{2.12}$$
$$\Lambda_\gamma(f) = \gamma \frac{\partial u}{\partial \nu}\bigg|_{\partial\Omega}. \tag{2.13}$$

[証明の方針] 簡単な計算で

$$\gamma^{-1/2} L_\gamma \gamma^{-1/2} = \triangle - q, \quad q = \frac{\triangle \gamma^{1/2}}{\gamma^{1/2}} \tag{2.14}$$

となることが示せる．これより，$\partial\Omega$ 上で γ がわかれば，γ を再構成するためには，境界上の測定からシュレディンガー作用素 $\triangle - q$ のポテンシャル q を再構成すればよく，ポテンシャル q が一意に定まれば，係数 γ も一意に定まることがわかる．このことを用いて，1986 年にシルベスターとウルマン (Sylvester-Uhlmann[92]) は $n \geq 3$ の場合に定理 2.1 を証明した．証明には，全空間におけるシュレディンガー作用素 $\triangle - q$ の高調波解 (複素幾何光学解とも呼ばれる ([42] 参照)) を構成することが本質的である．

以下の節で，高調波解を構成することから始めて，彼らのアイデアを簡明にした形で紹介しよう．$n = 2$ の場合は，$n \geq 3$ と同じ手法が使えない．シルベスターとウルマンは，ポテンシャル q や係数 γ に付加条件を課した局所的な結果を高調波解を用いて示した[92]．$n = 2$ の大域的な結果はナッハマン (Nachman[78]) と，ブッフゲイム (Bukhgeim[18]) によって，独立にそれぞれ別の方法で得られている．本書では，最後の節でブッフゲイムの結果を紹介する．

注意 2.1 シルベスターとウルマン[92]以降,境界の滑らかさと,ポテンシャル q や係数 γ の滑らかさの条件をゆるめる仕事が何人かによって行われている[2, 54]. 最良の結果は,境界 $\partial\Omega$ がリプシッツ連続で,$p > n/2$ のとき,$q \in L^p(\Omega)$, $\gamma \in W^{2,p}(\Omega)$ という条件の下で大域的一意性定理が成り立つという結果である[56, 78]. $p = n/2$ で成り立つという主張もあるが,詳細は述べられていない. 詳しくはナッハマン[78]を参照.

注意 2.2 ブッフゲイムとウルマン[21]は,第7章で扱うカルレマン評価と高調波解の方法を組み合わせることによって,境界の特定な一部における計測情報から定理 2.1 と同様の結果を得ることができることを証明した.さらに,この結果はケニッグ・ショストランド・ウルマン (Kenig-Sjöstrand-Uhlmann)[58]によって,著しく改良された.

注意 2.3 γ が異方的な場合,すなわち $\gamma : \Omega \to \mathbb{R} n \times n$ の場合は,$\gamma = (\gamma_{ij})$ とすると,問題 (2.10), (2.11) は

$$L_\gamma u(x) = \sum_{i,j=1}^n \frac{\partial}{\partial x_i}\left(\gamma_{ij}\frac{\partial u}{\partial x_j}\right) = 0, \quad \mathbf{x} \in \Omega$$

$$u(x) = f, \quad x \in \partial\Omega$$

となり,対応する DN 写像は

$$\Lambda_\gamma(f) = \sum_{i,j=1}^n \nu^i \gamma_{ij}\frac{\partial u}{\partial x_j}\bigg|_{|\partial\Omega}$$

となる.γ が等方的な場合と異なり,一般的には Λ_γ から,γ を一意的に決定することはできない([60] 参照).

2.2.1 高調波解

$\xi = (z_1, z_2, \cdots, z_n)$, $z_j \in \mathbb{C}$ を $\xi \cdot \xi = \sum_{j=1}^n z_j^2 = 0$ となる n 次元複素ベクトルとし,$x \in \mathbb{R}^n$ に対して $v(x) = e^{x \cdot \xi}$ と定義すると,$v(x)$ は $\triangle v = 0$ の解である.すなわち,

$$\triangle v = \triangle e^{x\cdot\xi} = \xi\cdot\xi e^{x\cdot\xi} = 0$$

である.

以下において,q に対する適当な条件の下で,ξ が十分大きいとき複素平面波 $e^{x\cdot\xi}$ に近づくような,全空間 $\mathbb{R}^n$ におけるシュレディンガー作用素 $\triangle - q$ の解を構成する.このような解を $\triangle - q$ の高調波解 (複素幾何光学解) と呼ぶことにする.

そのために,関数空間 $L^2_\delta(\mathbb{R}^n)$ と $H^s_\delta(\mathbb{R}^n)$ を次のように導入する.$\delta, s \in \mathbb{R}$ に対して

$$L^2_\delta(\mathbb{R}^n) = \{f : \|f\|^2_{L^2_\delta(\mathbb{R}^n)} = \int_{\mathbb{R}^n}(1+|x|^2)^\delta |f(x)|^2 dx < \infty\},$$

$$H^s_\delta(\mathbb{R}^n) = \{f : \|f\|^2_{H^s_\delta(\mathbb{R}^n)} = \|\mathscr{F}^{-1}(1+|\xi|^2)^{s/2}\mathscr{F}f\|_{L^2_\delta(\mathbb{R}^n)} < \infty\}.$$

ただし,$\mathscr{F}$ はフーリエ変換を表す.

$L^2_\delta(\mathbb{R}^n)$ と $H^s_\delta(\mathbb{R}^n)$ は,内積

$$\langle f, g\rangle_{L^2_\delta} = \int_{\mathbb{R}^n}(1+|x|^2)^\delta f(x)\overline{g(x)}dx,$$

$$\langle f, g\rangle_{H^s_\delta} = <\mathscr{F}^{-1}(1+|\xi|^2)^{s/2}\mathscr{F}f, \mathscr{F}^{-1}(1+|\xi|^2)^{s/2}\mathscr{F}g\rangle_{L^2_\delta}$$

の下で,ヒルベルト空間になる.

重みの付いたソボレフ空間 $H^s_\delta(\mathbb{R}^n)$ に関する基本的性質はトリーベル (Triebel[97]) を参照されたい.特に,

$$C_1\|f\|_{H^s_\delta} \leq \|(1+|x|^2)^{\delta/2}f\|_{H^s} \leq C_2\|f\|_{H^s_\delta}$$

となる定数 C_1, C_2 が存在することがわかっている.この結果は特にことわらずに以下で何度も用いている.

定理 2.2 $q \in L^\infty(\mathbb{R}^n)$ とし,$R > 0$ が存在して,supp $q \subset \{x \in \mathbb{R}^n : |x| \leq R\}$ とする.また,$-1 < \delta < 0$ とする.このとき,$C_{s,\delta} > 0$ が存在して,$\xi \cdot \xi = 0$ かつ

$$|\xi| > \frac{1}{C_{s,\delta}}\|(1+|x|^2)^{1/2}q\|_{L^\infty(\mathbb{R}^n)}$$

となる任意のベクトル $\xi \in \mathbb{C}^n$ に対して，シュレディンガー方程式

$$(\triangle - q)u = 0, \quad x \in \mathbb{R}^n$$

は，次の形の一意解 (高調波解) $u(x)$ を持つ．

$$u(x) = e^{x \cdot \xi}(1 + \psi(x; \xi)), \quad \psi \in H_\delta^2(\mathbb{R}^n). \tag{2.15}$$

さらに，

$$\|\psi(\cdot, \xi)\|_{H_\delta^s(\mathbb{R}^n)} \leq \frac{C_{s,\delta}}{|\xi|^{1-s}} \tag{2.16}$$

が成り立つ．

[証明] (2.15) の形の解を仮定すると，$\psi(x; \xi)$ は次の方程式を満たす．

$$(\triangle + 2\xi \cdot \nabla)\psi = q(1 + \psi). \tag{2.17}$$

この式に逐次近似法を適用して解を構成する．そのために，次の命題が必要である．

命題 2.1 $-1 < \delta < 0,\ 0 \leq s \leq 1,\ \beta > 0$ とする．また，$f \in L_{\delta+1}^2(\mathbb{R}^n)$ とする．任意の n 次元複素ベクトル $\xi \in \mathbb{C}^n \setminus \{0\},\ \xi \cdot \xi = 0,\ |\xi| > \beta$ に対し

$$\triangle u + 2\xi \cdot \nabla u = f \tag{2.18}$$

を満たす解 $u = u(\cdot, \xi) \in L_\delta^2(\mathbb{R}^n)$ がただ 1 つ存在する．さらに，$u(\cdot, \xi) \in H_\delta^2(\mathbb{R}^n)$ であり，任意の $s \in [0, 1]$ に対して，正定数 $C_{s,\delta}$ が存在して

$$\|u(\cdot, \xi)\|_{H_\delta^s(\mathbb{R}^n)} \leq \frac{C_{s,\delta}}{|\xi|^{1-s}} \|f\|_{L_{\delta+1}^2(\mathbb{R}^n)}$$

を満たす．

命題 2.1 の証明は後回しにして，定理 2.2 の証明を続ける．

[定理 2.2 の証明の続き] はじめに一意性を証明しよう．問題の線形性から

$$(\triangle + 2\xi \cdot \nabla)\psi = q\psi$$

と仮定して，$\psi = 0$ を示せばよい．このとき，命題 2.1 より

$$\|\psi\|_{L^2_\delta(\mathbb{R}^n)} \leq \frac{C_{0,\delta}}{|\xi|} \|q\psi\|_{L^2_{\delta+1}(\mathbb{R}^n)} \leq \frac{C_{0,\delta} \|(1+|x|^2)^{1/2} q\|_{L^\infty(\mathbb{R}^n)}}{|\xi|} \|\psi\|_{L^2_\delta(\mathbb{R}^n)}$$

が従う. $|\xi|$ を十分大きくとれば,

$$\frac{C_{0,\delta} \|(1+|x|^2)^{1/2} q\|_{L^\infty(\mathbb{R}^2)}}{|\xi|} < 1$$

となるから, $\psi = 0$ が従う. よって, 一意性が証明された.

次に存在定理を証明する. 逐次近似列 $\{\psi_j\}_{j\in\mathbb{N}}$ を次のように定める.

$$(\triangle + 2\xi \cdot \nabla)\psi_1 = q$$
$$(\triangle + 2\xi \cdot \nabla)\psi_{j+1} = q\psi_j, \quad j = 1, 2, \cdots$$

このとき, $\psi = \sum_{j=1}^\infty \psi_j$ は求める解である. 実際, 命題 2.1 より

$$\|\psi_j\|_{L^2_\delta(\mathbb{R}^n)} \leq \left(\frac{C_{0,\delta} \|(1+|x|^2)^{1/2} q\|_{L^\infty(\mathbb{R}^n)}}{|\xi|}\right) \|\psi_{j-1}\|_{L^2_\delta(\mathbb{R}^n)}$$
$$\leq \left(\frac{C_{0,\delta} \|(1+|x|^2)^{1/2} q\|_{L^\infty(\mathbb{R}^n)}}{|\xi|}\right)^j \|q\|_{L^2_{\delta+1}(\mathbb{R}^n)}, \quad j = 1, 2, \cdots$$

となる. $|\xi|$ を十分大きくとると

$$\frac{C_{0,\delta} \|(1+|x|^2)^{1/2} q\|_{L^\infty(\mathbb{R}^n)}}{|\xi|} < 1$$

とできるから, $\psi = \sum_{j=1}^\infty \psi_j$ は $L^2_\delta(\mathbb{R}^n)$ で収束して,

$$\|\psi\|_{L^2_\delta} \leq \frac{C}{|\xi|}$$

を満たす. 再び, 命題 2.1 を用いると

$$\|\psi_j\|_{H^1_\delta(\mathbb{R}^n)} \leq C\|q\psi_{j-1}\|_{L^2_{\delta+1}(\mathbb{R}^n)}$$
$$\leq C\|(1+|x|^2)^{1/2} q\|_{L^\infty(\mathbb{R}^n)} \|\psi_{j-1}\|_{L^2_\delta(\mathbb{R}^n)}$$
$$\leq \left(\frac{C\|(1+|x|^2)^{1/2} q\|_{L^\infty(\mathbb{R}^n)}}{|\xi|}\right)^{j-1} \|q\|_{L^2_{\delta+1}(\mathbb{R}^n)}$$

が成り立つ．したがって，

$$\|\psi\|_{H^1_\delta(\mathbb{R}^n)} \leq C$$

を得る．よって，ψ は，

$$(\triangle + 2\xi \cdot \nabla)\psi = q(1+\psi)$$

の弱解で，よく知られた楕円型作用方程式の滑らかさの定理より強解となり，

$$\triangle \psi = q(1+\psi) - 2\xi \cdot \nabla \psi$$

において，右辺が $L^2_\delta(\mathbb{R}^n)$ に属していることから，$\psi \in H^2_\delta(\mathbb{R}^n)$ が従う．定理の証明終わり．

[命題 2.1 の証明] 条件 $\xi \cdot \xi = 0$ を満たす $\xi \in \mathbb{C}^n$ は 2 次元平面上を動くから，$n=2$ の場合が本質的である．そこで，$n=2$ の場合を詳細に示し，それを高次元に拡張する．

$n=2$ の場合： $\mathbb{C} \simeq \mathbb{R}^2$ と見なして，$z = (x,y) = x + iy$ とする．i は虚数単位である．$k \in \mathbb{R}^{2 \times 1}$ に対して

$$\xi = Jk + ik, \quad J = \begin{pmatrix} 0 & 1 \\ -1 & 0 \end{pmatrix}$$

とおいて，(2.18) を書き換えると，

$$\overline{\partial}(\partial + (k_2 + ik_1))u = \frac{f}{4} \tag{2.19}$$

となる．ただし，

$$k = \begin{pmatrix} k_1 \\ k_2 \end{pmatrix}, \quad \overline{\partial} = \frac{1}{2}\left(\frac{\partial}{\partial x} + i\frac{\partial}{\partial y}\right), \quad \partial = \frac{1}{2}\left(\frac{\partial}{\partial x} - i\frac{\partial}{\partial y}\right).$$

以下に，2 つの補題を準備する．

補題 2.1 Z を ∂ あるいは $\overline{\partial}$ を表すとすると，$-1 < \delta < 0$ のとき，任意の $f \in L^2_{\delta+1}(\mathbb{R}^2)$ に対して，$Zu = f$ の解 $u \in L^2_\delta(\mathbb{R}^2)$ が一意的に存在し，さらに

$$\|u\|_{H^1_\delta(\mathbb{R}^2)} \leq C\|f\|_{L^2_{\delta+1}(\mathbb{R}^2)}$$

が成り立つ.

[証明] Z を $\overline{\partial}$ として話を進める. もちろん, $Z = \partial$ のときも同様である. Z の基本解を E とすると $ZE = \delta$ である. 両辺に, $\overline{Z}$ をかけると
$$\triangle E = \overline{Z}\delta.$$
2 次元ラプラシアンの基本解は
$$E_2(x,y) = \frac{1}{2\pi} \log \sqrt{x^2 + y^2}$$
であるから
$$E = E_2 * \overline{Z}\delta = E_2 * \frac{1}{2}\left(\frac{\partial}{\partial x} - i\frac{\partial}{\partial y}\right)\delta$$
$$= \frac{1}{4\pi}\left(\frac{\partial}{\partial x} - i\frac{\partial}{\partial y}\right) \log \sqrt{x^2 + y^2}$$
$$= \frac{1}{4\pi z}.$$
$f \in C_0^\infty(\mathbb{R}^2)$ ならば, $Zu = f$ を解くと
$$u(x,y) = \mathscr{F}^{-1} \frac{i}{\xi + i\eta} \mathscr{F}f = E * f = \frac{1}{4\pi(x+iy)} * f$$
となる. $u = Z^{-1}f$ とおく. $g \in L^2_{-\delta}(\mathbb{R}^2) = (L^2_\delta(\mathbb{R}^2))^*$ に対して
$$\langle g, Z^{-1}f \rangle = \iint_{\mathbb{R}^2 \times \mathbb{R}^2} \frac{g(w)f(z)}{(x-u)+i(y-v)} dz dw$$
である. ただし, $z = (x,y)$, $w = (u,v)$, $dz = dxdy$, $dw = dudv$ とする. このとき,
$$|\langle g, Z^{-1}f \rangle|^2 \leq M \|g\|_{L^2_{-\delta}(\mathbb{R}^2)} \|f\|_{L^2_{\delta+1}(\mathbb{R}^2)}, \quad \forall g \in L^2_{-\delta}(\mathbb{R}^2) \tag{2.20}$$
となることを示そう. 証明には, 次の重みの付いたハーディー・リトルウッド・ソボレフ (Hardy-Littlewood-Sobolev) の不等式
$$\left|\int_{\mathbb{R}^n}\int_{\mathbb{R}^n} \frac{f(x)g(y)}{|x|^\alpha |x-y|^\lambda |y|^\beta} dxdy\right| \leq C \|f\|_{L^r(\mathbb{R}^n)} \|g\|_{L^s(\mathbb{R}^n)} \tag{2.21}$$
を用いる. ここで, $1 < r, s < \infty$, $0 < \lambda < n$, $\alpha + \beta \geq 0$ かつ

$$1 - \frac{1}{r} - \frac{\lambda}{n} < \frac{\alpha}{n} < 1 - \frac{1}{r}, \qquad (2.22)$$

$$\frac{1}{r} + \frac{1}{s} + \frac{\lambda + \alpha + \beta}{n} = 2. \qquad (2.23)$$

不等式 (2.21) の証明は,[89) を参照されたい. $\chi \in C_0^\infty(\mathbb{R}^2)$ で, $0 \leq \chi \leq 1$ かつ, $\mathrm{supp}\chi \subset B_1(0) = \{x \in \mathbb{R}^2 : |x| \leq 1\}$ とする.

$$\langle g, Z^{-1}f \rangle \leq \iint_{\mathbb{R}^2 \times \mathbb{R}^2} \frac{|\chi(w)g(w)||f(z)|}{|z-w|} dz dw$$
$$+ \iint_{\mathbb{R}^2 \times \mathbb{R}^2} \frac{|(1-\chi(w))g(w)||f(z)|}{|z-w|} dz dw = I_1 + I_2$$

である. まず I_1 を評価しよう.

$$I_1 \leq \iint_{\mathbb{R}^2 \times \mathbb{R}^2} \frac{|\chi(w)g(w)|(1+|z|^2)^{(\delta+1)/2}|f(z)|}{|z|^{\delta+1}|z-w|} dz dw$$

より, (2.21) において, $r=2, \alpha=\delta+1, \beta=0, \lambda=1$ すると, $s = \frac{2}{1-\delta}$ で

$$I_1 \leq C\|(1+|z|^2)^{(\delta+1)/2}f(z)\|_{L^2(\mathbb{R}^2)}\|\chi(w)g(w)\|_{L^s(\mathbb{R}^2)}.$$

$-1 < \delta < 0$ であるから, $1 < s < 2$ となる. よって, χ の台が単位球であることより, ヘルダーの不等式を用いれば,

$$I_1 \leq C\|f\|_{L^2_{\delta+1}(\mathbb{R}^2)}\|g\|_{L^2(\mathbb{R}^2)}$$

を得る. 同様に

$$I_2 \leq \iint_{\mathbb{R}^2 \times \mathbb{R}^2} \frac{|w|^{-\delta}g(w)|(1+|z|^2)^{(\delta+1)/2}f(z)|}{|z|^{(\delta+1)}|z-w||w|^{-\delta}} dz dw$$

と考えて, (2.21) を用いると

$$I_2 \leq C\|f\|_{L^2_{\delta+1}(\mathbb{R}^2)}\||w|^{-\delta}g(w)\|_{L^2(\mathbb{R}^2)}.$$

以上の評価より, (2.20) を得る.

したがって, (2.20) より,

$$\|u\|_{L^2_\delta(\mathbb{R}^2)} = \|Z^{-1}f\|_{L^2_\delta(\mathbb{R}^2)} \leq M\|f\|_{L^2_{\delta+1}(\mathbb{R}^2)}.$$

が成り立つ.

次に ∇u の評価をしよう．$f \in C_0^\infty(\mathbb{R}^2)$ ならば，$u \in H_\delta^\infty(\mathbb{R}^2)$ で
$$\triangle u = \overline{Z} f$$
である．両辺に $(1+|z|^2)^\delta \overline{u}$ （$|z| = \sqrt{x^2+y^2}$）を掛けて積分し，両辺の実部をとると

$$\begin{aligned}
&\operatorname{Re} \int_{\mathbb{R}^2} (1+|z|^2)^\delta \overline{u} \triangle u \, dxdy \\
&= - \int_{\mathbb{R}^2} (1+|z|^2)^\delta |\nabla u|^2 dxdy \\
&\qquad - \delta \int_{\mathbb{R}^2} (1+|z|^2)^{\delta-1} \left(x\frac{\partial}{\partial x} + y\frac{\partial}{\partial y} \right) |u|^2 dxdy \\
&= C\|\nabla u\|_{L_\delta^2(\mathbb{R}^2)}^2 + 2\delta \int_{\mathbb{R}^2} (1+|z|^2)^{\delta-1} |u|^2 dxdy \\
&\qquad + \delta(\delta-1) \int_{\mathbb{R}^2} (1+|z|^2)^{\delta-2} |z|^2 |u|^2 dxdy
\end{aligned}$$

であり，

$$\begin{aligned}
&\operatorname{Re} \int_{\mathbb{R}^2} (1+|z|^2)^\delta \overline{u} \overline{Z} f \, dx \\
&= -\operatorname{Re} \int_{\mathbb{R}^2} (1+|z|^2)^\delta \overline{Zu} f \, dxdy \\
&\qquad - \operatorname{Re} \int_{\mathbb{R}^2} (1+|z|^2)^{\delta-1} \left(x\frac{\partial}{\partial x} + iy\frac{\partial}{\partial y} \right) \overline{u} f \, dxdy \\
&\leq C \|\nabla\|_{L_\delta^2(\mathbb{R}^2)} \|f\|_{L_{\delta+1}^2(\mathbb{R}^2)}
\end{aligned}$$

であるから

$$\int_{\mathbb{R}^2} (1+|z|^2)^\delta |\nabla u|^2 dxdy \leq C\|u\|_{L_\delta^2(\mathbb{R}^2)}^2 + C\|\nabla\|_{L_\delta^2(\mathbb{R}^2)} \|f\|_{L_{\delta+1}^2(\mathbb{R}^2)}$$

これより，目的の評価が得られる．証明終わり．

補題 2.2 $f \in L_{\delta+1}^2(\mathbb{R}^2)$ とする．任意の $k_2 + ik_1 \neq 0$ に対して，

$$\overline{\partial}(\partial + (k_2 + ik_1))u = f \tag{2.24}$$

となる解 $u \in H_\delta^2(\mathbb{R}^2)$ が一意的に存在する．さらに，解は

$$u = \frac{a(z) + e^{2i(k,z)}b(z,k)}{k_2 + ik_1}$$

と表現できて

$$\|a\|_{H^1_\delta(\mathbb{R}^2)}, \|b\|_{L^2_\delta(\mathbb{R}^2)} \le C\|f\|_{L^2_{\delta+1}(\mathbb{R}^2)} \tag{2.25}$$

を満たす. ただし, $(k,z) = k_1 x + k_2 y$.

[証明] まず, 一意性を証明する. 問題は線形だから, $f=0$ ならば $u=0$ を示せばよい. すなわち,

$$\overline{\partial}(\partial + (k_2 + ik_1))u = 0$$

とすると, 前の補題より

$$(\partial + (k_2 + ik_1))u = 0$$

すなわち,

$$\partial(e^{2i(k,z)}u) = 0$$

となる. 再び前の補題より $e^{2i(k,z)}u = 0$ となり, $u = 0$ が示された.

存在定理を示そう.

$$u = \frac{a(z) + e^{2i(k,z)}b(z,k)}{k_2 + ik_1} \tag{2.26}$$

とおいて, 方程式 (2.24) に代入すると

$$\overline{\partial}a + \frac{1}{k_2 + ik_1}\overline{\partial}(\partial a + e^{2i(k,z)}\partial b) = \frac{f}{4} \tag{2.27}$$

となり, これより

$$\overline{\partial}a = f, \quad \partial b = -e^{2i(k,z)}\partial a \tag{2.28}$$

が従う. 逆に, $a(z), b(z,k)$ を (2.28) で定義すると, 補題 2.1 とその証明より, $a(z), b(z,k)$ は評価 (2.25) を満たすことがわかる. これより,

$$\|u\|_{L^2_\delta(\mathbb{R}^2)} \le \frac{C}{|k|}\|f\|_{L^2_{\delta+1}(\mathbb{R}^2)}$$

が従う. さらに, (2.28) の第 2 式より, $b \in H^1_\delta(\mathbb{R}^2)$ が従い, (2.26) で定義され

た $u \in H^1_\delta(\mathbb{R}^2)$ は方程式 (2.24) の弱解である．したがって，楕円型方程式の滑らかさに関する古典的結果より，u は方程式 (2.24) の強解であり，$u \in H^2_\delta(\mathbb{R}^2)$ が従う．証明終わり．

[命題 2.1 の証明の続き] $|k| = |\xi|$ だから，前の補題より
$$\|u\|_{L^2_\delta(\mathbb{R}^2)} \leq \frac{C}{|\xi|} \|f\|_{L^2_{\delta+1}(\mathbb{R}^2)} \tag{2.29}$$
である．また，$c = e^{2i(k\cdot, z)} b(z, k)$ とおくと
$$\frac{\partial}{\partial x} u = \frac{1}{k_2 + ik_1} \frac{\partial}{\partial x} a + \frac{1}{k_2 + ik_1} \left(\frac{\partial}{\partial x} c - ik_1 c \right)$$
であり，y 微分についても同様であるから
$$\|u\|_{H^1_\delta(\mathbb{R}^2)} \leq \|f\|_{L^2_{\delta+1}(\mathbb{R}^2)} \tag{2.30}$$
となる．よって，(2.29) と (2.30) を補間すれば，
$$\|u(\cdot; \xi)\|_{H^s_\delta(\mathbb{R}^2)} \leq \frac{C_{s,\delta}}{|\xi|^{1-s}} \|f\|_{L^2_{\delta+1}(\mathbb{R}^2)}, \quad s \in [0, 1]$$
を得る．$n = 2$ の場合の証明終わり．

$n \geq 3$ への拡張を考える．次の補題が後で必要である．

補題 2.3 $\mathscr{U}, \mathscr{V}$ を $(\mathbb{R}^n)^*$ の開集合とし，φ を $\mathscr{U}$ から $\mathscr{V}$ への C^∞ 微分同相写像とし，$\det D\varphi, \det(D\varphi)^{-1}$ は $\mathscr{U}$ 上一様に有界とする．$|\delta| \leq 1$ とし，$f, g \in L^2_\delta(\mathbb{R}^n)$ とする．さらに，$\operatorname{supp} \mathscr{F}f \subset \mathscr{V}$ $\operatorname{supp} \mathscr{F}g \subset \mathscr{U}$ とする．このとき
$$\|\mathscr{F}^{-1}(\mathscr{F}f \circ \varphi)\|_{L^2_\delta(\mathbb{R}^n)} \leq C \|f\|_{L^2_\delta(\mathbb{R}^n)},$$
$$\|\mathscr{F}^{-1}(\mathscr{F}g \circ \varphi^{-1})\|_{L^2_\delta(\mathbb{R}^n)} \leq C \|g\|_{L^2_\delta(\mathbb{R}^n)}$$
となる．

[証明] $\mathscr{F}^{-1}(\mathscr{F}f \circ \varphi)$ について示せばよい．まず，$\delta = 0$ のときプランシュレルの公式より，
$$\|\mathscr{F}^{-1}(\mathscr{F}f \circ \varphi)\|^2_{L^2_\delta(\mathbb{R}^n)}$$

$$= \frac{1}{(2\pi)^{n/2}} \int_{\mathscr{U}} |\mathscr{F}f \circ \varphi)|^2 d\beta = \frac{1}{(2\pi)^{n/2}} \int_{\mathscr{U}} |\mathscr{F}f|^2 |\det(D\varphi)^{-1}| d\eta$$
$$\leq C \int |\mathscr{F}f|^2 d\eta = C\|f\|_{L^2(\mathbb{R}^n)}^2$$

である．ここで，$\eta = \varphi(\beta)$ とした．

$\delta = 1$ のときは，$\|f\|_{L_1^2(\mathbb{R}^n)}$ と $\sum_{|\alpha|\leq 1} \|D^\alpha \mathscr{F}f\|_{L^2(\mathbb{R}^n)}$ とは同値なノルムであって，

$$\left\|\frac{\partial}{\partial \beta_j}(\mathscr{F}f \circ \varphi)\right\|_{L^2(\mathbb{R}^n)}^2 \leq \int_{\mathscr{V}} \left|\frac{\partial \mathscr{F}f}{\partial \eta_k}\frac{\partial \varphi_k}{\partial \beta_j}\right|^2 |\det(D\varphi)^{-1}| d\eta \leq C\|f\|_{L_1^2(\mathbb{R}^n)}^2$$

より，証明される．$\delta = -1$ のときは，双対性を用いる．すなわち，$g \in L_1^2(\mathbb{R}^n)$ で，$\mathrm{supp}\, g \subset \mathscr{U}$ となるものとすると，パーセバルの等式より

$$\langle \mathscr{F}^{-1}(\mathscr{F}f \circ \varphi), g \rangle$$
$$= \int_{\mathscr{U}} \mathscr{F}f \circ \varphi \overline{\mathscr{F}g} d\beta = \int_{\mathscr{U}} \mathscr{F}f \overline{\mathscr{F}g \varphi^{-1}} |\det D\varphi^{-1}| d\eta$$
$$\leq \|f\|_{L_{-1}^2(\mathbb{R}^n)} \|\mathscr{F}^{-1}(\mathscr{F}g\varphi^{-1}|\det D\varphi^{-1}|)\|_{L_1^2(\mathbb{R}^n)}$$
$$\leq C\|f\|_{L_{-1}^2(\mathbb{R}^n)} \|g\|_{L_1^2(\mathbb{R}^n)}$$

となる．これより $\delta = -1$ の場合が従う．$-1 < \delta < 1$ の場合は補間定理により，成り立つことがわかる $^{(97)}$ 参照）．補題の証明終り．

$\boldsymbol{n \geq 3}$ の場合： $\{e_1, e_2, \cdots, e_n\}$ を $(\mathbb{R}^n)^*$ の直交基底とし，その座標を $(\eta_1, \eta_2, \cdots, \eta_n)$ で表す．

$\xi \cdot \xi = 0$ であるから，一般性を失うことなく，$\xi = s(e_1 + ie_2)$, $s = |\xi|$ としてよい．方程式 (2.18) をフーリエ変換すると，

$$(-|\eta|^2 + 2s\eta_2 - 2is\eta_1)\mathscr{F}u = \mathscr{F}f$$

となる．そこで

$$\ell(\eta) = |\eta|^2 - 2s\eta_2 + 2is\eta_1$$
$$= \eta_1^2 + (\eta_2 - s)^2 + \eta_3^2 + \cdots + \eta_n^2 - s^2 + 2is\eta_1$$
$$\mathscr{M} = \{\eta \,:\, \ell(\eta) = 0\}$$

$$= \{\eta : \eta_1 = 0, \quad (\eta_2 - s)^2 + \eta_3^2 + \cdots + \eta_n^2 = s^2\}$$

とおく．さらに $N_\varepsilon(\mathcal{M})$ を $\mathcal{M}$ の ε 管状近傍とする．すなわち

$$N_\varepsilon(\mathcal{M})$$
$$= \{\eta : |\eta_1| < \varepsilon, \quad s^2 - \varepsilon^2 < (\eta_2 - s)^2 + \eta_3^2 + \cdots + \eta_n^2 < s^2 + \varepsilon^2\}.$$

ただし，$0 < \varepsilon < s$ とする．

$$\mathcal{U}_2 = \mathcal{M} \cap \left\{\eta : (\eta_2 - s)^2 > \frac{s^2}{2n}\right\},$$
$$\mathcal{U}_j = \mathcal{M} \cap \left(\eta : \eta_j > \frac{s^2}{2n}\right), \quad j \neq 2$$

と定義すると，$\{\mathcal{U}_j\}_{j=2}^n$ は $\mathcal{M}$ の被覆である．

実際，$(\eta_1, \eta_2, \cdots, \eta_n) \in \bigcap_{j=2}^n \mathcal{U}_j$ とすると

$$(\eta_2 - s)^2 + \cdots + \eta_n^2 < \frac{s^2}{2} < s^2$$

だから，$(\eta_1, \eta_2, \cdots, \eta_n) \in \mathcal{M}^c$ である．

そこで，$0 < \varepsilon < s$ に対して

$$\mathcal{V}_1 = \mathbb{R}^n \setminus N_{\varepsilon/2}(\mathcal{M}), \quad \mathcal{V}_j = N_{\varepsilon/2n}(\mathcal{U}_j),$$

とおくと，$\{\mathcal{V}_j\}_{j=1}^n$ は $\mathbb{R}^n$ の被覆である．ρ_j を $\mathcal{V}_j$ に従属する 1 の分割とする．$\hat{f}_j = \rho_j \mathscr{F} f$ とおくと，$\operatorname{supp} \hat{f}_j \subset \mathcal{V}_j$ で，$\mathcal{V}_j$ 上で，$\ell(\eta) \neq 0$ だから $\hat{u}_j = \dfrac{\hat{f}_j}{\ell(\eta)}$ が定義できて，$\hat{u} = \sum_{j=1}^n \hat{u}_j$ とおくと

$$\hat{u} = \sum_{j=1}^n \frac{\hat{f}_j}{\ell(\eta)} = \frac{\hat{f}}{\ell(\eta)}.$$

ところで，

$$|\ell(\eta)| > s|\eta_1| > \frac{\varepsilon}{2}s, \quad \forall \eta \in \mathcal{V}_1$$

だから，$\varepsilon > \beta$ とすれば，$|\ell(\eta)| > \frac{\beta s}{2}$ で，プランシュレルの公式より，

$$\leq \|u_1\|_{L^2} = \left\|\frac{\rho \hat{f}}{\ell}\right\|_{L^2} \leq \frac{2}{\beta}\frac{\|f\|_{L^2}}{s}$$

となる．$-1 < \delta \leq 0$ であるから

$$\|u_1\|_{L^2_\delta} \leq \frac{C}{|\xi|}\|f\|_{L^2_{\delta+1}} \tag{2.31}$$

が従う．

$j \neq 1$ に対して，写像 $\varphi_j : (\eta_1, \eta_2, \cdots, \eta_n) \mapsto (\beta_1, \beta_2, \cdots, \beta_n)$ を

$$\beta_j = \frac{1}{2s}(\eta_1^2 + (\eta_2 - s)^2 + \cdots + \eta_n^2 - s^2)$$
$$\beta_m = \eta_m \quad (m \neq j \neq 2 \text{ のとき})$$
$$\beta_2 = \eta_2 - s \quad (j \neq 2 \text{ のとき})$$

で定義すると，写像 φ_j は $N_{\varepsilon/2}(\mathscr{V}_j)$ からその像の上への微分同相で，

$$|\det D\varphi_j| = \begin{cases} \frac{\eta_2 - s}{s} & (j = 2 \text{ のとき}) \\ \frac{\eta_j}{s} & (j \neq 2 \text{ のとき}) \end{cases}$$

$$|\det (D\varphi_j)^{-1}| = \begin{cases} \frac{s}{\eta_2 - s} & (j = 2 \text{ のとき}) \\ \frac{s}{\eta_j} & (j \neq 2 \text{ のとき}) \end{cases}$$

となる．よって，$\mathscr{V}_j$ 上で

$$|\det D\varphi_j|, \quad |(D\varphi_j)^{-1}| \leq \sqrt{2n}.$$

新しい座標 $(\beta_1, \beta_2, \cdots, \beta_n)$ では

$$\ell(\beta) = s(\beta_j + i\beta_1)$$

だから，

$$\hat{u}_j = \frac{\hat{f}_j}{\ell(\eta)} = \frac{1}{s}\left(\frac{\hat{f}_j \circ \varphi_j}{\beta_j + \beta_1}\right) \circ \varphi_j^{-1}$$

である．そこで

$$u_J = \mathscr{F}^{-1}\hat{u}_j = \frac{1}{s}\mathscr{F}^{-1}\left(\frac{\rho_j \mathscr{F} f \circ \varphi_j}{\beta_j + \beta_1}\right) \circ \varphi_j^{-1}$$

とする．補題 2.1 と補題 2.3 を用いると

$$\|u_j\|_{L^2_\delta} \leq \frac{C}{s} \left\| \frac{\rho_j \mathscr{F} f \circ \varphi_j}{\beta_j + \beta_1} \right\|_{L^2_\delta}$$
$$\leq \frac{C}{s} \|\rho_j \mathscr{F} f \circ \varphi_j\|_{L^2_{\delta+1}}$$
$$\leq \frac{C}{s} \|\mathscr{F}^{-1} \rho_j \mathscr{F} f\|_{L^2_{\delta+1}}$$
$$\leq \frac{C}{s} \|f\|_{L^2_{\delta+1}} \tag{2.32}$$

を得る. (2.31) と今得られた評価より

$$\|u\|_{L^2_\delta} \leq \frac{C}{|\xi|} \|f\|_{L^2_{\delta+1}} \tag{2.33}$$

が従う. 方程式 (2.18) と評価 (2.33) を用いると,

$$-\langle u, \triangle u \rangle_{L^2_\delta} = 2\langle u, \xi \cdot \nabla u \rangle_{L^2_\delta} - \langle u, f \rangle_{L^2_\delta}$$
$$\leq |\xi| \|u\|_{L^2_\delta} \|\nabla u\|_{L^2_\delta} + \|u\|_{L^2_\delta} \|f\|_{L^2_\delta}$$
$$\leq C \|f\|^2_{L^2_{\delta+1}} + \frac{1}{4} \|\nabla u\|^2_{L^2_\delta}.$$

部分積分を用いると

$$-\langle u, \triangle u \rangle_{L^2_\delta} \geq \frac{1}{2} \|\nabla u\|^2_{L^2_\delta} - C \|u\|^2_{L^2_\delta}$$
$$\geq \frac{1}{2} \|\nabla u\|^2_{L^2_\delta} - \frac{C}{\beta^2} \|f\|^2_{L^2_{\delta+1}}.$$

よって,

$$\|\nabla u\|_{L^2_\delta} \leq C \|f\|_{L^2_{\delta+1}} \tag{2.34}$$

$0 < s < 1$ の場合は, 補間定理により (2.33) と (2.34) から従う. 証明終わり.

2.2.2 一意性の証明

以上の準備の下で, はじめにシュレディンガー作用素のポテンシャルを再構成する問題の解の一意性を示そう.

Ω を $\mathbb{R}^n$ 内の有界領域とし, その境界 $\partial\Omega$ は滑らかとする. $u \in H^1(\Omega)$ を

$$(\triangle - q)u = 0, \quad \text{in } \Omega$$

$$u\big|_{\partial\Omega} = f$$

の解とする．$f \in H^{1/2}(\partial\Omega)$ に対して，ディリクレ・ノイマン写像

$$\Lambda_q : f \mapsto \frac{\partial u}{\partial \nu}\Big|_{\partial\Omega} \in H^{-1/2}(\partial\Omega)$$

が定義できる．

$$Q_q = \int_{\partial\Omega} \Lambda_q(f) f \, dS$$

とおく．

定理 2.3 $n \geq 2$ とする．$q_i \in L^\infty(\Omega)$ と仮定する．このとき，$Q_{q_1} = Q_{q_2}$ ならば，$q_1 = q_2$ である．

[証明] $n \geq 3$ とする．$n = 2$ の場合は，動かせる自由度が足りないので，同じアイデアではできない．$u_i \in H^1(\Omega)$ を

$$\begin{cases} (\triangle - q_i)u_i = 0, & \text{in } \Omega \quad \text{i=1,2} \\ u_i = f, & \text{on } \partial\Omega \quad \text{i=1,2} \end{cases}$$

の解とする．このとき，発散定理を用いれば

$$\int_\Omega (q_1 - q_2) u_1 u_2 \, dx = \int_\Omega (u_2 \triangle u_1 - u_1 \triangle u_2) \, dx$$
$$= \int_{\partial\Omega} \left(u_2 \frac{\partial u_1}{\partial \nu} - u_2 \frac{\partial u_1}{\partial \nu} \right) dS$$

したがって，$Q_1 = Q_2$ ならば

$$\int_\Omega (q_1 - q_2) u_1 u_2 \, dx = 0 \tag{2.35}$$

である．

そこで，$q_i = 0$，in Ω^c とおいて，q_i を $\mathbb{R}^n$ に拡張して

$$(\triangle - q_i) u_i = 0, \quad \text{in } \mathbb{R}^n \quad i = 1, 2 \tag{2.36}$$

の解を考える．q_i は実数値だから，全空間で定義された複素数値解の実部と虚部を Ω に制限して，その境界上への制限に関して定理の仮定を適用すると，全空間で定義された複素数値解に対しても (2.35) が成立する．

定理 2.2 より方程式 (2.36) の高調波解は,

$$u_j = e^{x \cdot \xi_j}(1 + \psi_{q_j}(x, \xi_j)), \quad j = 1, 2 \tag{2.37}$$

で与えられる. ここで, $\xi_j \in \mathbb{C}^n$ は, $|\xi_j|$ が十分大きくて, $\xi_j \cdot \xi_j = 0$ となる任意のベクトルである. そこで, $n \geq 3$ とすると

$$\eta \cdot k = k \cdot \ell = \eta \cdot \ell = 0$$
$$|\eta|^2 = |k|^2 + |\ell|^2$$

となるベクトル $\eta, k, \ell \in \mathbb{R}^n$ を用いて

$$\xi_1 = \frac{\eta}{2} + i\left(\frac{k+\ell}{2}\right),$$
$$\xi_2 = -\frac{\eta}{2} + i\left(\frac{k-\ell}{2}\right)$$

ととることができる. このように ξ_j $(j = 1, 2)$ を選んだ高調波解を (2.35) に代入すれば

$$\int_\Omega (q_1 - q_2) e^{ix \cdot k} dx = -\int_\Omega e^{ix \cdot k}(q_1 - q_2)(\psi_{q_1} + \psi_{q_2} + \psi_{q_1}\psi_{q_2}) dx$$

が成立する. ここで, $\|\psi_{q_j}\|_{L^2(\mathbb{R}^n)} \leq C/|\xi_j|$ であるから, $\ell \to \infty$ とすれば,

$$\mathscr{F}(q_1 - q_2)(k) = \int_\Omega (q_1 - q_2) e^{ix \cdot k} dx = 0, \quad \forall k \in \mathbb{R}^n$$

となる. よって, $q_1 = q_2$ である. 証明終わり.

[定理 2.1 の証明]

$$\gamma^{-1/2} L_\gamma \gamma^{-1/2} = \triangle - q, \quad q = \frac{\triangle \gamma^{1/2}}{\gamma^{1/2}}$$

となることを思い起こせば, 定理 2.3 から定理 2.1 を導くことができる.

すなわち,

$$L_\gamma u(x) = \nabla \cdot \gamma(x) \nabla u(x) = 0, \quad x \in \Omega$$
$$u(x) = f(x), \quad x \in \partial\Omega$$

において, $w = \gamma^{1/2} u$ とおくと, w は,

$$\triangle w - qw = 0, \quad \text{in} \quad \Omega,$$
$$w = \tilde{f} = \gamma^{1/2} f, \quad \text{on} \quad \partial\Omega$$

を満たす.また,
$$Q_\gamma(f) = \int_{\partial\Omega} \gamma \frac{\partial u}{\partial \nu} dS$$
$$= -\frac{1}{2} \int_{\partial\Omega} \gamma^{-1/2} \frac{\partial \gamma}{\partial nu} f^2 dS + \int_{\partial\Omega} \gamma^{1/2} \frac{\partial w}{\partial \nu} f dS$$

かつ
$$Q_q(\tilde{f}) = \int_{\partial\Omega} \frac{\partial w}{\partial \nu} \tilde{f} dS$$

であるから,以下に述べるコーン・フォジェリウス (Kohn-Vogelius) の定理[60] によって,$Q_{\gamma_1}(f) = Q_{\gamma_2}(f)$ より,$Q_{q_1}(\tilde{f}) = Q_{q_2}(\tilde{f})$ が従う.ただし,
$$q_i = \frac{\triangle \gamma_i^{1/2}}{\gamma_i^{1/2}}, \quad i = 1, 2.$$

定理 2.4 (コーン・フォジェリウスの定理) $\gamma_1, \gamma_2 \in C^1(\overline{\Omega})$ とし,$\gamma_1(x)$, $\gamma_2(x) > 0$, $\forall x \in \overline{\Omega}$ とする.このとき,$Q_{\gamma_1} = Q_{\gamma_2}$ ならば,
$$\nabla \gamma_1 \big|_{\partial\Omega} = \nabla \gamma_2 \big|_{\partial\Omega}$$
である.

この定理の証明は略す.

以上より,定理 2.3 が適用できて,$q_1 = q_2$ が従う.すなわち,
$$\frac{\triangle \gamma_1^{1/2}}{\gamma_1^{1/2}} = \frac{\triangle \gamma_2^{1/2}}{\gamma_2^{1/2}} \tag{2.38}$$
である.これより $\gamma_1 = \gamma_2$ となることは次の補題による.

以上で定理 2.1 の証明終わり.

補題 2.4 $u_1, u_2 \in H^2(\Omega) \bigcap C(\overline{\Omega})$ とし,$u_1^2 + u_2^2 > 0$ in $\overline{\Omega}$ とする.このとき,

$$u_2 \triangle u_1 = u_1 \triangle u_2, \quad \text{in} \quad \Omega$$

$$u_1\big|_{\partial\Omega} = u_2\big|_{\partial\Omega}$$

$$\frac{\partial u_1}{\partial \nu}\bigg|_{\partial\Omega} = \frac{\partial u_2}{\partial \nu}\bigg|_{\partial\Omega}$$

ならば,Ω において $u_1 = u_2$ である.

[証明]

$$\nabla \cdot (u_1 \nabla u_2 - u_2 \nabla u_1) = 0, \quad \text{in} \quad \Omega$$

である.この両辺に $\arctan \dfrac{u_2}{u_1}$ をかけて,部分積分すると

$$\int_\Omega \frac{|u_1 \nabla u_2 - u_2 \nabla u_1|^2}{u_1^2 + u_2^2} dx = 0$$

となる.これより,

$$u_1 \nabla u_2 - u_2 \nabla u_1 = 0, \quad \text{in} \quad \Omega$$

である.すなわち,

$$\nabla \arctan \frac{u_2}{u_1} = 0, \quad \text{in} \quad \Omega.$$

よって,

$$\arctan \frac{u_2}{u_1} = c = \text{定数}, \quad \text{in} \quad \Omega$$

である.仮定より,$\dfrac{u_2}{u_1}\big|_{\partial\Omega} = 1$ であるから,$c = \pi/4$. これより,$u_1 = u_2$ が従う.証明終わり.

2.2.3 $n=2$ の場合の定理 2.3 の証明

前に述べたように一意性の証明において,高調波解 (複素幾何光学解) を用いると,$n=2$ の場合は過剰決定でないので自由度が足りず,$n \geq 3$ と同じアイデアは通用しない.この項では,高調波解の代わりに,$\tau \in \mathbb{R}$ に対して

$$\triangle e^{i\tau z^2} = 4\partial \bar{\partial}(e^{i\tau z^2}) = 0$$

であることに着目して,$u = e^{i\tau z^2}, e^{i\tau \bar{z}^2}, \tau \in \mathbb{R}$ の形に近い解を用いたブッフゲイム[19]のアプローチに基づく一意性の証明を与えよう.

まず,$\mathbb{C} \simeq \mathbb{R}^2, z = x+iy = (x,y)$ と考える.リーマンの写像定理により,一般性を失うことなく $\Omega = \{z \in \mathbb{C}, : |z| < 1\}$ と仮定する.方程式

$$(\triangle - q)u = 0, \quad x \in \Omega \tag{2.39}$$

を考えよう.このとき,次の補題を得る.

補題 2.5 $z_0 = (x_0, y_0) \in \Omega$ を任意に固定する.次の主張が成り立つ.

(1) $q \in L^p(\Omega), (p>2)$ とする.このとき,ある $\tau_0 > 0$ が存在して,任意の $\tau \in \mathbb{R}$ ($|\tau| \geq \tau_0$) に対して,方程式 (2.39) は次の形の解 $u \in C^{1+\alpha}(\Omega)$ を持つ.

$$u(z, \tau) = e^{i\tau(z-z_0)^2}(1+w(z,\tau)), \quad \|w\|_{C^\alpha(\Omega)} \leq C|\tau|^{-\beta}.$$

ただし,

$$0 < \alpha < 1 - \frac{2}{p}, \quad \beta = \frac{1-\alpha}{2p+1} > 0.$$

(2) $q \in L^\infty(\Omega)$ とする.このとき,ある $\tau_0 > 0$ が存在して,任意の $\tau \in \mathbb{R}$ ($|\tau| \geq \tau_0$) に対して,方程式 (2.39) は次の形の解 $u \in W^{1,p}(\Omega)$ を持つ.

$$u(z,\tau) = e^{i\tau(z-z_0)^2}(1+w(z,\tau)), \quad \|w\|_{L^p(\Omega)} \leq C|\tau|^{-1/3}.$$

ただし,p は $1 < p < \infty$ なる任意の実数である.

補題 2.5 の証明には準備が必要なので後回しにして,補題の結果を用いて定理 2.3 を証明しよう.定理 2.3 においては,$q \in L^\infty(\Omega)$ としていることに注意する.

[定理 2.3 の証明] $u_i \in H^1(\Omega)$ を

$$(\triangle - q_i(z))u_i = 0, \quad \text{in } \Omega \quad i=1,2$$

の解とする．$q_i \in L^\infty(\Omega)$ ならば，$q_i u_1 \in L^2(\Omega)$ だから，$u_i \in H^2(\Omega)$ である．$v = u_1 - u_2$, $q = q_1 - q_2$ とおくと，

$$(\triangle - q_2)v = qu_1$$

となる．q_i が実数だから上式は u_i $(i=1,2)$ が複素数値でも成立する．補題 2.5 により，u_i $(i=1,2)$ として

$$u_i(z,\tau) = e^{i\tau(z-z_0)^2}(1 + w_i(z,\tau)), \quad \|w_i(\cdot,\tau)\|_{C^\alpha(\Omega)} \leq C\tau^{-\beta}$$

をとる．$\phi = \overline{u_2(z,-\tau)}$ とおくと

$$\int_\Omega (\triangle - q_2(z))v(z)\phi(z)dxdy$$
$$= \int_\Omega q(z)e^{i\tau(z-z_0)^2}(1 + w_1(z,\tau))e^{i\tau\overline{(z-z_0)^2}}(1 + \overline{w_2(z,-\tau)})dxdy.$$

ここで，グリーンの公式を用いると，左辺は

$$\int_\Omega (\triangle - q_2(z))v(z)\phi(z)dxdy$$
$$= \int_\Omega v(z)(\triangle - q_2(z))\phi(z)dxdy + \int_{\partial\Omega} \left(\phi(z)\frac{\partial v(z)}{\partial n} - v(z)\frac{\partial \phi}{\partial n}\right)d\sigma \tag{2.40}$$

となる．仮定を，u_1 と $\overline{u_2}$ の実部と虚部に対してそれぞれ適用すれば，$u_1|_{\partial\Omega} = \overline{u_2}|_{\partial\Omega} = f$ で，$Q_1(f) = Q_2(f)$ であるから

$$\int_{\partial\Omega} u_i \frac{\partial u_j}{\partial n} d\sigma = \int_{\partial\Omega} \overline{u_j}\frac{\partial \overline{u_i}}{\partial n} d\sigma, \quad i,j = 1,2$$

すなわち

$$\int_{\partial\Omega} \left(\phi(z)\frac{\partial v(z)}{\partial n} - v(z)\frac{\partial \phi}{\partial n}\right)d\sigma = 0$$

が成り立つ．さらに $(\triangle - q_2)\phi = 0$ より，(2.40) の右辺はゼロである．よって，

$$0 = \int_\Omega q(z)e^{i\tau(z-z_0)^2}(1 + w_1(z,\tau))e^{i\tau\overline{(z-z_0)^2}}(1 + w_2(z,\tau))dxdy$$
$$= \int_\Omega e^{i\tau\varphi(z)}f(z,\tau)dxdy.$$

ただし

$$\varphi(z) = 2((x-x_0)^2 - (y-y_0)^2),$$
$$f(z,\tau) = q(z)(1 + w_1(z,\tau) + w_2(z,-\tau) + w_1(z,\tau)w_2(z,-\tau)).$$

このとき,

$$\tau \int_\Omega e^{i\tau\varphi(z)} f(z,\tau) dx dy \to 2\pi q(z_0) \qquad (2.41)$$

が示せれば, $q(z_0) = 0$ となる. z_0 は任意であったから,

$$q(z) = 0 \quad \forall z \in \Omega \iff q_1(z) = q_2(z) \quad \forall z \in \Omega$$

となり, 定理の主張が成り立つ.

(2.41) の証明を与えよう. $q_\varepsilon(z_0) = q(z_0)$ かつ

$$\int_\Omega |q(z) - q_\varepsilon(z)| dz \le \varepsilon$$

となる $q_\varepsilon \in C_0^\infty(\Omega)$ が構成できるので, $q \in C_0^\infty(\Omega)$ と仮定して, (2.41) を示せばよい. このとき, $f(x,\tau)$ を Ω の外ではゼロとして全空間に拡張できる. それを, 同じ記号で表して

$$\int_\Omega e^{i\tau\varphi(z)} f(z,\tau) dx dy$$
$$= \int_{\mathbb{R}^2} e^{i\tau\varphi(z)} f(z,\tau) dx dy$$
$$= \int_{\mathbb{R}^2} e^{i\tau\varphi(z)} f(z_0,\tau) dx dy + \int_{\mathbb{R}^2} e^{i\tau\varphi(z)} (f(z,\tau) - f(z_0,\tau)) dx dy$$
$$= I_1 + I_2$$

と変形する.

$$\int_{\mathbb{R}^2} e^{i\tau\varphi(z)} dx dy = \int_{\mathbb{R}^2} e^{i\tau((x-x_0)^2 - (y-y_0)^2)} dx dy = \left| \int_{-\infty}^\infty e^{i\tau x^2} dx \right|^2 = \frac{2\pi}{\tau}$$

であるから,

$$\lim_{\tau \to \infty} \tau I_1 = 2\pi q(z_0)$$

となる. ところで,

$$\tau I_2 = \int_{\mathbb{R}^2} e^{i(\xi^2 - \eta^2)} \left(f\left(\frac{1}{\sqrt{\tau}}(\xi + i\eta) + z_0, \tau \right) - f(z_0, \tau) \right) d\xi d\eta$$

であるから，ルベーグの収束定理より

$$\lim_{\tau \to \infty} \tau I_2 = 0$$

が成り立つ．

注意 2.4 証明からわかるように，定理 2.3 は $q \in L^p(\Omega)$ $(p > 2)$ の仮定の下でも成り立つ．

[補題 2.5 の証明]

$$D = \begin{pmatrix} 2\overline{\partial} & 0 \\ 0 & 2\partial \end{pmatrix}$$

とする．

$$u_1 = u, \quad u_2 = 2e^{i\tau(\overline{z-z_0})^2} \overline{\partial} u_1$$

$$\mathbf{u} = \begin{pmatrix} u_1 \\ u_2 \end{pmatrix} \quad A = \begin{pmatrix} 0 & e^{-i\tau(\overline{z-z_0})^2} \\ e^{i\tau(\overline{z-z_0})^2} q & 0 \end{pmatrix}$$

とおくと，

$$(\triangle - q)u = 0 \quad \Leftrightarrow \quad (D - A)\mathbf{u} = 0$$
$$u \in W^{2,p}(\Omega) \quad \Leftrightarrow \quad \mathbf{u} \in W^{1,p}(\Omega) \cap \{\mathbf{u} : \partial u_1 \in W^{1,p}(\Omega)\}$$

である．

$u_1 = e^{i\tau(z-z_0)^2}(1+w)$ とおいて，w の満たすべき式を求めよう．

$$2\overline{\partial} u_1 - e^{-i\tau(\overline{z-z_0})^2} u_2 = 0$$
$$2\partial u_2 - e^{i\tau(\overline{z-z_0})^2} q u_1 = 0$$

であるから，

$$u_2 = 2e^{i\tau(\overline{z-z_0})^2} \overline{\partial} u_1 = 2e^{i\tau(\overline{z-z_0})^2 + i\tau(z-z_0)^2} \overline{\partial} w = 2e^{i\tau\varphi(z)} \overline{\partial} w.$$

ただし

$$\varphi(z) = 2((x-x_0)^2 - (y-y_0)^2).$$

これより

$$4\partial(e^{i\tau\varphi(z)}\overline{\partial} w) = qe^{i\tau\varphi(z)}(1+w) \tag{2.42}$$

を得る．この方程式の解の存在をいうためには，少し準備が必要である．

コーシー作用素

$$(Tu)(z) = \frac{1}{\pi}\int_\Omega \frac{u(\zeta)}{z-\zeta}d\xi d\eta,$$
$$(\overline{T}u)(z) = \frac{1}{\pi}\int_\Omega \frac{u(\zeta)}{\overline{z-\zeta}}d\xi d\eta$$

を導入する．ただし，$\zeta = \xi + i\eta$ とする．

コーシー作用素 $T, \overline{T}$ の性質を調べるために，次の関数空間を導入する．$\alpha \in (0,1)$ に対して，$C^\alpha(\Omega)$, $C^{1+\alpha}(\Omega)$ を通常のヘルダー空間とする．そのノルムは

$$\|f\|_{C^\alpha} = \sup_{z\in\Omega}|f(z)| + \sup_{\substack{z,z_0\in\Omega \\ z\neq z_0}}\frac{|f(z)-f(z_0)|}{|z-z_0|^\alpha},$$

$$\|f\|_{C^{1+\alpha}} = \sup_{z\in\Omega}|f(z)| + \|\partial f\|_{C^\alpha} + \|\overline{\partial} f\|_{C^\alpha}$$

で与えられる．$C^\alpha(\Omega)$ はバナッハ代数になる．すなわち，任意の $f,g\in C^\alpha(\Omega)$ に対して

$$\|fg\|_{C^\alpha} \leq \|f\|_{C^\alpha}\|g\|_{C^\alpha} \tag{2.43}$$

が成り立つ．さらに，ソボレフの埋蔵定理より，$W^{1,p}(\Omega)\,(1<p<\infty)$ を通常のソボレフ空間とすると

$$W^{1,p}(\Omega) \subset C^\alpha(\Omega), \quad p \geq 2/(1-\alpha) \tag{2.44}$$

であり，この埋め込みは連続である．

バナッハ空間 X, Y に対して，$\mathcal{L}(X,Y)$ により X から Y への有界線形作用

素全体のなす族を表すことにする. $\mathcal{L}(X,X)$ を $\mathcal{L}(X)$ と略記する.

定理 2.5 次が成り立つ.
$$T \in \mathcal{L}(C^\alpha(\Omega), C^{1+\alpha}(\Omega)),$$
$$T \in \mathcal{L}(L^p(\Omega), C^\alpha(\Omega)), \quad p \geq 2/(1-\alpha)$$
$$T \in \mathcal{L}(L^p(\Omega), W^{1,p}(\Omega)).$$

証明は難しくはないが,長くなるのでベクア (Vekua[101]) を参照することにして省略する.

補題 2.6 Ω を有界領域とする. $\Omega' \subset \Omega$ に対して
$$\|Tu\|_{L^p(\Omega')} \leq c|\Omega|^{1/(2p')}|\Omega'|^{1/(2p)}\|u\|_{L^p(\Omega)} \tag{2.45}$$
となる. また,さらに,$\operatorname{supp} u \subset \Omega'$ ならば
$$\|Tu\|_{L^p(\Omega)} \leq c|\Omega'|^{1/(2p')}|\Omega|^{1/(2p)}\|u\|_{L^p(\Omega)} \tag{2.46}$$
となる. ただし,$\frac{1}{p} + \frac{1}{p'} = 1,\quad 1 < p < \infty$ であり,
$$|\Omega| = \int_\Omega dxdy.$$

[証明] (2.45) を示す. 任意の $\varepsilon > 0$ に対して
$$\int_\Omega \frac{d\xi d\eta}{|z-\zeta|} = \int_{\Omega \cap \{|z-\zeta|<\varepsilon\}} \frac{d\xi d\eta}{|z-\zeta|} + \int_{\Omega \cap \{|z-\zeta|>\varepsilon\}} \frac{d\xi d\eta}{|z-\zeta|}$$
$$= I_1 + I_2$$
とおく.
$$I_1 \leq \int_{|\zeta|<\varepsilon} \frac{d\xi d\eta}{|\zeta|} = \int_0^{2\pi} \int_0^\varepsilon \frac{1}{r} r dr d\theta = 2\pi 8\varepsilon, \quad I_2 \leq \frac{1}{\varepsilon}|\Omega|$$
であるから,$\varepsilon^2 = |\Omega|/2\pi$ ととれば
$$\int_\Omega \frac{d\xi d\eta}{|z-\zeta|} \leq (2\pi)^{1/2}|\Omega|^{1/2}.$$

よって

$$\|Tu\|_{L^p(\Omega')}^p = \int_{\Omega'} \left| \int_{\Omega} \frac{u(\zeta)}{z-\zeta} d\xi d\eta \right|^p dxdy \le \int_{\Omega'} \left| \int_{\Omega} \frac{u(\zeta)}{|z-\zeta|} d\xi d\eta \right|^p dxdy$$

$$\le \int_{\Omega'} \left| \int_{\Omega} \frac{1}{|z-\zeta|^{1/p'}} \frac{u(\zeta)}{|z-\zeta|^{1/p}} d\xi d\eta \right|^p dxdy$$

$$\le \int_{\Omega} \left(\int_{\Omega} \frac{1}{|z-\zeta|} d\xi d\eta \right)^{p/p'} \left(\int_{\Omega} \frac{|u(\zeta)|^p}{|z-\zeta|} d\xi d\eta \right) dxdy$$

$$\le (2\pi)^{p/2p'} |\Omega|^{p/2p'} \int_{\Omega} \left(\int_{\Omega'} \frac{1}{|z-\zeta|} d\xi d\eta \right) |u(z)|^p dxdy$$

$$\le (2\pi)^p \|u\|_{L^p(\Omega)}^p$$

となる．(2.46) も同様に証明できる．証明終わり．

補題 2.7
$$\overline{\partial}_z \left(\frac{1}{\pi} \frac{1}{z-\zeta} \right) = \delta(z-\zeta), \quad z, \zeta \in \mathbb{R}^2$$

[証明] 基本的なので証明しよう．$\zeta = 0$ として一般性を失わない．任意の $\psi \in C_0^\infty(\Omega)$ に対して

$$\int_{|z|\ge\varepsilon} \frac{1}{z} \overline{\partial} \psi(z) dxdy = \int_0^{2\pi} \int_\varepsilon^\infty \frac{1}{r} e^{-i\theta} \frac{1}{2} \left(e^{i\theta} \partial_r \psi + i \frac{e^{i\theta}}{r} \partial_\theta \psi \right) r dr d\theta$$

$$= \frac{1}{2} \int_0^{2\pi} \int_\varepsilon^\infty \partial_r \psi dr d\theta + \frac{i}{2} \int_0^{2\pi} \int_\varepsilon^\infty \frac{1}{r} \partial_\theta \psi dr d\theta$$

$$= -\frac{1}{2} \int_0^{2\pi} \psi(\varepsilon e^{i\theta}) d\theta$$

$$\to -\pi \psi(0), \quad \varepsilon \to 0.$$

証明終わり．

補題 2.8 任意の $f \in L^p(\Omega)$ に対して
$$\overline{\partial} T f = f, \quad \partial \overline{T} f = f$$

が成り立つ．

[証明] 前の補題より，任意の $\psi \in C_0^\infty(\Omega)$ に対して

$$\psi(z) = \frac{1}{\pi} \int_\Omega \psi(\zeta) \overline{\partial}_\zeta \frac{1}{\zeta - z} d\xi d\eta$$
$$= -\frac{1}{\pi} \int_\Omega \overline{\partial}_\zeta \psi(\zeta) \frac{1}{\zeta - z} d\xi d\eta = T(\overline{\partial}\psi)$$

となる．よって

$$\int_\Omega f\psi dxdy = \int_\Omega fT(\overline{\partial}\psi)dxdy$$
$$= \int_\Omega f(z)\left(-\frac{1}{\pi}\int_\Omega \overline{\partial}_\zeta \psi(\zeta)\frac{1}{\zeta-z}d\xi d\eta\right)dxdy$$
$$= -\frac{1}{\pi}\iint_{\Omega\times\Omega}(\overline{\partial}_\zeta\psi(\zeta))f(z)\frac{1}{\zeta-z}d\xi d\eta dxdy$$
$$= \int_\Omega (\overline{\partial}_\zeta\psi(\zeta))\left(-\frac{1}{\pi}\int_\Omega f(z)\frac{1}{\zeta-z}dxdy\right)d\xi d\eta$$
$$= -\int_\Omega (\overline{\partial}_\zeta\psi)Tfd\xi d\eta.$$

$\overline{T}$ についても同様である．証明終わり．

以上より，(2.42) は，形式的に次のように書き換えられる．

$$w = \frac{1}{4}Te^{-i\tau\varphi}\overline{T}e^{i\tau\varphi}q(1+w).$$

そこで，$Su = \frac{1}{4}Te^{-i\tau\varphi}\overline{T}e^{i\tau\varphi}qu$ とおくと

$$(I-S)w = S1 \tag{2.47}$$

となる．

w の存在証明には，次の補題が本質的である．

補題 2.9 次の評価が成り立つ．

(1) $q \in L^p(\Omega)$, $p > 2$ ならば，ある $\tau_0 > 0$ が存在して，任意の $\tau \in \mathbb{R}$ ($|\tau| \geq \tau_0$) と任意の $u \in C^\alpha(\Omega)$ に対して，

$$\|Su\|_{C^\alpha(\Omega)} \leq c|\tau|^{-\beta}\|u\|_{C^\alpha(\Omega)}, \tag{2.48}$$
$$\|Su\|_{C^{1+\alpha}(\Omega)} \leq c|\tau|^\alpha \|u\|_{C^\alpha(\Omega)} \tag{2.49}$$

が成り立つ. ただし,
$$0 < \alpha \le 1 - \frac{2}{p}, \quad \beta = \frac{1-\alpha}{2p-1} \tag{2.50}$$

である.

(2) $q \in L^\infty(\Omega)$ ならば, 任意の $u \in L^p(\Omega)$, $1 < p < \infty$ に対して

$$\|Su\|_{L^p(\Omega)} \le c|\tau|^{-\beta}\|u\|_{L^p(\Omega)}, \quad \beta = 1/3 \tag{2.51}$$

$$\|Su\|_{W^{1,p}(\Omega)} \le c\|u\|_{L^p(\Omega)} \tag{2.52}$$

が成り立つ.

ここで, c は u, τ に依存しない正定数である.

[証明] 補間不等式 ([94] 参照) と

$$\|e^{i\tau\varphi}\|_{L^\infty(\Omega)} \le c, \quad \|e^{i\tau\varphi}\|_{C^1(\Omega)} \le C\tau, \quad |\tau| \ge 1$$

より

$$\|e^{i\tau\varphi}\|_{C^\alpha(\Omega)} \le C\tau^\alpha, \quad |\tau| \ge 1 \tag{2.53}$$

を得る. これと (2.43), (2.44), 補題 2.5 より, $|\tau| > 1$ のとき,

$$\|Su\|_{C^{1+\alpha}} \le C\|e^{-i\tau\varphi}\overline{T}e^{i\tau\varphi}qu\|_{C^\alpha} \le C\|e^{-i\tau\varphi}\|_{C^\alpha}\|\overline{T}e^{i\tau\varphi}qu\|_{C^\alpha}$$
$$\le C|\tau|^\alpha\|e^{i\tau\varphi}qu\|_{L^p} \le C|\tau|^\alpha\|qu\|_{L^p} \le C|\tau|^\alpha\|q\|_{L^p}\|u\|_{C^\alpha}$$
$$\le C|\tau|^\alpha\|u\|_{C^\alpha}$$

となり, (2.49) が従う. ただし, $p > 2/(1-\alpha)$ が必要で, これより $\alpha < 1 - \frac{2}{p}$ の条件が加わる. 同様に (2.52) を示すことができる.

(2.48) を示そう. $z_0 = 0$, $\tau > 0$ に対して証明すれば十分である. $\delta \in (0, 1/2)$ として, 次の性質を満たすカットオフ関数 $h \in C_0^\infty([0,1])$ を選ぶ. $0 \le h(r) \le 1$ かつ

$$h(r) = \begin{cases} 0 & r \in \{r : 0 \le r \le \delta\} \cup \{r : 1-\delta^2 \le r \le 1\} \\ 1 & r \in \{r : 2\delta \le r \le 1-4\delta^2\} \end{cases}$$

で, $\delta \le r \le 2\delta$ で単調増加, $1-4\delta^2 < r < 1-\delta^2$ で単調減少とする. テイ

ラーの定理より
$$|\nabla h(|z|)| = O(\delta^{-2}), \quad \delta \to 0$$
となる．さらに
$$\Omega' = \sup(1-h) = \{r : 0 < r < 2\delta\} \cup \{r : 1-4\delta^2 < r < 1\}$$
とおくと
$$|\Omega'| = 2\pi\delta^2 + \pi(1 - (1-4\delta^2)^2) = O(\delta^2), \quad \delta \to 0$$
である．そこで
$$Su = \frac{1}{4}Te^{-i\tau\varphi}(1-h(|z|))\overline{T}e^{i\tau\varphi}qu + \frac{1}{4}Te^{-i\tau\varphi}h(|z|)\overline{T}e^{i\tau\varphi}qu \tag{2.54}$$
$$c = F + G \tag{2.55}$$
と分解する．このとき
$$\|F\|_{C^\alpha(\Omega)} \leq c\delta^{1/p}\|u\|_{C^\alpha(\Omega)}, \tag{2.56}$$
$$\|F\|_{L^p(\Omega)} \leq c\delta\|u\|_{L^p(\Omega)}, \tag{2.57}$$
$$\|G\|_{C^\alpha(\Omega)} \leq c\delta^{-2}\tau^{\alpha-1}\|u\|_{C^\alpha(\Omega)}, \tag{2.58}$$
$$\|G\|_{L^p(\Omega)} \leq c\delta^{-2}\tau^{-1}\|u\|_{L^p(\Omega)} \tag{2.59}$$
が成り立つ．(2.56), (2.58) においては，
$$\delta^{1/p} = \delta^{-2}\tau^{\alpha-1}$$
ととれば，(2.48) が従う．同様に，(2.57), (2.59) においては，
$$\delta = \delta^{-2}\tau^{-1}$$
ととれば，(2.51) が従う．

(2.56) と (2.57) を示そう．定理 2.5 と補題 2.6 を用いれば
$$\|F\|_{C^\alpha(\Omega)} \leq c\|e^{-i\tau\varphi}(1-h(|z|))\overline{T}e^{i\tau\varphi}qu\|_{L^p(\Omega)}$$
$$\leq c\|(1-h(|z|))\overline{T}e^{i\tau\varphi}qu\|_{L^p(\Omega)}$$

$$\begin{aligned}
&= c\|(1-h(|z|))\overline{T}e^{i\tau\varphi}qu\|_{L^p(\Omega')} \\
&\leq c\|\overline{T}e^{i\tau\varphi}qu\|_{L^p(\Omega')} \leq c|\Omega'|^{1/2p}\|q\|_{L^p}\|u\|_{L^\infty} \\
&\leq c\delta^{1/p}\|u\|_{C^\alpha(\Omega)}
\end{aligned}$$

を得る.

同様にして

$$\begin{aligned}
\|F\|_{L^p(\Omega)} &\leq c\delta^{1/p'}\|(1-h(|z|))\overline{T}e^{i\tau\varphi}qu\|_{L^p(\Omega')} \\
&\leq c\delta^{1/p'}\|\overline{T}e^{i\tau\varphi}qu\|_{L^p(\Omega')} \leq c\delta^{1/p'}\delta^{1/p}\|e^{-i\tau\varphi}qu\|_{L^p(\Omega)} \\
&\leq c\delta\|q\|_{L^\infty(\Omega)}\|u\|_{L^p(\Omega)}c\delta\|u\|_{L^p(\Omega)}
\end{aligned}$$

を得る.

次に, (2.58), (2.59) を示す.

$$e^{i\tau\varphi} = \frac{1}{i\tau\overline{\partial}\varphi}\overline{\partial}e^{i\tau\varphi}, \qquad \overline{\partial}_\zeta \frac{1}{\pi}\frac{1}{\zeta-z} = \delta(\zeta-z)$$

が成り立つから, 部分積分により, 任意の $u \in C_0^1(\Omega\backslash\{0\})$ に対して

$$\begin{aligned}
Te^{i\tau\varphi}u &= \frac{1}{i\tau}T\left(\overline{\partial}e^{i\tau\varphi}\frac{u}{\overline{\partial}\varphi}\right) \\
&= \frac{1}{i\tau}e^{i\tau\varphi}\frac{u}{\overline{\partial}\varphi} - \frac{1}{i\tau}T\left(e^{i\tau\varphi}\overline{\partial}\left(\frac{u}{\overline{\partial}\varphi}\right)\right)
\end{aligned} \tag{2.60}$$

が成り立つ. $C_0^1(\Omega\backslash\{0\})$ は, $W_0^{1,p}(\Omega\backslash\{0\})$ で稠密であるから, (2.60) は $u \in W_0^{1,p}(\Omega\backslash\{0\})$ に対しても成り立つ.

$q \in L^p(\Omega)$ とすると,

$$\begin{aligned}
\|h(|z|)\overline{T}e^{i\tau\varphi}qu\|_{W^{1,p}\Omega)} &\leq c\|\overline{T}e^{i\tau\varphi}qu\|_{W^{1,p}(\Omega)} \leq c\|qu\|_{L^p(\Omega)} \\
&\leq c\|q\|_{L^p(\Omega)}\|u\|_{L^\infty(\Omega)}
\end{aligned}$$

であるから, (2.60) が適用できて

$$\begin{aligned}
Te^{-i\tau\varphi}h(|z|)\overline{T}e^{i\tau\varphi}qu &= -\frac{1}{i\tau}e^{-i\tau\varphi}\frac{R}{\overline{\partial}\varphi} + \frac{1}{i\tau}T\left(e^{-i\tau\varphi}\overline{\partial}\left(\frac{R}{\overline{\partial}\varphi}\right)\right) \\
&= K_1 + K_2
\end{aligned} \tag{2.61}$$

となる. ただし

$$R = h(|z|)\overline{T}e^{i\tau\varphi}qu$$

である.

ここで, $\overline{\partial}\varphi(z) = 2(x - iy)$ であるから

$$\left|\frac{h(|z|)}{\overline{\partial}\varphi}\right| \le \frac{h(|z|)}{2|z|} \le c\delta^{-1}, \quad \forall z \in \Omega$$

また,

$$\left\|\frac{h(|z|)}{\overline{\partial}\varphi}\right\|_{C^\alpha(\Omega)} \le \left\|\frac{h(|z|)}{\overline{\partial}\varphi}\right\|_{C^1(\Omega)}$$
$$\le \left\|\frac{h(|z|)}{\overline{\partial}\varphi}\right\|_{L^\infty(\Omega)} + \left\|\nabla\left(\frac{h(|z|)}{\overline{\partial}\varphi}\right)\right\|_{L^\infty(\Omega)}$$
$$\le c\delta^{-2}.$$

これらを用いると

$$\|K_1\|_{C^\alpha(\Omega)} \le \frac{1}{\tau}\|e^{-i\tau\varphi}\|_{C^\alpha(\Omega)}\left\|\frac{h}{\overline{\partial}\varphi}\right\|_{C^\alpha(\Omega)}\|\overline{T}e^{i\tau\varphi}qu\|_{C^\alpha(\Omega)}$$
$$\le c\tau^{\alpha-1}\delta^{-2}\|u\|_{C^\alpha(\Omega)}$$

を得る.

また

$$\|K_2\|_{C^\alpha(\Omega)} \le c\tau^{-1}\left\|T\left(e^{-i\tau\varphi}\overline{\partial}\left(\frac{R}{\overline{\partial}\varphi}\right)\right)\right\|_{C^\alpha(\Omega)}$$
$$\le c\tau^{-1}\left\|\overline{\partial}\left(\frac{R}{\overline{\partial}\varphi}\right)\right\|_{L^p(\Omega)}$$
$$\le c\tau^{-1}\left\|\frac{R}{\overline{\partial}\varphi}\right\|_{W^{1,p}(\Omega)}$$
$$\le c\tau^{-1}\delta^{-2}\|\overline{T}e^{i\tau\varphi}qu\|_{W^{1,p}(\Omega)}$$
$$\le c\tau^{\alpha-1}\delta^{-2}\|u\|_{C^\alpha(\Omega)}$$

以上より

$$\|G\|_{C^\alpha(\Omega)} \le c\delta^{-2}\tau^{\alpha-1}\|u\|_{C^\alpha(\Omega)}$$

を得る．すなわち，(2.58) が成り立つ．

(2.59) についても同様にして証明できる．証明終わり．

[補題 2.5 の証明の続き]　以上の準備の下で，方程式 (2.47) の可解性を考える．

(2.48), (2.51) より，τ_0 を大きくとれば，$|\tau| \ge \tau_0$ となる任意の $\tau \in \mathbb{R}$ に対して，$\|S\| < 1/2$ とできる．ここで，ノルム $\|\cdot\|$ は，$\mathcal{L}(C^\alpha(\Omega))$ かあるいは $\mathcal{L}(L^p(\Omega))$ におけるものとする．したがって，逆作用素

$$(I-S)^{-1} = \sum_{n=0}^{\infty} S^n$$

が存在して

$$w = (I-S)^{-1}S1 = S(I-S^{-1})1$$

となる．残りの主張は，補題 2.9 より従う．証明終わり．

第3章 回折トモグラフィー

非一様な媒質の屈折率 (あるいは屈折率の関数によって記述される媒質の内部の状態) を，媒質を伝わる波を用いて探査することを考える．これに用いられる典型的な波は，音波やマイクロ波である．それらの波長は，媒質の屈折率の変化の大きさに比べて十分に短かいが，幾何光学的極限では扱えない．ここでは，平面波を入射し媒質により散乱された遠方での反射波を観測して媒質の形状を再構成することを解析する．

3.1 はじめに

一様でない媒質中を伝わる音波の遠方場のパターンを測定して，媒質の屈折率を決定する問題を考える．点 $x \in \mathbb{R}^d$ ($d = 1, 2, 3$)，時刻 t における音圧 $w(x,t)$ は，波動方程式

$$\frac{\partial^2 w}{\partial t^2} - c^2(x)\triangle w = 0, \quad x \in \mathbb{R}^d, \quad t > 0 \tag{3.1}$$

で記述される (方程式の導出については，例えばコシリヤコフ，グリニエルとスムルノフ (Koshlyakov-Smirnov-Gliner[62]) を参照のこと)．ここで，$c^2(x)$ は局所的な音速を表す．音速は遠方では一定，すなわち，$c(x) = c_0, r = |x| \geq \rho > 0$ と仮定する．ここで c_0 は定数である．

波動方程式の解は $w = e^{i\omega t}u(x,\omega)$ の形をしているとき，時間調和波と呼ばれる．このとき，$u(x,\omega)$ はヘルムホルツ方程式

$$(\triangle + k^2 n(x))u = 0, \quad x \in \mathbb{R}^d$$

を満たす．ここで，$k = \omega/c_0$ は波数，$n(x) = c_0^2/c^2(x)$ は屈折率である．さら

に，無限遠方からエネルギーは伝わらない，すなわち，無限遠方からの反射波は存在しないという自然な条件を保証するために，$r = |x| \to \infty$ において，ゾンマーフェルト (Sommerfeld) の放射条件

$$u_r - iku = o(r^{(d-1)/2}) \tag{3.2}$$

が満たされていると仮定する．ただし，$u_r = (x/|x|) \cdot \nabla u$ である．

屈折率は仮定により次のように書くことができる．

$$n(x) = 1 - a(x).$$

ただし，$\mathrm{supp}\, a \subset B_\rho = B_\rho(0) = \{x \in \mathbb{R}^d, : |x| \leq \rho\}$ である．このとき，ヘルムホルツ方程式は

$$(\triangle + k^2)u = k^2 a(x)u, \quad x \in \mathbb{R}^d$$

と書き直せる．$\theta \in \mathbb{S}^d$ を単位ベクトルとする．

$$u_i(x, \theta) = e^{ik\theta \cdot x}$$

とすると，$u_i(x, \theta)$ は，斉次ヘルムホルツ方程式

$$(\triangle + k^2)u_i = 0$$

の解である．$u_i(x, \theta)$ を平面波と呼ぶ．$u_i(x, \theta)$ はゾンマーフェルトの放射条件を満たさないことに注意しよう．

波の有限伝播性と，局所的な音速 $c(x)$ の仮定から，時間調和な平面波 $e^{\omega t + ikx \cdot \theta}$ は $|x| > \rho$ からずっと遠く離れた所では，波動方程式 (3.1) の解である．

3.2 順 問 題

散乱問題は，平面波 $u_i(x, \theta)$ が無限遠方から伝播したとき，非一様な媒質によって散乱される波を表す解 $u_s(x, \theta)$ を求めることである．u_i を入射波，u_s を散乱波と呼ぶ．

$u_s(x, \theta)$ は無限遠で反射されないので放射条件を満たし，$u = u_i + u_s$ はヘルムホルツ方程式を満たす．したがって，問題は次の条件を満たす u_s を求める

ことになる.

$$(\triangle + k^2)u_s = a(x)k^2(u_i + u_s), \quad x \in \mathbb{R}^d \tag{3.3}$$

$$\frac{\partial u_s}{\partial r} - iku_s = o(r^{(d-1)/2}) \tag{3.4}$$

この散乱問題が, ただ 1 つの解を持つことを証明しよう ([30] 参照).

ヘルムホルツ方程式の基本解は $d \geq 2$ において

$$\Phi(x) = \gamma_d k^{(n-2)/2} \frac{H^{(1)}_{(d-2/2)}(k|x|)}{|x|^{(d-2)/2}}$$

で与えられる. ここで, $H^{(1)}_{(d-2)/2}$ は次数 $\frac{d-2}{2}$ の第一種ハンケル関数であり,

$$\gamma_n = \frac{1}{2i(2\pi)^{(d-2)/2}}$$

である. $d = 3$ のときは,

$$\Phi(x,y) = \frac{1}{4\pi} \frac{e^{ik|x-y|}}{|x-y|}$$

と簡単化される. $d = 2$ のときは

$$\Phi(x,y) = \frac{i}{4} H^{(1)}_0(k|x-y|)$$

である. (ウラジミーロフ (Vladimirov[102]) 参照). 回折トモグラフィーでは, $d = 2, 3$ を扱うが, これまでの章と同様に, 以下では, 数学的興味でなるべく一般次元で扱う.

(3.3), (3.4) を基本解を用いて書き直すと

$$u(x) + k^2 \int_{B_\rho} \Phi(x,y)a(y)u(y)dy = u_i(x), \quad x \in \mathbb{R}^d \tag{3.5}$$

となる. (3.5) をリップマン・シュヴィンガー (Lippmann-Schwinger) の方程式と呼ぶ. この方程式を導出することを正当化するために, 次の 2 つの補題が必要である.

補題 3.1 体積ポテンシャル

$$(V_d g)(x) = \int_{\mathbb{R}^d} \Phi(x,y) g(y) dy, \quad x \in \mathbb{R}^d$$

に対して，次のことが成り立つ．

(1) $g \in C_0(\mathbb{R}^d)$ ならば，$V_d g \in C^1(\mathbb{R}^d)$ である．

(2) $g \in C_0^1(\mathbb{R}^d)$ ならば，$V_d g \in C^2(\mathbb{R}^d)$ で，

$$(\triangle + k^2)(V_d g) = -g, \quad x \in \mathbb{R}^d$$

を満たす．

(3) $\Omega \subset \mathbb{R}^d$ を任意の領域とし，$g \in L^2(\mathbb{R}^d), \operatorname{supp} g \subset \Omega$ とすれば，$u = V_d g \in H_{\text{loc}}^1(\mathbb{R}^d)$ で，任意の有界な台を持つ $\varphi \in H^1(\mathbb{R}^d)$ に対して

$$\int_{\mathbb{R}^n} (\nabla u \cdot \nabla \varphi) - k^2 g \varphi) dx = \int_{\Omega} g \varphi dx$$

が成り立つ．

この補題の証明は例えば，コルトン・クレス (Colton-Kress)[30] あるいはウラディミーロフ[102] を参照せよ．

補題 3.2 任意の $v \in C^2(B_\rho) \cap C^1(\overline{B_\rho})$ に対して，

$$v(x) = \int_{\partial B_\rho} \left\{ \frac{\partial v}{\partial \nu}(y) \Phi(x,y) - v(y) \frac{\partial}{\partial \nu_y} \Phi(x,y) \right\} dS_y$$

$$- \int_{B_\rho} \{\triangle v(y) + k^2 v(y)\} \Phi(x,y) dy, \quad x \in B_\rho$$

が成り立つ．ただし，ν は境界 ∂B_ρ 上の外向き単位法線である．

[証明] B_ρ から x を中心とする半径 ε の球 $B_\varepsilon(x)$ を除いた領域を D_ε とする．D_ε において，グリーンの公式を用いると

$$\int_{D_\varepsilon} (\triangle v(y) + k^2 v(y)) \Phi(x,y) dy - \int_{D_\varepsilon} (\triangle \Phi(y) + k^2 \Phi(x,y)) v(y) dy$$

$$= \int_{\partial B_\rho} \left\{ \frac{\partial v}{\partial \nu}(y) \Phi(x,y) - v(y) \frac{\partial}{\partial \nu_y} \Phi(x,y) \right\} dS_y$$

$$- \int_{\partial B_\varepsilon(x)} \left\{ \frac{\partial v}{\partial \nu}(y) \Phi(x,y) - v(y) \frac{\partial}{\partial \nu_y} \Phi(x,y) \right\} dS_y$$

となる．このとき，C を正定数として
$$\left|\int_{\partial B_\varepsilon}\frac{\partial v}{\partial \nu}(y)\Phi(x,y)dS_y\right| \leq C\varepsilon^{(d-1)/2}\sup_{y\in B_\varepsilon}\left|\frac{\partial v}{\partial \nu}(y)\right|$$
$$\to 0 \quad (\varepsilon \to 0 \text{ のとき}).$$

さらに，
$$\int_{\partial B_\varepsilon}\left\{v(y)\frac{\partial}{\partial \nu_y}\Phi(x,y)\right\}dS_y = v(x)\int_{\partial B_\varepsilon}\left\{\frac{\partial}{\partial \nu_y}\Phi(x,y)\right\}dS_y$$
$$+\int_{\partial B_\varepsilon}\left\{(v(y)-v(x))\frac{\partial}{\partial \nu_y}\Phi(x,y)\right\}dS_y$$

であって
$$\left|\int_{\partial B_\varepsilon(x)}\left\{(v(y)-v(x))\frac{\partial}{\partial \nu_y}\Phi(x,y)\right\}dS_y\right|$$
$$\leq C\sup_{y\in B_\varepsilon(x)}|v(y)-v(x)| \to 0, \quad (\varepsilon \to 0 \text{ のとき}).$$

よって，補題の主張が成り立つ．証明終わり．

これより，次の定理が成り立つ．

定理 3.1 $a \in C^1(\mathbb{R}^d)$ とし，$\mathrm{supp}\, a \subset B_\rho$ と仮定する．このとき，(3.3)，(3.4) の解 $u = u_i + u_s$ が $C^2(\mathbb{R}^d)$ に属するならば，u は (3.5) を満たす．逆に，$u \in C(B_\rho)$ が (3.5) の解とすると
$$u_s = -k^2\int_{B_\rho}\Phi(x,y)a(y)u(y)dy, \quad x \in \mathbb{R}^d \tag{3.6}$$
は $C^2(\mathbb{R}^d)$ に属し，(3.3) を満たす．

[証明] $u \in C^2(\mathbb{R}^d)$ を (3.3)，(3.4) の解とする．$x \in B_\rho$ に対して，補題 3.2 において，$v = u$ とすれば $\triangle u + k^2 u = k^2 a(x) u$ であるから
$$u(x) = \int_{\partial B_\rho}\left\{\frac{\partial u}{\partial \nu}(y)\Phi(x,y) - u(y)\frac{\partial}{\partial \nu_y}\Phi(x,y)\right\}dS_y$$
$$- k^2\int_{B_\rho}a(y)u(y)\}\Phi(x,y)dy$$

となる．補題 3.2 において，$v = u_i$ とすれば $\triangle u_i + k^2 u_i = 0$ であるから

$$u_i(x) = \int_{\partial B_\rho} \left\{ \frac{\partial u_i}{\partial \nu}(y) \Phi(x,y) - u_i(y) \frac{\partial}{\nu_y} \Phi(x,y) \right\} dS_y.$$

$x \in B_\rho$ とし，$R > \rho$ とする．グリーンの公式を $\Phi(\cdot, y)$ と u_s に対して $B_R \backslash B_\rho$ において用いると，$(\triangle + k^2)\Phi(x,y) = 0$ かつ，$(\triangle + k^2)u_s = 0$ だから

$$\int_{\partial B_\rho} \left\{ \frac{\partial u_s}{\partial \nu}(y) \Phi(x,y) - u_s(y) \frac{\partial}{\nu_y} \Phi(x,y) \right\} dS_y$$
$$= \int_{\partial B_R} \left\{ \frac{\partial u_s}{\partial \nu}(y) \Phi(x,y) - u_s(y) \frac{\partial}{\nu_y} \Phi(x,y) \right\} dS_y$$
$$= \int_{\partial B_R} \left\{ \frac{\partial u_s}{\partial \nu}(y) - ik u_s(y) \right\} \Phi(x,y) dy$$
$$+ \int_{\partial B_R} u_s(y) \left\{ ik\Phi(x,y) - \frac{\partial}{\nu_y} \Phi(x,y) \right\} dS_y \quad (3.7)$$

となる．ここで，∂B_R 上の ν も，その外部単位法線ベクトルを示すとする．u_s と $\Phi(\cdot, y)$ はゾンマーフェルトの放射条件を満たしていて，さらに，$|y| \to \infty$ のとき

$$|u_s(y)| = O(|y|^{-(d-1)/2})$$

が成り立つから，(3.7) の最右辺は $R \to \infty$ のときゼロに収束する．よって，u は (3.5) を満たす．

逆に，$u \in C(B_\rho)$ が (3.5) の解とする．補題 3.1 より，(3.6) で定義される u_s は $C^1(\mathbb{R}^d)$ に属している．さらに，$a \in C_0^1(\mathbb{R}^n)$ だから

$$\triangle u_s + k^2 u_s = k^2 a(x) u$$

となる．$\triangle u_i + k^2 u_i = 0$ だから，$u = u_s + u_i$ は (3.3) を満たす．最後に，$\Phi(x, \cdot)$ はゾンマーフェルトの放射条件を満たしているから，u_s は (3.4) を満たす．証明終わり．

定理 3.1 より，$\mathrm{supp}\, a \subset \mathbf{B}_\rho$ ならば，リップマン・シュヴィンガー方程式 (3.5) は B_ρ の中だけで考えればよい．リップマン・シュヴィンガー方程式の可解性に関して，次の定理が成り立つ．

定理 3.2 任意の $a \in C_0(B_\rho)$ に対して，リップマン・シュヴィンガー方程式 (3.5) は，ただ 1 つの解 $u \in C(B_\rho)$ を持つ．

[証明] $\|a\|_{L^\infty(B_\rho)} < \dfrac{1}{k^2 \|V_d\|_\infty}$ と仮定すると，ノイマン級数で解が表示でき，解の存在と一意性を示すことができる．ただし，

$$\|V_d\|_\infty = \sup_{\|u\|_{L^\infty(B_\rho)} \leq 1} \|V_d u\|_{L^\infty(\mathbb{R}^d)}.$$

実際，$v \in C(B_\rho)$ に対して

$$(Av)(x) = -k^2 \int_{B_\rho} \Phi(x,y) a(y) v(y) dy, \quad x \in B_\rho \tag{3.8}$$

とおくと，$A : C(B_\rho) \to C(B_\rho)$ は有界線形作用素であって，

$$\|Av\|_{L^\infty(B_\rho)} \leq k^2 \|V_d\|_\infty \|a\|_{L^\infty(B_\rho)} < 1$$

だから，ノイマン級数 $\sum_{n=0}^\infty A^n$ は $\mathscr{L}(L^\infty(B_\rho))$ で収束して，

$$(I - A)^{-1} = \sum_{n=0}^\infty A^n$$

である．よって，一意解 $u = (I - A)^{-1} u_i \in C(B_\rho)$ が存在する．

一般の場合は，積分作用素 A が弱特異核を持っていることから，コンパクト作用素になっていることを用いて，フレドホルムの交代定理を適用する (ブレジス[17] 参照)．すなわち，フレドホルムの交代定理より，$I - A$ の値域 $R(A) = C_0(B_\rho)$ を示すためには，$N(I - A^*) = \{0\}$ を示せばよい．ただし，A^* は A の随伴作用素である．言いかえると，同次方程式

$$\triangle u + k^2 u = 0 \quad in \quad \mathbb{R}^d$$

$$\frac{\partial u}{\partial r} - iku = o(r^{(d-1)/2})$$

が自明解 $u = 0$ 以外に解を持たないことを示せばよい．このことを示すには一意接続定理を用いることができる．詳細は，コルトン・クレス[30]を参照せよ．証明終わり．

定理 3.2 の証明より，波数 k が小さいときには，リップマン・シュヴィンガー方程式の解はノイマン級数 $u = (I - A)^{-1} u_i$ で表される．その第 1 項

$$u_s(x) = -k^2 \int_{B_\rho} \Phi(x,y) a(y) u_i(y) dy$$

は，ボルン近似と呼ばれる．

3.2.1　遠方場パターン

観測されるのは，無限遠方へ向かう波動の散乱データである．そこで，$|x| \to \infty$ とするときの u_s の漸近形を求めよう．簡単のために，$d=3$ とする．$|x| \to \infty$ とすると

$$\begin{aligned}
|x-y| &= |x| \left| \hat{x} - \frac{y}{|x|} \right| = |x| \left(1 - 2\frac{\hat{x} \cdot y}{|x|} + \frac{|y|^2}{|x|^2} \right)^{1/2} \\
&= |x| \left(1 - \frac{\hat{x} \cdot y}{|x|} + O(|x|^{-2}) \right) \\
&= |x| - \hat{x} \cdot y + O(|x|^{-1})
\end{aligned}$$

であるから，

$$\frac{e^{ik|x-y|}}{|x-y|} = \frac{e^{ik|x|}}{|x|} \left\{ e^{-ik\hat{x} \cdot y} + O(|x|^{-1}) \right\} \tag{3.9}$$

となる．ただし，$\hat{x} = x/|x| \in \mathbb{S}^2$ である．したがって，(3.6) より

$$u_s(x) = -\frac{k^2 e^{ik(|x|)}}{4\pi |x|} \int_{R^3} e^{-ik\hat{x} \cdot y} a(y) u(y) dy + O(|x|^{-2})$$

を得る．すなわち，

$$u_s(x) = \frac{e^{ik|x|}}{|x|} u_\infty(\hat{x}) + O(|x|^{-2}) \tag{3.10}$$

$$u_\infty(\hat{x}) = -\frac{k^2}{4\pi} \int_{\mathbb{R}^3} e^{-ik\hat{x} \cdot y} a(y) u(y) dy \tag{3.11}$$

と表される．

k が小さいときには，ボルン近似を用いると

$$u_s(x) = -\frac{k^2 e^{ik(|x|)}}{4\pi |x|} \int_{R^3} e^{-ik\hat{x} \cdot y} a(y) u_i(y) dy + O(|x|^{-1})$$

となるから，入射波を $e^{ix \cdot \theta}$ とすれば，

$$u_s(x) = \frac{e^{ik|x|}}{|x|}\left(u_\infty(\hat{x}) + O(|x|^{-2})\right), \quad |x| \to \infty$$

$$u_\infty(\hat{x}) = -\frac{k^2}{\sqrt{2\pi}}\hat{a}(k(\hat{x}-\theta)) = -\frac{k^2}{4\pi}\int_{\mathbb{R}^3} a(y)e^{-ik(\hat{x}-\theta)y}dy$$

を得る．

一般な次元 d の場合も同様にして，ハンケル関数の漸近展開を用いれば

$$u_s(x) = \frac{e^{ik|x|}}{|x|^{(d-1)/2}}\left(u_\infty(\hat{x}) + O(|x|^{-1})\right), \quad |x| \to \infty \tag{3.12}$$

$$u_\infty(\hat{x}) = -\gamma_d k^{(d-1)/2}\int_{\mathbb{R}^d} e^{-ik\theta\cdot y}e^{ik(|x|-\hat{x}\cdot y)}a(y)u(y)dy \tag{3.13}$$

となり，ボルン近似で入射波を $e^{ix\cdot\theta}$ とすれば

$$u_\infty(\hat{x}) = -\gamma_d k^{(d-1)/2}\frac{k^2 e^{ik|x|}}{|x|^{(d-1)/2}}\hat{a}(k(\hat{x}+\theta))$$

$$= -\gamma_d \int_{B_\rho} a(y)e^{-ik(\theta+\hat{x})\cdot y}dy, \quad \hat{x}\in S^{d-1} \tag{3.14}$$

が得られる．ただし，γ_d は d にのみ依存する定数である．

$u_\infty : \mathbb{S}^{d-1} \to \mathbb{C}$ を u_s の遠方場パターン (far-field pattern)，あるいは散乱振幅 (scattering amplitude) と呼ぶ．遠方場パターン u_∞ は，振動数 ω，すなわち，波数 $k=\omega/c_0$ と入射方向 θ の関数である．$a(x)$ が既知で波数と入射方向が与えられれば，ボルン近似のときは (3.14) より u_∞ が定まる．

u_∞ は，入射角 θ の関数でもあることから，$u_\infty(\hat{x},\theta)$ と書くことにする．ボルン近似で入射波が平面波のときは，(3.13) より，容易に相反関係

$$u_\infty(\hat{x},\theta) = u_\infty(-\theta,-\hat{x}), \quad \forall \hat{x},\theta\in S^{d-1}$$

が成り立つことがわかる．この関係は，『θ 方向に入射し，$\hat{x}$ 方向で観測することと，$-\hat{x}$ 方向に入射し，θ 方向で観測することは，物理的には同じことである』ことを意味している (幾何光学の光の軌跡の類推)．したがって，この相反関係は一般の場合にも成立するはずである．

定理 3.3 (3.13) で定まる任意の $u_\infty(\hat{x},\theta)$ に対して

$$u_\infty(\hat{x},\theta) = u_\infty(-\theta,-\hat{x}), \quad \forall \hat{x},\theta \in S^{d-1} \tag{3.15}$$

が成り立つ．

この定理の証明には，次の補題が有用である．

補題 3.3 任意の $\hat{x} \in S^2$ に対して

$$u_\infty(\hat{x}) = \gamma_d \int_{\partial B_\rho} \left\{ u_s(y)\frac{\partial}{\partial \nu_y} e^{-ik\hat{x}\cdot y} - e^{-ik\hat{x}\cdot y}\frac{\partial}{\partial \nu_y} u_s(y) \right\} dS_y \tag{3.16}$$

となる．

[証明] $d=3$ の場合のみを示す．一般の場合も同様である．補題 3.2 の証明と同様の議論で，任意の $x \in B_{\rho^c}$ に対して，

$$v(x) = \int_{\partial B_\rho} \left\{ v(y)\frac{\partial}{\partial \nu_y}\Phi(x,y) - \frac{\partial v}{\partial \nu}(y)\Phi(x,y) \right\} dS_y$$
$$- \int_{B_\rho} \{\triangle v(y) + k^2 v(y)\}\Phi(x,y) dy,$$

が成り立つ．ただし，ν は境界 ∂B_ρ 上の内向き単位法線である．$x \in B_\rho^c$ では，$\triangle u_s + k^2 u_s = 0$ だから

$$u_s(x) = \int_{\partial B_\rho} \left\{ u_s(y)\frac{\partial}{\partial \nu_y}\Phi(x,y) - \frac{\partial u_s}{\partial \nu}(y)\Phi(x,y) \right\} dS_y, \quad x \in B_\rho^c$$

となる．(3.10) を上式に代入して，(3.9) と

$$\frac{\partial}{\partial \nu_y}\frac{e^{ik|x-y|}}{|x-y|} = \frac{e^{ik|x|}}{|x|}\left\{ \frac{\partial}{\partial \nu_y} e^{-ik\hat{x}\cdot y} + O(|x|^{-1}) \right\}$$

を用いると (3.16) を得る．証明終わり．

[定理 3.3 の証明] $u_i(x,\theta) = e^{ik\theta\cdot x}$ とおく．u_s も θ の関数であるから，$u_s(x,\theta)$ と書くことにすると (3.16) より

$$u_\infty(\hat{x},\theta)$$
$$= \gamma_d \int_{\partial B_\rho} \left\{ u_s(y;\theta)\frac{\partial}{\partial \nu_y} u_i(y,-\hat{x}) - u_i(y,-\hat{x})\frac{\partial}{\partial \nu_y} u_s(y,\theta) \right\} dS_y$$

$$u_\infty(-\theta,-\hat{x})$$
$$= \gamma_d \int_{\partial B_\rho} \left\{ u_s(y,-\hat{x}) \frac{\partial}{\partial \nu_y} u_i(y,\theta) - u_i(y,\theta) \frac{\partial}{\partial \nu_y} u_s(y,-\hat{x}) \right\} dS_y.$$

ところで，$\triangle u_i + k^2 u_i = 0$ in $\mathbb{R}^d$ であるから，領域 B_ρ でグリーンの定理を適用すると

$$0 = \int_{\partial B_\rho} \left\{ u_i(y,\hat{x}) \frac{\partial}{\partial \nu_y} u_i(y,-\theta) - u_i(y,-\theta) \frac{\partial}{\partial \nu_y} u_i(y,-\hat{x}) \right\} dS_y.$$

また，$\triangle u_s + k^2 u_s = 0$ in B_ρ^c であるから，領域 B_ρ^c でグリーンの定理を適用すると，

$$0 = \int_{\partial B_\rho} \left\{ u_s(y,\hat{x}) \frac{\partial}{\partial \nu_y} u_s(y,-\theta) - u_s(y,-\theta) \frac{\partial}{\partial \nu_y} u_s(y,-\hat{x}) \right\} dS_y.$$

以上より，$u = u_s + u_i$ であるから

$$u_\infty(\hat{x},\theta) - u_\infty(-\theta,-\hat{x})$$
$$= \gamma_d \int_{\partial B_\rho} \left\{ u(y;\theta) \frac{\partial}{\partial \nu_y} u(y,-\hat{x}) - u(y,-\hat{x}) \frac{\partial}{\partial \nu_y} u(y,\theta) \right\} dS_y \quad (3.17)$$

となる．この右辺がゼロになることを示せばよい．そこで，$\phi(x) \in C_0^\infty(\mathbb{R}^d)$ を

$$\phi(r) = \begin{cases} 1 & (0 \leq |x| \leq \sqrt{\rho} \text{ のとき}) \\ 0 < \phi(r) < 1 & (\rho < |x| < \rho^* \text{ のとき}) \\ 0 & (\rho^* \leq |x| \text{ のとき}) \end{cases}$$

として，$(\triangle + k^2)u(y,\theta) = k^2 u(y,\theta)$ の両辺に $\phi(y)u(y,-\hat{x})$ を乗じて，部分積分すると

$$\int_{B_\rho} \left\{ \nabla u(y,\theta) \nabla(\phi(y)u(y,-\hat{x})) \right\} dy$$
$$+ \int_{\rho<|y|<\rho^*} \left\{ \nabla u(y,\theta) \nabla(\phi(y)u(y,-\hat{x})) \right\} dy$$
$$= k^2 \int_{\mathbb{R}^d} a(y)u(y,\theta)\phi(y)u(y,-\hat{x}) dy$$

となる．$u(y,\theta)$ と $u(y,-\hat{x})$ を入れ換えると

$$\int_{B_\rho} \{\nabla u(y, -\hat{x})\nabla(\phi(y)u(y,\theta))\} dy$$
$$+ \int_{\rho<|y|<\rho^*} \{\nabla u(y, -\hat{x})\nabla(\phi(y)u(y,\theta))\} dy$$
$$= k^2 \int_{\mathbb{R}^d} a(y)u(y,-\hat{x})\phi(y)u(y,\theta) dy.$$

この 2 つの等式の辺々を差し引くと

$$\int_{\rho<|y|<\rho^*} \{\nabla u(y,\theta)\nabla(\phi(y)u(y,-\hat{x})) - \nabla u(y,-\hat{x})\nabla(\phi(y)u(y,\theta))\} dy = 0$$

となる.グリーンの公式を用いると

$$\int_{\rho<|y|<\rho^*} \phi(y)u(y,\theta)\triangle u(y,-\hat{x}) dy + \int_{\partial B_\rho} u(y,\theta)\frac{\partial}{\partial \nu_y} u(y,-\hat{x}) dS_y$$
$$- \int_{\rho<|y|<\rho^*} \phi(y)u(y,-\hat{x})\triangle u(y,\theta) dy - \int_{\partial B_\rho} u(y,-\hat{x})\frac{\partial}{\partial \nu_y} u(y,\theta) dS_y = 0.$$

よって,

$$\int_{\partial B_\rho} \left\{ u(y;\theta)\frac{\partial}{\partial \nu_y} u(y,-\hat{x}) - u(y,-\hat{x})\frac{\partial}{\partial \nu_y} u(y,\theta) \right\} dS_y = 0$$

となる.証明終わり.

3.3 逆 問 題

3.3.1 線形逆問題

逆問題は入射波を与えて,入射方向 θ における遠方場パターン $u_\infty(\hat{x})$ を測定し,それから屈折率 $n(x) = 1 - a(x)$ を求める問題である.

すべての方向 θ とすべての波数 k について測定できれば,(3.13) によって,遠方場パターンをフーリエ逆変換すれば $a(x)$ が求められる.しかし,実際には,$x \cdot \theta > 0$ 方向の x に関する測定か,$x \cdot \theta < 0$ 方向の x に関する測定のいずれか一方のみが可能な場合が多い.

$x \cdot \theta > 0$ 方向の x に関する測定が可能な場合を考えよう.簡単のため,$d = 2$ の場合を考える.$\xi = k(\hat{x} - \theta)$ とすると,ξ は $\hat{x}$ を $\hat{x} \cdot \theta > 0$ を満たすように

動かすと，原点を通り $k\theta$ を中心とする半径 k で θ 軸に対称な半円を描く．そこで，θ を単位円上を動かすと，ξ は原点を中心，半径 $\sqrt{2}k$ の円の内部を埋め尽くす．すなわち，k を固定したとき，$|\xi| \le \sqrt{2}k$ となる ξ に対して，$\hat{a}(\xi)$ の値を得ることができる．一般の d についても同様である．

したがって，この測定値から再構成できるのは，$a(x)$ のローパスフィルターであり，解の一意性はない．高周波部分の情報は，散乱波 u_s に含まれているが，u_s は $|x|^{-1}$ よりずっと早く減衰する．高周波部分を考慮して，遠方場パターンを定義するためには，$k \to \infty$ のときは，$|x|^{-2}$ 以上の項も無視できなくなるので，方程式 (3.6) に戻って，

$$u_\infty(\hat{x}) = -\gamma_d \int_{B_\rho} e^{-ik\hat{x}\cdot y} a(y) u(y) dy$$

と定義して解析しなければならない．したがって，非線形の逆問題となる．これについては，あとで議論する．

遠方場パターンを (3.12), (3.13) で定義したときの再構成公式を求めよう．この場合は，$|\xi| \le \sqrt{2}k$ の部分しか再構成できないのだから $\{\xi : |\xi| \le \sqrt{2}k\}$ の特性関数を $\chi_{\sqrt{2}k}(\xi)$ として，

$$a(x) = (\mathscr{F}^{-1} \chi_{\sqrt{2}k} \mathscr{F})[a](x)$$

と仮定する．

$d = 2$ の場合を考察しよう．まず，逆フーリエ変換公式より

$$a(x) = \frac{1}{(2\pi)^2} \iint_{\mathbb{R}^2} e^{ix\cdot \xi} \hat{a}(\xi) d\xi$$

$$= \frac{k}{(2\pi)^2} \int_0^{2\pi} \int_0^{\sqrt{2}} e^{ik\rho x\cdot \theta} \hat{a}(k\rho\theta) \rho d\rho d\theta$$

となる．θ が単位円を動くとき，円盤 $|\xi| < \sqrt{2}k$ は $\hat{x}$ の動きで 2 重に覆われる．一回は $\hat{x}\cdot\theta^\perp > 0$ で，もう一回は $\hat{x}\cdot\theta^\perp < 0$ となる点に対してである．ただし，$\theta^\perp$ は θ に直交する単位ベクトルである．したがって，$\hat{x}\cdot\theta^\perp > 0$ の場合を考えれば十分である．そこで，θ を固定したとき，パラメータ ϕ で

$$\hat{x}(\phi, \theta) = (\cos\phi)\theta + (\sin\phi)\theta^\perp, \quad 0 \le \phi \le \frac{\pi}{2}$$

と表すと

$$\hat{a}(k(\hat{x} - \theta)) = \hat{a}(k\rho(\phi)R(\phi)\theta)$$
$$R(\phi)\theta = \frac{\cos\phi - 1}{\rho(\phi)}\theta + \frac{\sin\phi}{\rho(\phi)}\theta^\perp$$
$$\rho(\phi) = \sqrt{2(1 - \cos\theta)}$$

となる．ところで，

$$a(x) = \frac{k}{(2\pi)^2} \int_0^{2\pi} \int_0^{\pi/2} e^{ik\rho(\phi)x\cdot\theta} \hat{a}(k\rho(\phi)\theta)\rho(\phi)\frac{d\rho(\phi)}{d\phi} d\phi d\theta$$
$$= \frac{k}{(2\pi)^2} \int_0^{2\pi} \int_0^{\pi/2} e^{ik\rho(\phi)x\cdot R(\phi)\theta} \hat{a}(k\rho(\phi)R(\phi)\theta)\frac{1}{2}\frac{d\rho^2(\phi)}{d\phi} d\phi d\theta$$

だから，求める再構成公式は

$$a(x) = \frac{k}{(2\pi)^2} \int_0^{2\pi} \int_0^{\pi/2} e^{ik\rho(\phi)x\cdot R(\phi)\theta} \hat{a}(k(\hat{x}(\phi,\theta) - \theta))\sin\phi d\phi d\theta$$

である．

3.3.2 非線形逆問題

屈折率 $n(x) = 1 - a(x)$ と，波数 k, 入射方向 θ が与えられたとき，問題 (3.3), (3.4) の解 $u_s = u_s(x, \theta)$ は一意的に存在する．入射波は $u_i(x, \theta) = e^{i\theta\cdot x}$ である．このとき，一般な遠方場パターンは

$$u_\infty(\hat{x}, \theta) = -\gamma_d \int_{B_\rho} e^{-ik\hat{x}\cdot y} a(y) u(y, \theta) dy, \quad \hat{x} \in \mathbb{S}^{d-1} \tag{3.18}$$

$$u(x, \theta) = u_s(x, \theta) + u_i(x, \theta) \tag{3.19}$$

で与えられる．そこで，作用素 $F : C_0^1(B_\rho) \to L^2(\mathbb{S}^{d-1} \times \mathbb{S}^{d-1})$ を

$$F[a](\hat{x}, \theta) = u_\infty(\hat{x}, \theta), \quad \hat{x}, \theta \in \mathbb{S}^{d-1} \tag{3.20}$$

で定義する．u_∞ の定義式の中には，$a(x)$ と $u(x, \theta)$ が含まれていて，$u(x, \theta)$ は $a(x)$ に依存しているので，F は a に関して非線形である．F が一対一であることを示そう (コルトン・クレス[30]を参照).

定理 3.4 $d \geq 2$ とする. $a_i \in C(\mathbb{R}^n)$ $(i=1,2)$ で, supp $a_i \subset B_\rho$ $(i=1,2)$ とする. このとき
$$F[a_1](\hat{x}, \theta) = F[a_2](\hat{x}, \theta), \quad \forall \hat{x}, \theta \in \mathbb{S}^{d-1}$$
ならば, $a_1 = a_2$ である.

この定理の証明には, レリッヒ (Rellich) による次の補題が本質的である.

補題 3.4 (レリッヒ) Ω を有界な単連結領域とする. $u \in C^2(\mathbb{R}^d \backslash \overline{\Omega})$ をヘルムホルツ方程式 $(\triangle + k^2)u = 0$ の解とする. このとき
$$\lim_{r \to \infty} \int_{|x|=r} |u|^2 dS = 0$$
ならば, $\overline{\Omega}^c = \mathbb{R}^d \backslash \overline{\Omega}$ で $u = 0$ である.

[証明] $m = 0, 1, \cdots, h_n$ $n = 0, 1, 2, \cdots$, とする. ただし,
$$h_n = (2n+d-2)(d+n-3)!/n!(d-2)!$$
とする. $\{Y_n^m\}$ を次数 m の球面調和関数 Y_n^m のなす $L^2(\mathbb{S}^{d-1})$ の正規直交基底とする. Ω を含む球 $|x| \geq R$ の外で, $u(x) = u(r\hat{x}), r = |x|$ を球面調和関数で展開すると
$$u(r\hat{x}) = \sum_{n=0}^{\infty} \sum_{m=0}^{h_n} u_{m.n}(r) Y_n^m(\hat{x})$$
となる. ここで,
$$u_{m.n}(r) = \int_{\mathbb{S}^{d-1}} u(r\hat{x}) Y_n^m(\hat{x}) dS, \quad r \geq R.$$
パーセヴァルの等式より
$$\int_{|x|=r} |u(x)|^2 dS = r^{d-1} \sum_{n=0}^{\infty} \sum_{m=0}^{h_n} |u_{m.n}(r)|^2, \quad r \geq R$$
となる. よって, 仮定より
$$\lim_{r \to \infty} r^{d-1} \sum_{n=0}^{\infty} \sum_{m=0}^{h_n} |u_{m.n}(r)|^2 = 0.$$

これより，
$$\lim_{r\to\infty} r^{d-1}|u_{m.n}(r)|^2 = 0$$
が従う．ところで，ラプラス作用素を極座標で表すと
$$\triangle = \triangle_r + \frac{1}{r^2}\triangle_S, \quad \triangle_r = \frac{\partial^2}{\partial r^2} + \frac{d-1}{r}\frac{\partial}{\partial r}$$
となる．ただし，$\triangle_S$ は球面上のラプラス作用素で，球面調和関数に対して
$$\triangle_S Y_n^m = -m(m+d-2)Y_n^m$$
が成り立つ．u はヘルムホルツ方程式の解であるから，
$$\begin{aligned}
\triangle_r u_{m.n}(r) &= \int_{\mathbb{S}^{d-1}} \triangle_r u(r\hat{x}) Y_n^m(\hat{x}) dS \\
&= \int_{\mathbb{S}^{d-1}} \left\{\left(\triangle - \frac{1}{r^2}\triangle_S\right) u(r\hat{x})\right\} Y_n^m(\hat{x}) dS \\
&= -\frac{1}{r^2}\int_{\mathbb{S}^{d-1}} u(r\hat{x})\triangle_S Y_n^m(\hat{x}) dS - k^2 u_{m.n}(r) \\
&= \frac{m(m+d-2)}{r^2} u_{m.n}(r) - k^2 u_{m.n}(r)
\end{aligned}$$
となる．よって，$r > R$ において $u_{m.n}(r)$ は変形ベッセルの微分方程式
$$y_{rr} + \frac{1}{r}y_r + \left(k^2 - \frac{m(m+d-2)}{r^2}\right)y = 0 \tag{3.21}$$
の解である．よって，次の補題 3.5 より，任意の n, m に対して $u_{m.n}(r) \equiv 0$ が成立し，$|x| \geq R$ において $u = 0$ である．同次ヘルムホルツの解 u が $u \in C^2(\mathbb{R}^d \setminus \overline{\Omega})$ ならば，u は解析的であるから，$\mathbb{R}^d \setminus \overline{\Omega}$ において，$u = 0$ である．証明終わり．

補題 3.5 y を変形ベッセル方程式 (3.21) の解とする．
$$\lim_{r\to\infty} r^{d-1}|y(r)|^2 = 0 \tag{3.22}$$
ならば，$y \equiv 0$ である．

[証明] $z(r) = (r)^{(d-2)/2} y(r)$ とおくと,$z(r/k)$ は次数 $\nu = n + (d-2)/2$ のベッセル方程式

$$z_r + \frac{1}{r} z_r + \left(1 - \frac{\nu^2}{r^2}\right) z = 0$$

を満たす.よって,ある定数 $c_1, c_2 \in \mathbb{R}$ が存在して

$$z(r) = c_1 J_\nu(kr) + c_2 N_\nu(kr) \tag{3.23}$$

と表される.ただし,J_ν は ν 次のベッセル関数,N_ν は ν 次のノイマン関数である.$r \to \infty$ におけるベッセル関数とノイマン関数の漸近形を考えると

$$r^{(d-1)/2} y(r) = c_1 r^{1/2} J_\nu(kr) + c_2 r^{1/2} N_\nu(kr)$$
$$= c_1 \cos kr + c_2 \sin kr + O(r^{-3/2})$$

となる ([49] 参照).よって,(3.22) より $c_1 = c_2 = 0$ が従う.証明終わり.

補題 3.6 Ω を有界な単連結領域とする.$u \in C^2(\mathbb{R}^d \backslash \overline{\Omega})$ をヘルムホルツ方程式 $(\triangle + k^2) u = 0$ の解で,ゾンマーフェルトの放射条件 (3.2) を満たしているとする.このとき,遠方場パターン $u_\infty : \mathbb{S}^{d-1} \to \mathbb{C}$ が存在して

$$u(x) = \gamma_d k^{(d-1)/2} \frac{e^{ik|x|}}{|x|^{d-1/2}} u_\infty(\hat{x}) + o(|x|^{-(d-1)/2}) \tag{3.24}$$

となる.ただし,

$$u_\infty(\hat{x}) = \int_{\partial \Omega} \left\{ u(y) \frac{\partial}{\partial \nu_y} e^{-ik\hat{x} \cdot y} - e^{-ik\hat{x} \cdot y} \frac{\partial}{\partial \nu_y} u(y) \right\} dS_y. \tag{3.25}$$

証明は,(3.12) の導出の議論と,補題 3.3 の証明とほぼ同様であるから割愛する.

補題 3.7 $u \in C^2(\mathbb{R}^d \backslash \overline{\Omega})$ をヘルムホルツ方程式 $(\triangle + k^2) u = 0$ の解で,ゾンマーフェルトの放射条件 (3.2) を満たしているとする.もし,その遠方場パターン $u_\infty = 0$ ならば,外部領域 $\mathbb{R}^d \backslash \overline{\Omega}$ で $u = 0$ である.

[証明] 遠方場パターンの定義 (3.24) より

$$\lim_{r\to\infty}\int_{|x|=r}|u|^2 dS = 0$$

であるから，補題 3.4 より，$u = 0$ が従う．証明終わり．

$a \in C(\mathbb{R}^d)$ とし，supp $a \subset B_\rho$ とする．$u(x, \theta) = e^{i\theta\cdot x} + u_s(x, \theta)$ をリップマン・シュヴィンガー方程式 (3.5) の解とする．$\{u(x,\theta), \theta \in \mathbb{S}^{d-1}\}$ で張られる線形空間を span$\{u(x,\theta), \theta \in \mathbb{S}^{d-1}\}$ で表す．また，$\tilde{\rho} > \rho$ に対して，次の集合を定義する．

$$H = \big\{v \in H^1(B_{\tilde{\rho}}) :$$
$$\int (\nabla v \cdot \nabla \varphi - k^2(1-a(x))v(x)\varphi(x))dx = 0, \quad \forall \varphi \in H_0^1(B_{\tilde{\rho}})\big\}.$$

このとき，次の補題が成り立つ．

補題 3.8 span$\{u(x,\theta), \theta \in \mathbb{S}^{d-1}\}$ の $L^2(B_\rho)$ に関する閉包は，$H\big|_{B_\rho}$ の $L^2(B_\rho)$ に関する閉包 $\overline{H\big|_{B_\rho}}$ である．ただし，$H\big|_{B_\rho} = \{v\big|_{B_\rho} : v \in H\}$．

[証明] $u_i(x, \theta) = e^{i\theta\cdot x}$ とする．$v \in \overline{H\big|_{B_\rho}}$ を

$$(v, u_i(\cdot,\theta))_{L^2(B_\rho)} = \int_{B_\rho} v(x)\overline{u_i(x,\theta)}dx = 0, \quad \forall \theta \in \mathbb{S}^{d-1}$$

となるものとする．リップマン・シュヴィンガー方程式 (3.5) より $u = (I-A)^{-1}u_i$ であるから，

$$0 = (v, (I-A)^{-1}u_i(\cdot,\theta))_{L^2(B_\rho)}$$
$$= ((I-A^*)^{-1}v, u_i(\cdot,\theta))_{L^2(B_\rho)}, \quad \forall \theta \in \mathbb{S}^{d-1}$$

である．$w = (I-A^*)^{-1}v$ とおくと，$w \in L^2(B_\rho)$ は

$$v(x) = (I-A^*)w(x) = w(x) + k^2 a(x)\int_{B_\rho}\overline{\Phi(x,y)}w(y)dy, \quad x \in B_\rho$$

を満たす．そこで，

$$\tilde{w}(x) = \int_{B_\rho} \Phi(x,y)\overline{w(y)}dy, \quad x \in \mathbb{R}^d$$

とおくと，補題 3.1 より，$\tilde{w} \in H^1_{\text{loc}}(\mathbb{R}^d)$ で有界な台を持つ任意の $\varphi \in H^1(\mathbb{R}^d)$ に対して

$$\int_{\mathbb{R}^d} (\nabla \tilde{w} \cdot \nabla \varphi - k^2 \tilde{w} \varphi) dx = \int_{B_\rho} \overline{w} \varphi dx \tag{3.26}$$

が成り立つ．このとき，$\tilde{w}(x)$ の遠方場パターンが

$$\tilde{w}(x) = \frac{e^{ik|x|}}{|x|^{(d-1)/2}} \tilde{w}_\infty(\hat{x}) + o(|x|^{-(d-1)/2})$$

と定義できて

$$\tilde{w}_\infty(\hat{x}) = \gamma_d k^{(d-1)/2} \int_{B_\rho} \overline{w(y)} e^{iky \cdot \theta} dy$$
$$= \gamma_d k^{(d-1)/2} \overline{(w, u_i(\cdot, \theta))}_{L^2(B_\rho)} = 0$$

となる．B_ρ の外では，$\tilde{w}$ はヘルムホルツ方程式 $(\triangle + k^2)u = 0$ の解で，ゾンマーフェルトの放射条件 (3.2) を満たしていることを示せるから，補題 3.7 より，$\tilde{w}(x) = 0, \forall x \in \mathbb{R}^d \backslash \overline{B_\rho}$ である．

さて，定義より $\|v_j - v\|_{L^2(B_\rho)} \to 0$ となる点列 $v_j \in H$ が存在する．このとき，

$$\int_{B_\rho} \overline{v(x)} v_j(x) dx = \int_{B_\rho} \overline{w(x)} v_j(x) dx + k^2 \int_{B_\rho} a(x) \tilde{w}(x) v_j(x) dx \tag{3.27}$$

が成り立つ．ところで，$v_j \in H$ であるから

$$\int (\nabla v_j \cdot \nabla \varphi - k^2 (1 - a(x)) v_j(x) \varphi(x)) dx = 0, \quad \forall \varphi \in H^1_0(B_{\tilde{\rho}})$$

となる．$\tilde{w}(x) = 0, \forall x \in \mathbb{R}^d \backslash \overline{B_\rho}$ だから，$\varphi = \tilde{w}$ ととることができて

$$\int (\nabla v_j \cdot \nabla \tilde{w} - k^2 (1 - a(x)) v_j(x) \tilde{w}(x)) dx = 0 \tag{3.28}$$

となる．また，(3.26) において，$\varphi = v_j$ ととることができて

$$\int_{B_\rho} (\nabla \tilde{w} \cdot \nabla v_j - k^2 \tilde{w} v_j) dx = \int_{B_\rho} \overline{w} v_j dx \tag{3.29}$$

となる．(3.28) と (3.29) より

$$k^2 \int_{B_\rho} a(x) v_j(x) \tilde{w}(x) dx = -\int_{B_\rho} \overline{w}(x) v_j(x) dx$$

を得る．これと，(3.27) より
$$\int_{B_\rho} \overline{v(x)} v_j(x) dx = 0, \quad \forall j.$$
$j \to \infty$ とすれば，$v = 0$ が得られる．証明終わり．

補題 3.9 $d \geq 3$ とする．$\tilde{\rho} > \rho > 0$ とし，$a \in L^\infty(\mathbb{R}^d)$ かつ supp $a \subset B_\rho$ とする．$z \in \mathbb{C}^d$ を $z \cdot z = 0$ かつ $|\mathrm{Re} z| \geq 2k^2 \|(1-a)\|_{L^\infty}$ となる任意の複素 d ベクトルとすると，

$$\triangle v(x) + k^2 v(x) = k^2 a(x) v(x), \quad x \in B_{\tilde{\rho}} \tag{3.30}$$

の解 $v \in C^2(B_{\tilde{\rho}})$ で

$$v(x) = e^{z \cdot x}(1 + w(x, z)), \tag{3.31}$$

$$\|w\|_{L^2(B_{\tilde{\rho}})} \leq \frac{C}{|\mathrm{Re} z|} \tag{3.32}$$

となるものが存在する．ここで，C は正定数である．

[証明] 一般性を失うことなく，$\overline{B_{\tilde{\rho}}}$ は立方体 $Q = [-\pi, \pi]^d \subset \mathbb{R}^d$ に含まれているとしてよい．

$v = v(x) = e^{z \cdot x}(1 + w(x, z))$ を (3.30) に代入すると，$w(x, z)$ の満たすべき方程式は

$$\triangle w + 2z \cdot \nabla w = -k^2(1-a)(1+w) \tag{3.33}$$

となる．$U : \mathbb{R}^d \to \mathbb{R}^d$ を直交行列とし，$\tilde{w}(x, \zeta) = w(Ux, U^{-1}\zeta)$ とおくと

$$\triangle \tilde{w} + 2\zeta \cdot \nabla \tilde{w} = -k^2(1 - a(U^{-1}x))(1 + \tilde{w}) \tag{3.34}$$

を満たす．さて，$z \cdot z = 0$ より，$|\mathrm{Re} z| = |\mathrm{Im} z|$，$\mathrm{Re} z \cdot \mathrm{Im} z = 0$ だから，$\mathbb{R}^d$ の直交行列 U を適当に選んで，

$$U\mathrm{Re} z = (|\mathrm{Re} z|, 0, 0, \cdots, 0), \quad U\mathrm{Im} z = (0, |\mathrm{Im} z|, 0, \cdots, 0)$$

とできる．このとき，$\zeta = t(1, i, 0, \cdots, 0)$，$t = |\mathrm{Re} z|$，である．さらに，$u(x, \zeta) = e^{-ix_1/2}\tilde{w}(x, \zeta)$ とおくと，(3.34) より

$$\triangle u + (i+2t)\frac{\partial u}{\partial x_1} + 2it\frac{\partial}{\partial x_2}u - \left(\frac{1}{4} - it\right)u$$
$$= -k^2(1 - a(U^{-1}x))(e^{-ix_1/2} + u) \tag{3.35}$$

を得る．(3.35) の解 u は Q 上で定義されていて，2π 周期関数であるとする．

$$e_\alpha(x) = \frac{1}{(2\pi)^{d/2}} e^{i\alpha \cdot x}, \quad \alpha \in \mathbb{Z}^d$$

は，$L^2(Q)$ で完備正規直交座標系である．$f \in L^2(Q)$ のフーリエ係数を $\mathscr{F}[f](\alpha) = \hat{f}_\alpha$ とする．(3.35) の両辺を形式的にフーリエ展開すると

$$\left(|\alpha|^2 + \alpha_1 - 2ti\alpha_1 + 2t\alpha_2 + \frac{1}{4} - ti\right)\hat{u}_\alpha$$
$$= k^2 \mathscr{F}[(1 - a(U^{-1}x))(e^{-ix_1/2} + vu)](\alpha)$$

となるから，

$$u + k^2 G_t[(1 - a(U^{-1}x))u] = k^2 G_t[(1 - a(U^{-1}x))e^{-ix_1/2}] \tag{3.36}$$

を得る．ただし，

$$G_t[f] = \sum_{\alpha \in \mathbb{Z}^d} \frac{1}{p(\alpha)} \hat{f}(\alpha) e_\alpha,$$
$$p(\alpha) = |\alpha|^2 + \alpha_1 - 2ti\alpha_1 + 2t\alpha_2 + \frac{1}{4} - ti.$$

任意の $\alpha \in \mathbb{Z}^d$ に対して

$$|p(\alpha)| \geq |\operatorname{Im} p(\alpha)| = t|2\alpha_1 + 1| \geq t$$

であるから，パーセバルの等式より

$$\|G_t[f]\|_{L^2(Q)} \leq \frac{1}{t}\|f\|_{L^2(Q)}$$

を得る．さらに，定数 $C_t > 0$ が存在して

$$\frac{1 + |\alpha|^4}{|p(\alpha)|^2} \leq C_t$$

が成り立つから，G_t は $L^2(Q)$ から $H^2(Q)$ への有界作用素で，

$$\triangle G_t[f] + (i+2t)\frac{\partial}{\partial x_1} G_t[f] + 2it\frac{\partial}{\partial x_2} G_t[f] - \left(-\frac{1}{4} - it\right) G_t[f] = f$$

が，$L^2(Q)$ の意味で成立する．

式 (3.36) の解はノイマン級数によって与えられる．実際，仮定より $|\mathrm{Re}\,z| \geq 2k^2\|(1-a)\|_{L^\infty}$ であるから

$$k^2 \|G_t[(1-a(U^{-1}x))u]\|_{L^2(\Omega)}$$
$$\leq \frac{k^2}{|\mathrm{Re}\,z|}\|(1-a)\|_{L^\infty(\Omega)}\|u\|_{L^2(\Omega)} \leq \frac{1}{2}$$

となる．よって

$$L_t : u \mapsto G_t[(1-a(U^{-1}x))u]$$

は $L^2(\Omega)$ 上の有界線形作用素で，

$$(I - L_t)^{-1} = \sum_{n=0}^\infty L_t^n$$

は $\mathscr{L}(L^2(\Omega))$ で収束して，(3.36) の解 u は

$$u = (I - L_t)^{-1} L_t e^{-ix_1/2}$$

で与えられて

$$\|u\|_{L^2(Q)} \leq \frac{\|L_t\|}{1 - \|L_t\|} \|e^{-ix_1/2}\|_{L^2(Q)} \leq 2\|L_t\|\|e^{-ix_1/2}\|_{L^2(Q)} \leq \frac{C}{|\mathrm{Re}\,z|}$$

となる．G_t は $L^2(Q)$ から $H^2(Q)$ への有界作用素だから，(3.36) より，$u \in H^2(Q)$ である．

$w(x,z) = \tilde{w}(U^{-1}x, Uz) = e^{itx_1} u(U^{-1}x, Uz)$ だから，$w \in H^2(Q)$ で，式 (3.33) を $L^2(Q)$ の意味で満たし，

$$\|w\|_{L^2(Q)} \leq \frac{C}{|\mathrm{Re}\,z|}$$

が成り立つ．証明終わり．

補題 3.10 $a_i \in C(\mathbb{R}^n)$ $(i=1,2)$ で,supp $a_i \subset B_\rho$ $(i=1,2)$ とする.$\tilde{\rho} > \rho$ とし,$j=1,2$ として,$v_j \in H^1(B_{\tilde{\rho}})$ を $B_{\tilde{\rho}}$ における $\triangle v_j + k^2 v_j = k^2 a_j(x) v_j$ の解とする.このとき

$$F[a_1](\hat{x}, \theta) = F[a_2](\hat{x}, \theta), \quad \forall \hat{x}, \theta \in \mathbb{S}^{d-1}$$

ならば,

$$\int_{B_\rho} v_1(x) v_2(x)(a_1(x) - a_2(x)) dx = 0 \tag{3.37}$$

となる.

[証明] v_1 を $B_{\tilde{\rho}}$ における $\triangle v_1 + k^2 v_1 = k^2 a_1(x) v_1$ の解とする.補題 3.8 により,$v_2 = u_2(x,\theta)$,$\theta \in \mathbb{S}^{d-1}$ に対して,(3.37) を示せばよい.そこで $u(x,\theta) = u_1(x,\theta) - u_2(x,\theta)$ とおく.仮定より,$u_\infty(\hat{x},\theta) = F[a_1](x,\theta) - F[a_2](x,\theta) = 0$ であるから,補題 3.7 より,$\overline{B_\rho}$ の外で $u = 0$ である.さらに,u は

$$\triangle u + k^2(1 - a_1)u = k^2(a_2 - a_1)u_2 = k^2(a_2 - a_1)v_2$$

を満たす.すなわち,任意のコンパクトな台を持つ $\varphi \in H^1(\mathbb{R}^d)$ に対して

$$\int_{\mathbb{R}^d} (\nabla u \cdot \nabla \varphi - k^2(1 - a_1)u\varphi) dx = -k^2 \int_{B_\rho} (a_2 - a_1) v_2 \varphi dx$$

が成り立つ.そこで,コンパクトな台を持つ $\phi \in C^\infty$ で B_ρ 上恒等的に 1 となる関数をとり,$\varphi = \phi v_1$ とおくと supp $u \subset \overline{B_\rho}$ だから

$$k^2 \int_{B_\rho} (a_1 - a_2) v_1 v_2 dx = \int_{B_\rho} (\nabla u \cdot \nabla v_1 - k^2(1 - a_1)u v_1) dx = 0$$

となる.証明終わり.

以上の準備の下で,定理 3.4 を証明しよう.前章のカルデロン問題の一意性の証明と同様に,$d \geq 3$ の論法は $d = 2$ では成り立たない.この場合は,カルデロン問題と同様に,ブッフゲイムの手法が有用である.

[定理 3.4 の証明]

(1) $d \geq 3$ の場合: 補題 3.9 より,ヘルムホルツ方程式

$$\triangle v_j + k^2 v_j = k^2 a_j(x) v_j$$

の解で,十分大きな $|\mathrm{Re}\, z_j|(j=1,2,\cdots)$ に対して,

$$v_j(x) = e^{z_j \cdot x}(1+w_j(x)), \quad \|w_j\|_{L^2(B_{\tilde{\rho}})} \leq \frac{C}{|\mathrm{Re}\, z_j|} \quad j=1,2$$

となるものが存在する.(3.37) において上記の解をとると

$$\int_{B_\rho} (a_1 - a_2) e^{(z_1+z_2) \cdot x}(1+w_1)(1+w_2) dx = 0 \tag{3.38}$$

となる.

任意のベクトル $y \in \mathbb{R}^d \setminus \{0\}$ と任意の正数 s をとる.単位ベクトル $a \in \mathbb{R}^d$ とベクトル $b^k \in \mathbb{R}^d$ $(k=1,2,\cdots,d-2)$ を, $\{y,a,b^1,\cdots,b^{d-2}\}$ が $\mathbb{R}^d$ の直交系で, $|a|=1$ かつ $\sum_{k=1}^{d-2}|b^k|^2 = |y|^2 + s^2$ となるように選び

$$z_1 = \frac{1}{2}\sum_{k=1}^{d-2} b^k - \frac{i}{2}(y+sa), \quad z_2 = -\frac{1}{2}\sum_{k=1}^{d-2} b^k - \frac{i}{2}(y-sa)$$

とおくと,

$$z_j \cdot z_j = \frac{1}{4}\sum_{k=1}^{d-2}|b^k|^2 - \frac{1}{4}(|y|^2+s^2) = 0$$

かつ,

$$|z_j|^2 = \frac{1}{4}\sum_{k=1}^{d-2}|b^k|^2 + \frac{1}{4}(|y|^2+s^2) \geq \frac{1}{2}s^2$$

である.さらに, $z_1 + z_2 = -iy$ であるから (3.38) より

$$\int_{B_\rho} e^{-iy \cdot x}(a_1 - a_2)(1+w_1)(1+w_2) dx = 0$$

が成り立ち, $s \to \infty$ とすれば, $s \leq \frac{1}{2}|\mathrm{Re}\, z_j| \to \infty$ だから

$$\int_{B_\rho} e^{-iy \cdot x}(a_1 - a_2) dx = 0, \quad \forall y \in \mathbb{R}^d$$

を得る.したがってフーリエ変換の一意性より, $a_1 - a_2 = 0$ となる.証明終わり.

(2) $d=2$ の場合： $z=(x,y)=x+iy$ として，$z_0 = x_0 + iy_0$ を任意に固定する．$n_i(x) = 1 - a_i(x) \in L^\infty(B_{\tilde\rho})$, $\tilde\rho > \rho$, $(i=1,2)$ であるから，補題 2.5 より，ヘルムホルツ方程式

$$\triangle u_j + k^2 u_j = k^2 a_j(x) u_j, \quad j=1,2$$

の解 $u_j \in H^{1,p}(B_{\tilde\rho})$ で，任意の絶対値が十分大きな $\tau \in \mathbb{R}$ に対して，

$$u_j(z;\tau) = e^{i\tau(z^2 - z_0^2)}(1 + w_j(z)), \quad \|w_j\|_{L^p(B_{\tilde\rho})} \le \frac{C}{|\tau|^{1/3}} \quad j=1,2$$

となるものが存在する．ここで，$1 < p < \infty$ である．そこで，(3.37) において，$v_1(z) = u_1(z,\tau), v_2(z) = \overline{u_2(z,-\tau)}$ ととると

$$\int_{B_\rho} (a_1(z) - a_2(z)) e^{i\tau\varphi(z)} g(z,\tau) dx dy = 0,$$
$$\varphi(z) = 2\{(x-x_0)^2 - (y-y_0)^2\},$$
$$g(z,\tau) = 1 + w_1(z,\tau) + \overline{w_2(z,-\tau)} + w_1(z,\tau)\overline{w_2(z,-\tau)}$$

となる．よって，$d=2$ のときの定理 2.3 の証明と同様にして，

$$0 = \lim_{\tau \to \infty} \tau \int_{B_\rho} (a_1(z) - a_2(z)) e^{i\tau\varphi(z)} f(z,\tau) dx dy = \pi(a_1(z_0) - a_2(z_0))$$

が従う．z_0 は任意だから，$a_1 = a_2$ が成り立つ．証明終わり．

3.3.3　逆問題の解の近似解法

u_∞ を与えて，$F[a] = u_\infty$ を解く逆問題の数値解法を考える．F^{-1} は連続ではないので，$F[a] = u_\infty$ を解くのは非適切問題である．したがって，問題を平滑化して，平滑化した問題をニュートン型の反復法で解くことが一般的である．具体的アルゴリズムは後述の第 5 章の関数解析の枠組で与える解法の応用であるから，その詳細は省くが (例えば，レベンバーグ・マルカート (Levenberg Marquardt) 法

$$a_{n+1} = a_n + (\alpha_n + F'[a_n]^* F'[a_n])^{-1} F'[a_n]^* (u_\infty - F[a_n])$$

など),その際,写像 F のフレッシェ微分可能性が必要になるので,ここでは,それに関する定理のみを以下に与えよう.

定理 3.5 作用素 $G : C(B_\rho) \to C(B_\rho \times \mathbb{S}^{d-1})$ を

$$G[a](x,\theta) = u_s(x,\theta), \quad (x,t) \in B_\rho \times \mathbb{S}^{d-1}$$
$$D(G) = C_0^1(B_\rho)$$

によって定義すると,G は $D(G)$ 上フレッシェ微分可能で,$u' = G'[a]h, h \in D(G)$ は積分方程式

$$u' + k^2 V(au') = -k^2 V(hv), \quad a \in D(G)$$

を満たす.さらに,F もフレッシェ微分可能である.

[証明] a をかける作用素 M_a を

$$(M_a v)(x,\theta) = a(x)v(x,\theta), \quad (x,t) \in \mathbb{R}^d \times \mathbb{S}^{d-1}$$

と定義すると,$M_a \in \mathscr{L}(C(B_\rho \times \mathbb{S}^{d-1}))$ であり,写像

$$a \mapsto M_a, : D(G) \subset C(B_\rho) \to \mathscr{L}(C(B_\rho \times \mathbb{S}^{d-1}))$$

は,線形で有界だから,フレッシェ微分可能である.同様に

$$w \mapsto V_d w : C(B_\rho) \to C(B_\rho)$$

も有界線形だから,その合成写像 $V_d M_a$ もフレッシェ微分可能である.さらに,

$$I + k^2 V_d M_{a+h} = I + k^2 V_d M_a + k^2 V_d M_h$$

だから $T = I + k^2 V_d M_a, H = k^2 V_d M_h$ とおくと

$$(I + k^2 V_d M_{a+h})^{-1} = (T+H)^{-1} = T^{-1}(I + HT^{-1})$$
$$= T^{-1} - T^{-1}HT^{-1} + R$$
$$R = \sum_{j=2}^{\infty} T^{-1}(-HT^{-1})^j$$

と表され，$\|R\| = O(\|H\|^2) = O(\|h\|^2_{L^\infty(B_\rho)})$ だから $G[a] = (I + k^2 V_d M_a)^{-1}$ もフレッシェ微分可能で

$$(G'[a]h)u_i = -T^{-1}HT^{-1}$$
$$= -(I + k^2 V_d M_{[a]})^{-1} k^2 V_d M_h (I + k^2 V_d M_{[a]})^{-1} u_i$$

となる．よって，$u' = (G'[a]h)u_i$ とおくと

$$(I + k^2 V_d M_a)u' = -k^2 V_d M_h (I + k^2 V_d M_a)^{-1} u_i = -k^2 V_d M_h u$$

すなわち，

$$u' + k^2 V_d(au') = -k^2 V_d(hu)$$

となる．

作用素 $K : C(B_\rho) \to L^2(\mathbb{S}^{d-1})$ を

$$E(w)(\hat{x}) = -k^2 \gamma_d \int_{B_\rho} e^{-k\hat{y}} w(y))dy \qquad (3.39)$$

で定義すれば，E はフレッシェ微分可能で，さらに $F[a] = E(M_a G[a])$ であるから，F もフレッシェ微分可能となる．証明終わり．

第4章 ラプラス方程式のコーシー問題

心臓の電気的活動を，通常の心電図測定のように体の表面やあるいは心臓の内部にいれたプローブを通して間接的に計測できれば，それを医療診断に用いることが可能である．これを心電図法 (electrocardiography) と呼ぶ．いずれの場合もその数学的モデルを作ると，ラプラス方程式のコーシー問題を解くことになる．20世紀初頭，アダマールは，2次元ラプラス方程式に対する初期値問題の解が初期データに連続的に依存しない例を構成して，初期値問題の非適切性を指摘した．それにもかかわらず，心電図法のように，ラプラス方程式のコーシー問題に帰着される多くの応用例がある．この章では，可解性とその近似解法に関する変分法的アプローチ，ラテスとリオンス (Lattès-Lions[67]) によって提案された準可逆法 (quasireversibility)，および，準安定性を証明する際に有効な手段の1つである対数凸法の簡単な例を示す．

4.1 心 電 図 法

4.1.1 心外膜電位測定

体表面の電位を測定して，心外膜の電位を間接計測することを考える．電気変動が準静的(低周波)なとき，体組織や器官は，誘電率や透磁率は無視して電気伝導度だけを考慮した3次元の伝導体 (volume conductor) と見なしてよい．

簡単のため，肺と心臓を含む断面を考えて問題を2次元化し，肺と心臓だけを考える．断面を $\Omega \subset \mathbb{R}^2$ で表し，体表面に対応する外部の境界を $\partial\Omega$，肺の領域を L，その境界を ∂L，心臓の領域を Γ，その境界を $\partial \Gamma$ で表す．

肺と体組織の伝導度は異なるので，肺と組織の伝導度を定数と見なすと，電位 u の方程式は不連続な係数を持つ2階楕円型方程式になる．しかし簡単のた

めに，ここでは滑らかな変数係数と考える．体表面 $\partial\Omega$ では，外向き法線方向の電流密度 $J = \sigma\nabla u$ はゼロである．体表面の電位 u_0 を測定して，心臓の外膜である $\partial\Gamma$ における電位 $u|_{\partial\Gamma}$ を求める問題は，次のように記述される[81, 104]．

$$\nabla(\sigma\nabla u) = 0, \quad x \in \Omega\backslash\Gamma$$
$$u|_{\partial\Omega} = u_0,$$
$$n \cdot \sigma\nabla u|_{\partial\Omega} = 0.$$

ただし，$\sigma = \sigma(x,y)$ は伝導度で，2×2 正値対称行列とする．肺の存在を無視し，伝導度を定数とした数理モデルは，ラプラス方程式のコーシー問題になる．

4.1.2 心内膜電位測定

心内膜の電位を直接測定することは，外膜よりいっそう困難であり，間接的に測定することが必要である．その方途として，血管からプローブを心臓の内部に入れて，プローブ上の電位とそのときのプローブ内部法線電流密度を測定し，その測定結果から心臓内壁表面の電位を再構成する方法が考えられた．

この問題を数理モデル化すると次のようになる[57, 12]．心臓の領域を Ω_1 とし，心臓の表面を表す滑らかな閉曲面を Γ_1 とする．また，プローブの占める領域を Ω_2 とし，プローブの表面を表す滑らかな閉局面を Γ_2 とする．$\Omega_1\backslash\Omega_2$ における電位は次のラプラス方程式に対する境界値問題を解くことによって求められる．

$$\triangle u = 0, \quad x \in \Omega_1\backslash\Omega_2$$
$$u|_{\Gamma_2} = u_0,$$
$$\left.\frac{\partial u}{\partial n}\right|_{\Gamma_2} = q.$$

プローブ表面の電位 u_0，プローブの表面の内部法線方向の電流密度 q を与えて，上記問題の解より心内膜の電位 $u|_{\Gamma_1}$ を求めることが目的である．

これらの間接計測では，いずれもラプラス方程式に対するコーシー問題の解を求めることが必要になるが，以下に示すように，ラプラス方程式のコーシー問題は適切な問題ではなく，そのままでは解の安定性が得られない．したがっ

て，適切な解を求めるためには，何らかの正則化法が必要である．ラプラス方程式の解と存在と一意性については，次節で述べる．

心内膜電位測定の 2 次元問題が適切でないことを，問題をより単純化して示そう (心外膜電位測定に対応する問題でも同様に示せる)．すなわち，Γ_0 は滑らかな閉曲線で，それで囲まれた領域 $\Omega \subset \mathbb{R}^2$ の中に，滑らかな閉曲線 Γ_1 があるとする．2 次元平面では，リーマンの写像定理が使えて，考えている領域を円環に等角写像することができる．よって，次の問題を考えれば十分である．正確にいうと，リーマンの写像定理を適用するときに，非適切性が入り込まないことを確認する必要があるが，それは認めることにする．

$$\triangle u = 0, \quad \text{in } \{(x,y) : 1 \leq x^2 + y^2 \leq \rho^2\}$$
$$u = u_1, \quad \{(x,y) : x^2 + y^2 = 1\}$$
$$\frac{\partial u}{\partial n} = 0, \quad \text{in } \{(x,y) : x^2 + y^2 = 1\}.$$

極座標表示 $x = r\cos\theta, y = \sin\theta$ で書き直すと

$$\triangle u = \frac{1}{r}\frac{\partial}{\partial r}\left(r\frac{\partial u}{\partial r}\right) + \frac{1}{r^2}\frac{\partial^2}{\partial \theta^2} = 0, \quad 1 < r < \rho, \ 0 \leq \theta < 2\pi \tag{4.1}$$

$$u(1,\theta) = u_1(\theta), \quad 0 \leq \theta < 2\pi, \tag{4.2}$$

$$\frac{\partial u}{\partial r}(1,\theta) = 0, \quad 0 \leq \theta < 2\pi. \tag{4.3}$$

フーリエの方法を用いれば，(4.1) の一般解は

$$u(r,\theta) = a_0 + b_0 \log r + \sum_{n=1}^{\infty}\left(\frac{a_n}{2}r^n + \frac{b_n}{2}r^{-n}\right)e^{in\theta}$$

で与えられることが容易にわかる．よって，求める (4.1)〜(4.3) の解は，

$$u(r,\theta) = \sum_{n=0}^{\infty}\left(\frac{1}{2\pi}\int_0^{2\pi} e^{-ins}u_1(s)ds\right)\frac{r^n + r^{-n}}{2}e^{-in\theta} \tag{4.4}$$

となる．

u_1 を与えて $u(\rho,\cdot)$ を求める問題が非適切なことを，次の関数解析の枠組で示そう (これはバル (Ball[8]) による)．ソボレフ空間 $H^\alpha([0,2\pi]), (\alpha > 0)$ を考える．ノルムは

$$\|u\|_{H^\alpha} = \left(\sum_{n \in \mathbb{Z}} (1+|n|^2)^\alpha |\hat{u}|^2 \right)^{1/2}$$

である. $u_1 \in H^\alpha([0, 2\pi])$ とし

$$T : u_1 \mapsto Tu_1 = u(\rho, \cdot), \quad \rho > 0$$

を $H^\alpha([0, 2\pi])$ から $L^2([0, 2\pi])$ への線形作用素として考える.

定理 4.1 T は有界でない.

[証明] $u_1(\theta) = e^{in\theta}/n^{\alpha+1}$ とすると

$$\|u_1\|_{H^\alpha([0,2\pi])} = c \frac{(1+|n|^2)^{\alpha/2}}{n^{\alpha+1}} \to 0 \quad (n \to \infty)$$

である. ところで,

$$Tu_1(\theta) = u(\rho, \theta) = \frac{\rho^n + \rho^{-n}}{2n^{\alpha+1}} e^{in\theta}$$

であるから,

$$\|Tu_1\|_{L^2}^2 = \left(\frac{\rho^n + \rho^{-n}}{2n^{\alpha+1}} \right)^2 \to \infty \quad (n \to \infty)$$

証明終わり.

4.2 ラプラス方程式のコーシー問題

Ω_i ($i=1,2$) を滑らかな境界 $\partial \Omega_i$ ($i=1,2$) を持つ $\mathbb{R}^d (d=2,3)$ 内の有界な単連結領域で, $\overline{\Omega}_2 \subset \Omega_1$ とする. $\Omega = \Omega_1 \backslash \overline{\Omega}_2^c$ とする. Ω の境界は $\Gamma_1 = \partial \Omega_1$ と $\Gamma_2 = \partial \Omega_2$ の和集合である. ラプラス方程式のコーシー問題

$$-\triangle u(x) = f(x), \quad x \in \Omega \tag{4.5}$$

$$u\big|_{\Gamma_1} = u_0 \tag{4.6}$$

$$\frac{\partial u}{\partial n}\bigg|_{\Gamma_1} = q \tag{4.7}$$

を考える．ただし，f は Ω 上で定義された実数値関数，u_0, q は境界 Γ_1 上の実数値関数とする．この設定は，心外膜電位測定の数理モデル化である．心内幕電位測定では，ラプラス方程式のコーシー問題

$$-\triangle u(x) = f(x), \quad x \in \Omega$$

$$u\big|_{\Gamma_2} = u_0$$

$$\frac{\partial u}{\partial n}\bigg|_{\Gamma_2} = q$$

を考えることになる．また，Ω を有界な単連結領域とし，その境界 $\partial\Omega$ を $\Gamma_1, \Gamma_2, (\mathrm{mes}(\Gamma_i) > 0, i = 1, 2)$ に分割して，それらに対して上記の問題を考える設定も考えられる．いずれも同様に扱えるので，以後は最初の問題 (4.5)～(4.7) を考える．

4.2.1 一 意 性

よく知られているように楕円型方程式の解の一意接続問題とコーシー問題の解の一意性の問題は同等である．

境界 Γ_1 が解析的で解が C^2 級なときは，コーシー問題の解の一意性は 1901 年になされたホルムグレン (Holmgren) の一意接続定理を適用すれば示すことができる．さらにカルレマン (Carleman) 評価を用いれば，ソボレフ空間の枠組で一意性がいえる．これは，例えばイサコフ (Isakov[55]) の著書の中で述べられている．ここでは，その結果だけを述べる．イサコフ[55] の定理 3.3.1 をこの問題の場合に書き直すと次のようになる．

定理 4.2 $\overline{\Omega_\varepsilon} \subset \Omega \cup \Gamma_1$ となる任意の領域 Ω_ε に対して，コーシー問題 (4.5)～(4.7) の解は次の評価を満たす．

$$\|D^\alpha u\|_{L^2(\Omega_\varepsilon)} \leq CF + \|u\|_{L^2(\Omega)}^{1-\lambda} F^\lambda, \quad |\alpha| \leq 2 \tag{4.8}$$

ただし，$C > 0$ と $\lambda \in (0, 1)$ は Ω_ε にのみ依存し

$$F = \|f\|_{L^2(\Omega)} + \|u_0\|_{L^2(\Gamma_1)} + \|q\|_{H^1(\Gamma_1)}$$

である．よって，コーシー問題 (4.5)～(4.7) の解は，高々1つである．

証明は,原著[55)]を参照のこと.

4.2.2 解 の 存 在

存在定理に関しては,最近のベルガセム・フェキ (Belgacem-Fekih[10)]) の変分法に基づく仕事のアイデアを紹介しよう.

まず,コーシー問題を変分形式に書き直すために以下の関数空間を導入する.

$\gamma \subset \partial\Omega$ を境界の滑らかな部分集合とし,その境界上の測度は正とする.次の関数空間を導入する.

$$H_0^1(\Omega, \gamma) = \{u \in H^1(\Omega) : u|_\gamma = 0\}$$
$$H^{1/2}(\gamma) = \{u|_\gamma : u \in H^1(\Omega)\}$$
$$H_{0c}^{1/2}(\gamma) = \{u|_\gamma \in H^{1/2}(\gamma) : u|_{\partial\Omega \setminus \gamma} = 0\}.$$

$H_c^{-1/2}(\gamma) = H_{0c}^{1/2}(\gamma)^*$ とし,

$$\langle \cdot, \cdot \rangle_{0c,\gamma} = \langle \cdot, \cdot \rangle_{H_c^{-1/2}(\gamma), H_{0c}^{1/2}(\gamma)}$$

と書く. $v \in H_0^1(\Omega, \partial\Omega \setminus \gamma)$ で,$\triangle v \in L^2(\Omega)$ ならば,$\frac{\partial u}{\partial n} \in H_c^{-1/2}(\gamma)$ である.さらに

$$V(\Omega) = \{\mathbf{u} = (u_1, u_2) \in H^1(\Omega) \times H^1(\Omega), (u_1 - u_2)|_{\Gamma_2} = 0\}$$

と定義する. $V(\Omega)$ は自然なノルム

$$\|\mathbf{u}\|_V = (\|u_1\|_{H^1(\Omega)}^2 + \|u_2\|_{H^1(\Omega)}^2)^{1/2}$$

と,対応する内積でヒルベルト空間になる.また,$V(\Omega)$ の部分集合

$$V_{u_0}(\Omega) = \{\mathbf{u} = (u_1, u_2) \in V(\Omega), : u_1|_{\Gamma_1} = u_0\}$$

を定義する. $u_0 = 0$ のとき,$V_0(\Omega)$ は部分空間になる.

2 次形式 $a(\cdot, \cdot), V(\Omega) \times V(\Omega) \to \mathbb{R}$ を

$$a(\mathbf{u}, \mathbf{v}) = \int_\Omega \nabla u_1 \cdot \nabla v_1 dx - \int_\Omega \nabla u_2 \cdot \nabla v_2 dx$$

によって定義する.また,$f \in L^2(\Omega)$ と $q \in H_c^{-1/2}(\Gamma_1)$ に対して,1 次式

$\ell : V_0(\Omega) \to \mathbb{R}$ を

$$\ell(\mathbf{v}) = \int_\Omega f(v_1 - v_2) dx - \langle q, v_2 \rangle_{0c, \Gamma_1}$$

と定義する．このとき，弱形式

$$a(\mathbf{u}, \mathbf{v}) = \ell(\mathbf{v}), \quad \forall \mathbf{v} \in V_0(\Omega) \tag{4.9}$$

を満たす $\mathbf{u} \in V_{u_0}(\Omega)$ を求める問題を考える．

次の補題が成立する．

補題 4.1 $\mathbf{u} = (u_1, u_2) \in V_{u_0}(\Omega)$ を弱形式 (4.9) の解とすると，$u_1 = u_2 = u$ であり，u はラプラス方程式のコーシー問題 (4.5)～(4.7) の弱解である．逆に，ラプラス方程式のコーシー問題 (4.5)～(4.7) の弱解 u は弱形式 (4.9) を満たす．

[証明] 厳密な取り扱い方は，弱解の定義とともにリオンス[69]の第1章を参照せよ．ほぼリオンス[69]の議論と平行してできるので，ここでは，形式的に導く．$v_2|_{\Gamma_1} = v_1|_{\Gamma_1} = 0$ となる $\mathbf{v} = (v_1, v_2) \in V_0(\Omega)$ を選ぶと，(4.9) は，次の2つの弱形式に分解できる．

$$\int_\Omega \nabla u_1 \cdot \nabla v_1 dx = \int_\Omega f v_1 dx \quad \forall H^1(\Omega, \Gamma_1) \tag{4.10}$$

$$\int_\Omega \nabla u_2 \cdot \nabla v_2 dx = \int_\Omega f v_2 dx + \langle q, v_2 \rangle_{0c, \Gamma_2} \quad \forall H^1(\Omega, \Gamma_1). \tag{4.11}$$

これより，

$$-\triangle u_1(x) = f(x), \quad x \in \Omega$$
$$u_1|_{\Gamma_1} = u_0$$
$$-\triangle u_2(x) = f(x), \quad x \in \Omega$$
$$\frac{\partial u_2}{\partial n}\Big|_{\Gamma_1} = q$$

が従う．実際，(4.10) で $v_1 \in C_0^\infty(\Omega)$ として，ガウスの定理を用いると

$$\int_\Omega (-\triangle u_1 - f) v_1 dx = 0$$

を得る．$C_0^\infty(\Omega)$ は $H_0^1(\Omega)$ で稠密だから

$$-\triangle u_1(x) = f(x), \quad x \in \Omega \tag{4.12}$$

が成り立つ．$\mathbf{u} \in V_{u_0}(\Omega)$ であるから

$$u_1\big|_{\Gamma_1} = u_0$$

である．同様に (4.11) で，$v_2 \in C_0^\infty(\Omega)$ として，ガウスの定理を用いると

$$\int_\Omega (-\triangle u_2 - f) v_2 dx = 0$$

を得る．よって，

$$-\triangle u_2(x) = f(x), \quad x \in \Omega \tag{4.13}$$

が成り立つ．$v_2 \in C^\infty(\Omega)$ を $v_1\big|_{\Gamma_2} = 0$ となる関数とする．(4.13) の両辺に v_4 を掛けて積分し，ガウスの定理を用いれば，

$$\int_\Omega \nabla u_2 \cdot \nabla v_2 dx - \int_{\Gamma 1} \frac{\partial u_2}{\partial n} v_2 dS = \int_\Omega f v_2 dx$$

これと，(4.11) より

$$\int_{\Gamma 1} \frac{\partial u_2}{\partial n} v_2 dS = \langle q, v_2 \rangle_{0c, \Gamma_2}$$

となる．v_2 は任意であったから

$$\frac{\partial u_2}{\partial n}\Big|_{\Gamma_1} = q$$

が成り立つ．

次に $u_1 = u_2$ であることを示そう．(4.12), (4.13) より

$$-\triangle(u_1 - u_2)(x) = 0, \quad x \in \Omega \tag{4.14}$$

であり，$u \in V(\Omega)$ であるから，

$$(u_1 - u_2)\big|_{\Gamma_2} = 0 \tag{4.15}$$

である．さらに，(4.9) において，$\mathbf{v} = (v_1, v_2) \in V(\Omega) \cap C^\infty(\Omega)$, $v_1 = v_2 = v, v\big|_{\Gamma_1} = 0$ ととれば，

$$\left.\frac{\partial(u_1 - u_2)}{\partial n}\right|_{\Gamma_2} = 0 \tag{4.16}$$

が従う. 定理 4.2 をコーシー問題 (4.14)〜(4.16) に適用すれば, $u_1(x) - u_2(x) = 0, \ \forall x \in \Omega$ が従う.

逆の主張は, ガウスの定理より容易に従う. 定理の証明終わり.

コーシー問題 (4.5)〜(4.7) と弱形式 (4.9) が同値であるから, コーシー問題の解の一意性より弱形式の解の一意性が従う. すなわち

定理 4.3 弱形式 (4.9) の解は高々 1 つである.

次の節で扱う半平面問題の簡単な解析からも示唆されるように, コーシー問題の解の存在と安定性をいうためにはコーシーデータ u_0 と q が, 適当な整合条件を満たすことが必要である. この整合条件を, 具体的に記述するのは難しく, さらに, 整合条件を満たさなければ, 安定性が成立しないので, ちょっとでも整合条件を満たさない擾乱が加わると解は存在しない.

そこで, 適当な近似解の列を定義して, それについて議論する.

定義 4.1 関数列 $\{\mathbf{u}_n\}_{n \in \mathbb{N}} \subset V_{u_0}(\Omega)$ は, 条件

$$\lim_{n \to \infty} \sup_{\mathbf{v} \in V_0(\Omega)} \frac{a(\mathbf{u}_n, \mathbf{v}) - \ell(\mathbf{v})}{\|\mathbf{v}\|_{V(\Omega)}} = 0 \tag{4.17}$$

を満たすとき, 弱形式 (4.9) の整合的擬似解列と呼ぶ. (4.9) の解が存在する $(u_0, q) \in L^2(\Gamma_1) \times H_{0c}^{-1/2}(\Gamma_1)$ を整合データと呼ぶ.

命題 4.1 $f \in L^2(\Omega)$ を固定する. 整合データの集合は $H_{0c}^{1/2}(\Gamma_1) \times H_{0c}^{-1/2}(\Gamma_1)$ で稠密である. 特に, 任意の $(u_0, q) \in H^{1/2}(\Gamma_1) \times H_{0c}^{-1/2}(\Gamma_1)$ に対して, (u_0, q_n) が整合データとなる点列 $\{q_n\} \subset H_{0c}^{-1/2}(\Gamma_1)$ で, $q_n \to q$ となるものが存在する.

[証明] $v(x, \mu) \in H^1(\Omega)$ を次の境界値問題の一意解とする

$$-\triangle v(x) = 0, \quad x \in \Omega,$$

$$v\big|_{\Gamma_1} = 0,$$
$$v\big|_{\Gamma_2} = \mu.$$

ただし，$\mu \in H_{0c}^{1/2}(\Gamma_2)$ である．有界線形作用素 $K : H_{oc}^{1/2}(\Gamma_2) \to H_{0c}^{-1/2}(\Gamma_1)$ を

$$K\mu = \frac{\partial v}{\partial n}\big|_{\Gamma_1}$$

で定義する．同様に，$\tilde{v}(x,\nu) \in H^1(\Omega)$ を次の境界値問題の一意解とする

$$-\triangle \tilde{v}(x) = 0, \quad x \in \Omega,$$
$$\tilde{v}\big|_{\Gamma_1} = \nu,$$
$$\tilde{v}\big|_{\Gamma_2} = 0.$$

ただし，$\nu \in H_{0c}^{1/2}(\Gamma_1)$ である．有界線形作用素 $K^* : H_{oc}^{1/2}(\Gamma_1) \to H_{0c}^{-1/2}(\Gamma_2)$ を

$$K^*\nu = \frac{\partial v}{\partial n}\big|_{\Gamma_2}$$

で定義する．このとき，任意の $(\mu,\nu) \in H_{0c}^{1/2}(\Gamma_2) \times H_{0c}^{1/2}(\Gamma_2)$ に対して

$$\langle K\mu, \nu \rangle_{0c,\Gamma_2} = \langle \mu, K^*\nu \rangle_{0c,\Gamma_2} = \int_\Omega \nabla v \cdot \nabla \tilde{v}\, dx$$

が成り立つ．これは，右辺にガウスの定理を適用すれば，容易に示すことができる．一般に，X, Y をヒルベルト空間とし，$A : X \to Y$ を有界線形作用素，$A^* : Y \to X$ を A の共役作用素とすると

$$X = N(A) \oplus \overline{R(A^*)},$$
$$Y = N(A^*) \oplus \overline{R(A)}$$

となる．ただし，$N(A) = \{x \in X : Ax = 0\}$, $R(A^*) = \{x \in X : \exists y \in Y \text{ s.t. } A^*y = x\}$ である（$N(A^*), R(A)$ も同様；証明はブレジス[17]を参照されたい）．これより，$N(K) = \{0\}$ ならば，$R(K^*)$ は $H_{0c}^{-1/2}(\Gamma_2)$ で稠密である．ところで，$\mu \in N(K)$ とすると，定義より，$v(x,\mu) \in H^1(\Omega)$ が存在して

$$-\triangle v(x) = 0, \quad x \in \Omega,$$
$$v|_{\Gamma_1} = 0,$$
$$\frac{\partial v}{\partial n}|_{\Gamma_1} = 0$$

となる．したがって，コーシー問題の解の一意性定理 (定理 4.2) より $v = 0$ が従う．よって，$N(K) = \{0\}$ である．すなわち，$R(K^*)$ は $H_{0c}^{-1/2}(\Gamma_2)$ で稠密である．同様にして，$R(K)$ は $H_{0c}^{-1/2}(\Gamma_1)$ で稠密である．

さて，任意に $(u_0, q) \in H_{0c}^{1/2}\Gamma_1 \times H_{0c}^{-1/2}(\Gamma_1)$ を固定する．$v \in H^1(\Omega)$ を，境界値問題

$$-\triangle v(x) = 0, \quad x \in \Omega$$
$$v|_{\Gamma_1} = u_0$$
$$v|_{\Gamma_2} = 0$$

の一意解とし，

$$\tilde{q} = q - \frac{\partial v}{\partial n}|_{\Gamma_1} \in H_{0c}^{-1/2}(\Gamma_1)$$

とおく．$R(K)$ は $H_{0c}^{-1/2}(\Gamma_1)$ で稠密であるから

$$Kp_n = \frac{\partial v(x, p_n)}{\partial n}|_{\Gamma_1} \to \tilde{q}, \quad \text{in} \quad H_{0c}^{-1/2}(\Gamma_1)$$

となる $\{p_n\}_n \in \mathbb{N} \subset H_{0c}^{1/2}(\Gamma_2)$ が存在する．そこで，$v_n(x) = v(x, p_n)$ として

$$u_n = v + v_n$$

と定義すると，

$$-\triangle u_n(x) = 0, \quad x \in \Omega$$
$$u_n|_{\Gamma_1} = u_0,$$
$$u_n|_{\Gamma_2} = v_n|_{\Gamma_2}$$

であり

$$\frac{\partial u_n}{\partial n}\Big|_{\Gamma_1} = \frac{\partial v}{\partial n}\Big|_{\Gamma_1} + Kp_n$$
$$\to \frac{\partial v}{\partial n}\Big|_{\Gamma_1} - \tilde{q} = q, \quad \text{in} \quad H_{0c}^{-1/2}(\Gamma_1)$$

となる．そこで，

$$q_n = \frac{\partial u_n}{\partial n}\Big|_{\Gamma_1}$$

とし，

$$\ell_n(\mathbf{v}) = \int_\Omega f(v_1 - v_2)dx - \langle q_n, v_2 \rangle_{0c, \Gamma_1}$$

と定義する．このとき，$\mathbf{u}_n = (u_n, v_n) \in V_{u_0}(\Omega)$ は

$$a(\mathbf{u}_n, \mathbf{v}) = \ell_n(v), \quad \forall v \in V_0(\Omega)$$

を満たす．よって，求める (u_0, q_n) は整合データである．証明終わり．

命題 4.1 より，次の系が成り立つ．

定理 4.4 任意の $(u_0, q) \in H^{1/2}(\Gamma_1) \times H_{0c}^{-1/2}(\Gamma_1)$ に対して，少なくとも 1 つ弱形式 (4.9) の整合的擬似解列 $\{\mathbf{u}_n\}_{n \in \mathbb{N}} \subset V_{u_0}(\Omega)$ が存在する．整合的擬似解列 $\{\mathbf{u}_n\}_{n \in \mathbb{N}}$ が $V(\Omega)$ で有界ならば，弱形式 (4.9) の解がただ 1 つ存在する．

[証明] 命題の証明より，任意の $(u_0, q) \in H^{1/2}(\Gamma_1) \times H_{0c}^{-1/2}(\Gamma_1)$ に対して，(u_0, q_n) が整合データとなる点列 $\{q_n\} \subset H_{0c}^{-1/2}(\Gamma_1)$ で，$q_n \to q$ となるものが存在する．対応する (4.9) の解を $\mathbf{u}_n = (u_n, v_n)$ とすると

$$|a(\mathbf{u}_n, \mathbf{v}) - \ell(\mathbf{v})| = |\ell_n(\mathbf{v}) - \ell(\mathbf{v})| = \langle q - q_n, v_2 \rangle_{0c, \Gamma_2}$$
$$\leq \|q_n - q\|_{H_{0c}^{-1/2}(\Gamma_1)} \|v_2\|_{H^{1/2}_{0c}(\Omega)}$$
$$\leq C\|q_n - q\|_{H_{0c}^{-1/2}(\Gamma_1)} \|\mathbf{v}\|_{V(\Omega)}$$

となる．よって，

$$\sup_{\mathbf{v} \in V_0(\Omega)} \frac{a(\mathbf{u}_n, \mathbf{v}) - \ell(\mathbf{v})}{\|\mathbf{v}\|_V} \leq C\|q_n - q\|_{H_{0c}^{-1/2}(\Gamma_1)} \to 0 \quad (n \to \infty)$$

が成り立つ．これより，$\{\mathbf{u}_n\}$ は，整合的近疑似解である．

整合的擬似解列 $\{\mathbf{u}_n\}_{n\in\mathbb{N}}$ が $V(\Omega)$ で有界とする．ヒルベルト空間の有界集合は，弱位相に関して相対コンパクトだから，弱収束する部分列 $\{\mathbf{u}_{n_k}\}$ が存在する．$\mathbf{u}\mapsto a(\mathbf{u},\mathbf{v})$ が弱連続であるから，その弱極限 $\mathbf{u}\in V_{u_0}(\Omega)$ は，(4.9) の一意解である．証明終わり．

注意 4.1 $\mathbf{u}\in V_{u_0}(\Omega)$ に対して，$\mathbf{v}\mapsto a(\mathbf{u},\mathbf{v})$ は $V_0(\Omega)$ 上の有界線形汎関数であるから，$g_{\mathbf{u}}\in(V_0(\Omega))^*$ が存在して，

$$g_{\mathbf{u}}(\mathbf{v})=a(\mathbf{u},\mathbf{v})$$

となる．そこで，$A:\mathbf{u}\mapsto g_{\mathbf{u}}$ とすると，A は $V(\Omega)$ から $(V_0(\Omega))^*$ の線形作用素で

$$a(\mathbf{u},\mathbf{v})=\langle A\mathbf{u},\mathbf{v}\rangle_{V_0^*,V_0}$$

である．このとき，整合的疑似列 $\{\mathbf{u}_n\}$ は最小 2 乗汎関数 $\|A\mathbf{u}-\ell\|^2_{(V_0(\Omega))^*}$ の最小化列であり，

$$\inf_{\mathbf{u}\in V_{u_0}(\Omega)}\|A\mathbf{u}-\ell\|^2_{(V_0(\Omega))^*}=0$$

となる．この問題に対するチホノフの正則化法として，例えば $\alpha>0$ を正則化パラメータとして

$$\inf_{\mathbf{u}\in V_{u_0}(\Omega)}(\|A\mathbf{u}-\ell\|^2_{(V_0(\Omega))^*}+\alpha\|\mathbf{u}\|^2_{V(\Omega)})$$

が考えられる ([4] 参照)．

4.3 準可逆法

準可逆法 (quasi-reversibility) は 1960 年代後半に，ラテスとリオンス[67] によって提案された理論で，ラプラス方程式に対するコーシー問題のように非適切な問題を，高階の，例えば，4 階の楕円型方程式に対する適切なコーシー問題で近似する方法である．この節では，そのアイデアを簡単に紹介しよう（上記のラテスとリオンス[67] のほか，[16, 59] を参照）．

まず，コーシー問題 (4.5)〜(4.7) はグリーンの公式を単純に適用すれば，

$$\int_\Omega \nabla u \cdot \nabla v dx = \int_\Omega f v dx + \langle q, v \rangle_{0c,\Gamma_1}, \quad \forall v \in H_0^1(\Omega, \Gamma_2) \tag{4.18}$$

を満たす $u \in H^1(\Omega)$ で，$u|_{\Gamma_1} = u_0 \in H^{1/2}(\Gamma_1)$ となる解を求める弱形式の問題と等価になる．ただし，$f \in L^2(\Omega)$, $(u_0, q) \in H^{1/2}(\Gamma_1) \times H_{0c}^{-1/2}(\Gamma_1)$ である．これは，(4.9) において，$u_1 = u_2, v_1 = -v_2$ としたものである．(4.18) において，$v \in C_0^\infty$ ととれば，解 u は超関数の意味で

$$-\triangle u = f \tag{4.19}$$

を満たすから，$\triangle u \in L^2(\Omega)$ である．

関数空間を導入する．

$$D_{L^2}(\triangle) = \{u \in H^1(\Omega); \triangle u \in L^2(\Omega)\}.$$

$D_{L^2}(\triangle)$ はノルム

$$\|u\|_{D_{L^2}(\triangle)} = \left(\|u\|_{H^1(\Omega)}^2 + \|\triangle u\|_{L^2(\Omega)}^2\right)^{1/2}$$

の下で，ヒルベルト空間になる．また，$D_{L^2}(\triangle)$ の部分空間

$$D_{L^2,0}(\triangle, \Gamma_1) = \{u \in H^1(\Omega); \triangle u \in L^2(\Omega), u|_{\Gamma_1} = 0\}$$

を定義し，さらに

$$D_{L^2,u_0}(\triangle) = \{u \in H^1(\Omega); \triangle u \in L^2(\Omega), u|_{\Gamma_1} = u_0\}$$

を定義する．ここで，$u_0 \in H^{1/2}(\Gamma_1)$ である．

準可逆法は，上記弱解 u の近似解を，$\varepsilon > 0$ に対して次の弱形式の問題

$$\frac{1}{\varepsilon}\int_\Omega \triangle u_\varepsilon \triangle v dx + \int_\Omega u_\varepsilon v dx + \int_\Omega \nabla u_\varepsilon \cdot \nabla v dx$$
$$= -\frac{1}{\varepsilon}\int_\Omega f \triangle v dx + \int_\Omega f v dx + \langle \tilde{q}, v \rangle_{0c,\Gamma_1}, \quad \forall v \in D_{L^2,0}(\triangle) \tag{4.20}$$

の解 $u_\varepsilon \in D_{L^2,u_0}(\triangle)$ として求める解法である．ここで，$\tilde{q} \in H^{-1/2}(\partial\Omega)$ で，$\tilde{q}|_{\Gamma_1} = q$ となるものとする．u_ε は超関数の意味で

$$\frac{1}{\varepsilon}\triangle(\triangle u - f) + u - \triangle u = f, \quad x \in \Omega$$

を満たす．さらに，

$$\left.\frac{\partial u}{\partial n}\right|_{\Gamma_1} = q$$

となる．

よく知られたトレース定理より，任意の $(u_0, q) \in H^{3/2}(\Gamma_1) \times H^{1/2}$ に対して，$\tilde{u}|_{\Gamma_1} = u_0, \frac{\partial \tilde{u}}{\partial n}|_{\Gamma_1} = q$ となる $\tilde{u} \in H^2(\Omega)$ が存在する．そのような $\tilde{u}$ を1つ固定する．

定理 4.5 任意の $0 < \varepsilon < 1$ と任意の $f \in L^2(\Omega)$，任意の $(u_0, q) \in H^{3/2}(\Gamma_1) \times H^{1/2}(\Gamma_1)$ に対して (4.20) の解 u_ε がただ1つ存在する．さらに，

$$\|u_\varepsilon\|_{H^1(\Omega)} \leq \frac{C}{\sqrt{\varepsilon}}(\|\triangle \tilde{u}\|_{L^2(\Omega)} + \|f\|_{L^2(\Omega)}) + C\|\tilde{u}\|_{H^1} \tag{4.21}$$

$$\|\triangle u_\varepsilon\|_{L^2} \leq C(\|\triangle \tilde{u}\|_{L^2(\Omega)} + \varepsilon\|f\|_{L^2(\Omega)}) \tag{4.22}$$

が成り立つ．

[証明] 弱形式 (4.20) の可解性は，ラックス・ミルグラム (Lax-Milgram) の定理を用いれば容易に得られる．

さらに，(4.20) において，$v = u_\varepsilon - \tilde{u} \in D_{L^2, 0}(\triangle)$ とすることができて，

$$\frac{1}{\varepsilon}\int_\Omega \triangle u_\varepsilon (\triangle u_\varepsilon - \triangle \tilde{u})dx + \int_\Omega u_\varepsilon(u_\varepsilon - \tilde{u})dx + \int_\Omega \nabla u_\varepsilon \cdot (\nabla u_\varepsilon - \nabla \tilde{u})dx$$
$$= -\frac{1}{\varepsilon}\int_\Omega f(\triangle u_\varepsilon - \triangle \tilde{u})dx + \int_\Omega f(u_\varepsilon - \tilde{u})dx + \langle \tilde{q}, u_\varepsilon - \tilde{u}\rangle_{0c, \Gamma_1}$$

となる．シュワルツの不等式を用いれば，これより，(4.21), (4.22) が従う．証明終わり．

準可逆法のアイデアは，次の定理の主張の中に見いだすことができる．

定理 4.6 与えられた $f \in L^2(\Omega)$ と $(u_0, q) \in H^{1/2}(\Gamma_1) \times H^{-1/2}(\Gamma_1)$ に対して，(4.18) の解 $u \in D_{L^2}(\triangle)$ が存在するとする．このとき，(4.20) の解 u_ε は存在し，$\varepsilon \to 0$ のとき，(4.20) の解 u_ε は u に $D_{L^2}(\triangle)$ で強収束する．

[証明] 存在定理の証明は前定理と同様である．収束性を証明しよう．(4.18)，(4.19) と (4.20) より

$$\frac{1}{\varepsilon}\int_\Omega |\triangle u_\varepsilon - \triangle u|^2 dx + \int_\Omega u_\varepsilon(u_\varepsilon - u)dx + \int_\Omega |\nabla u_\varepsilon - \nabla u|^2 = 0 \quad (4.23)$$

を得る．これより，

$$\int_\Omega |\triangle u_\varepsilon - \triangle u|^2 dx \leq \varepsilon \|u\|_{L^2(\Omega)}^2$$

となるから，$\varepsilon \to 0$ のとき

$$\triangle u_\varepsilon \to \triangle u, \quad \text{strongly in } L^2(\Omega)$$

が成り立つ．また，(4.23) より

$$\|u_\varepsilon\|_{H^1(\Omega)} \leq 2\|u\|_{H^1(\Omega)}$$

が得られるから，$\{u_\varepsilon\}$ の部分列 $\{u_{\varepsilon_n}\}$ と $w \in H^1(\Omega)$ が存在して，$n \to \infty$ のとき

$$u_{\varepsilon_n} \to w, \quad \text{weakly in } H^1(\Omega)$$

が成立する．このとき，

$$\triangle u_\varepsilon \to \triangle w, \quad \text{in } \mathscr{D}'(\Omega)$$

だから，$\triangle w = \triangle u = -f$ である．以上より

$$u_{\varepsilon_n} \to w, \quad \text{weakly in } D_{L^2(\Omega)}(\triangle)$$

である．ところで，集合

$$\left\{u \in H^1(\Omega); \triangle u \in L^2(\Omega), u\big|_{\Gamma_1} = u_0, \frac{\partial u}{\partial n}\big|_{\Gamma_1} = q\right\}$$

は，$D_{L^2(\Omega)}(\triangle)$ において，強閉かつ凸であるから，弱閉である ([17] 参照)．よって，

$$w\big|_{\Gamma_1} = u_0, \quad \frac{\partial w}{\partial n}\big|_{\Gamma_1} = q$$

したがって，定理 4.2 より $u = w$ となるから，

$$u_\varepsilon \to u, \quad \text{weakly in } D_{L^2(\Omega)}(\triangle).$$

再び, (4.19) と (4.20) より,

$$\int_\Omega u_\varepsilon(u_\varepsilon - u)dx + \int_\Omega \nabla u_\varepsilon(\nabla u_\varepsilon - \nabla u)dx \leq \int_\Omega f(u_\varepsilon - u)dx$$

であるから, $\varepsilon \to 0$ のとき

$$\|u_\varepsilon - u\|_{H^1(\Omega)}^2 \leq -\int_\Omega u(u_\varepsilon - u)dx - \int_\Omega \nabla u(\nabla u_\varepsilon - \nabla u)dx \to 0$$

となる. 証明終わり.

[註] (4.20) は有限要素法を用いて容易に数値解析できる逐次近似を含まない方法であるが, 重複ラプラス作用素 (4階微分) を含んでいて, 有限要素の作成が難しい. そこで, 4階の準可逆近似方程式の代わりに, ラプラス作用素だけが表れるように変形した連立近似方程式で計算するという研究もなされている[16]. 準可逆近似法は放物型方程式の逆向きコーシー問題の解法としても有用で, 様々な研究がなされている ([27, 52, 67] など).

4.4　半 平 面 問 題

2次元の半平面 $\{(x, y \in \mathbb{R}^2) : y \geq 0\}$ で, 類似のコーシー問題を考えよう.

$$\frac{\partial^2 u}{\partial x^2} + \frac{\partial^2 u}{\partial y^2} = 0, \quad x \in \mathbb{R}, \ y > 0 \tag{4.24}$$

$$u(x, 0) = u_0(x), \quad x \in \mathbb{R} \tag{4.25}$$

$$\frac{\partial u}{\partial y}(x, 0) = u_1(x), \quad x \in \mathbb{R}. \tag{4.26}$$

この問題をフーリエ変換を用いて解こう.

$$\hat{u}(\xi, y) = \frac{1}{\sqrt{2\pi}} \int_{-\infty}^\infty e^{ix\xi} u(x, y)dx$$

とすると, 上述のコーシー問題は

$$-\xi^2 \hat{u} + \frac{\partial^2 \hat{u}}{\partial y^2} = 0, \quad \xi \in \mathbb{R}, \ y > 0$$

$$\hat{u}(\xi,0) = \hat{u}_0(\xi), \quad \xi \in \mathbb{R}$$
$$\frac{\partial \hat{u}}{\partial y}(x,0) = \hat{u}_1(\xi), \quad \xi \in \mathbb{R}$$

となる．この常微分方程式の初期値問題を解くと

$$\hat{u}(\xi,y) = \hat{u}_0(\xi)\cosh(|\xi|y) + \hat{u}_1(\xi)\frac{\sinh(|\xi|y)}{|\xi|}$$

となる．

定理 4.7 $u_0 \in L^2(\mathbb{R})$ とする．任意に固定した $Y > 0$ に対して，$u(\cdot,Y) \in L^2(\mathbb{R})$ であるための必要十分条件は，

$$\left(\hat{u}_0(\xi) + \frac{\hat{u}_1(\xi)}{|\xi|}\right)\sinh(|\xi|Y) \in L^2(\mathbb{R})$$

が成り立つことである．さらに，

$$\hat{u}_0(\xi) + \frac{\hat{u}_1(\xi)}{|\xi|} = 0$$

ならば，

$$\|u(\cdot,Y)\|_{L^2(\mathbb{R})} \le \|u_0\|_{L^2(\mathbb{R})}$$

となり，コーシー問題 (4.24)〜(4.26) は適切になる．

[証明]

$$\varphi(\xi) = \hat{u}_0(\xi) + \frac{\hat{u}_1(\xi)}{|\xi|}$$

とおくと

$$\hat{u}(\xi,Y) = \hat{u}_0(\xi)e^{-|\xi|Y} + \varphi(\xi)\sinh(|\xi|Y)$$

となる．$u_0 \in L^2(\mathbb{R})$ ならば，$\hat{u}_0(\xi)e^{-|\xi|Y} \in L^2(\mathbb{R})$ であるから定理の主張が成り立つ．証明終わり．

定理 4.8 $u_1 = 0, u_0 \ne 0$ ならば，コーシー問題 (4.24)〜(4.26) は，$H^s(\mathbb{R})$ $(s \ge 0)$ で強非適切である．

[証明] 弱非適切であると仮定すると，ある $s \geq 0$ と $C > 0$ が存在して，任意の $u_0 \in L^2(\mathbb{R})$ に対して

$$\|u(t)\|_{L^2(\mathbb{R})} \leq C\|u_0\|_{H^s(\mathbb{R})}, \quad t > 0$$

が成り立つ．このとき，$f \in L^2(\mathbb{R})$ に対して

$$u_0(x) = \mathscr{F}^{-1}[(1+|\xi|^2)^{-s/2}\hat{f}(bx), \quad b > 0$$

とおくと

$$\|u_0\|_{L^2(\mathbb{R})}^2 = \frac{1}{b}\|f\|_{L^2(\mathbb{R})}^2,$$

$$\|u(t)\|_{L^2(\mathbb{R})}^2 = \|(1+|\xi|^2)^{-s/2}\hat{u}_0(\xi)\cosh(|\xi|t)\|_{L^2(\mathbb{R})}^2$$

$$= \int_{-\infty}^{\infty}(1+b^2|\eta|^2)^{-s}|\hat{f}(\eta)|^2\cosh^2(b|\eta|t)d\eta$$

である．このとき $|\eta_0|$ を十分大きくとると

$$(1+b^2|\eta_0|^2)^{-s}|\cosh^2(b|\eta_0|t)\int_{|\eta|\geq\eta_0}|\hat{f}(\eta)|^2 d\eta \leq \frac{1}{b}\|f\|_{L^2(\mathbb{R})}^2$$

となる．$b \to \infty$ とすると，左辺は無限大に，右辺はゼロになり矛盾．証明終わり．

上述のように，$u_1 = 0, u_0 \neq 0$ のとき，コーシー問題 (4.24)〜(4.26) は非適切で，データに関する連続依存性 (安定性) は一般には成り立たない．しかし，終端 $T > 0$ に有界性条件

$$\|u(\cdot, Y)\|_{L^2} \leq M \tag{4.27}$$

を課せば，以下に述べるように $L^2(\mathbb{R}^n)$ において解の安定性が成立する[83] 参照)．ここで，$M > 0$ は与えられた定数．

定理 4.9 $u \in C([0, Y] H^{1,2}(\mathbb{R}))$ をコーシー問題 (4.24)〜(4.26) の解で有界性条件 (4.27) を満たすとする．このとき，安定性評価

$$\|u(\cdot, y)\|_{L^2} \leq \|u_0\|_{L^2}^{y/Y} M^{(Y-y)/Y} \tag{4.28}$$

が成り立つ．

[証明] $u(x,y)$ を y について偶関数拡張したものを $[-Y,Y]$ の外にゼロ拡張すれば，$u(x,t)$ は $\mathbb{R}^2$ 全体で定義される．これとフリードリックスの軟化子 ρ_ε との合成積を u_ε とすると，u_ε は $\mathscr{S}(R^2)$ に属し，ラプラス方程式 (4.24) と初期データ (4.26) を満たす．得られた結果において $\varepsilon \to 0$ の極限をとればよいので，はじめから $u(x,y) \in \mathscr{S}(R^2)$ と仮定して計算する．任意の $\delta > 0$ に対して

$$f(y) = \log(\|u(\cdot,y)\|_{L^2(\mathbb{R})}^2 + \delta)$$

とおくと，方程式 (4.24) を用いて，部分積分すれば

$$f''(y) \geq \frac{2}{\|u\|_{L^2(\mathbb{R})}^2 + \delta} \left(\left\|\frac{\partial u}{\partial x}\right\|_{L^2(\mathbb{R})}^2 - \left\|\frac{\partial u}{\partial y}\right\|_{L^2(\mathbb{R})}^2 \right)$$

が成り立つ．ところで，

$$0 = \int_0^y \int_{-\infty}^\infty \frac{\partial u}{\partial y} \triangle u \, dxdy = \frac{1}{2} \int_{-\infty}^\infty \left(\int_0^y \frac{\partial}{\partial y} \left(\left|\frac{\partial u}{\partial y}\right|^2 - \left|\frac{\partial u}{\partial x}\right|^2 \right) dy \right) dx$$

であるから，

$$\frac{1}{2} \int_{-\infty}^\infty \left(\left|\frac{\partial u}{\partial y}(x,y)\right|^2 - \left|\frac{\partial u}{\partial x}(x,y)\right|^2 \right) dx$$
$$= \frac{1}{2} \int_{-\infty}^\infty \left(\left|\frac{\partial u}{\partial y}(x,0)\right|^2 - \left|\frac{\partial u}{\partial x}(x,0)\right|^2 \right) dx$$
$$= -\frac{1}{2} \int_{-\infty}^\infty \left|\frac{\partial u}{\partial x}(x,0)\right|^2 dx \leq 0.$$

よって，$f''(y) \geq 0$ となる．したがって

$$\log(\|u(y)\|_{L^2(\mathbb{R})}^2 + \delta)$$
$$\leq \frac{y}{Y} \log(\|u_0\|_{L^2(\mathbb{R})}^2 + \delta) + \frac{Y-y}{Y} \log(\|u(Y)\|_{L^2(\mathbb{R})}^2 + \delta)$$

$\delta \to 0$ とすれば，これより (4.28) が成り立つ．証明終わり．

[註] 上記の証明に使われた手法は対数凸法と呼ばれている．この手法はグリーン関数を用いた解の積分表示を必要としていないので，変数係数方程式に適用したり，領域を一般化することなどが可能である ([83, 65] 参照)．また，対数凸法は楕円型方程式

のコーシー問題だけでなく,熱方程式の逆向きコーシー問題の解の条件安定性を示すのにも有用である ([68] 参照).しかしながら,この方法は,一般の L^p ノルムに拡張することが困難である.$L^p(\mathbb{R})$ における安定性評価は,初期値問題 (4.24)〜(4.26) に対して,グリーン関数による解の積分表示を用いて得られている ([33] 参照).

第5章 ラドン変換

1970年代に，ハウンスフィールド (G. N. Hounsfield) とコーマック (A. M. Cormack) によりX線を用いた実用的なコンピュータ断層撮影 (CT) 装置が開発され，これにより両者は1979年にノーベル生理学・医学賞を受賞した．その数学的基盤は，ラドン変換とその逆変換理論である．この理論を用いると，関数を多くの線分上の積分値の族を用いて再構成することができる．今日では，CTの応用は医療に留まらず科学の多方面にわたっている．本章では，ラドン変換・逆変換および関連した積分変換とその逆変換，さらに，それによる画像再構成アルゴリズムの基本を述べる．

5.1 透過型断層撮影法

透過型断層撮影法は，像を求めたい対象を医用画像におけるX線のように透過するが放射はしない性質の光源で探査する方法である．X線は高エネルギーのホトン (光子) よりなっていて，直線に沿って物体中を伝わり，経路上の各点で物体に吸収される．このとき，物体の外に置かれた検出器に届くX線量は，物体の持つ2次元透過分布を経路上で積分したものに比例する．これを式で示そう．

n 次元空間 ($n = 2, 3$) 内の物体が占める領域を Ω とし，その境界を $\partial\Omega$ で表す．議論を簡単にするため，Ω は凸であると仮定する．物体の位置を $x \in \mathbb{R}^n$ とし，その方向を $\theta \in \mathbb{S}^n$ とする．位置が x, 方向が θ におけるX線の強度 (ホトン密度) を $u(x, \theta)$ で表す．

直線 $x = x_0 + t\theta$ に沿って，単位長さあたり物質に吸収されるホトンの数は，

$u(x,\theta)$ に比例しているとすると，直線上微小な長さ δt あたりの X 線強度の減衰は

$$\delta u(x,\theta) = u(x+\delta t\theta,\theta) - u(x,\theta)$$
$$= -a(x)u(x,\theta)\delta t$$

と表せる．ただし，$a(x)$ は減衰係数である．$\delta t \to 0$ とすると $u(x,\theta)$ は，次の方程式を満たす．

$$\theta \cdot \nabla_x u(x,\theta) + a(x)u(x,\theta) = 0, \quad x \in \Omega, \ \theta \in \mathbb{S}^{n-1}. \tag{5.1}$$

探査源は物体の占める領域の境界 $x_0 \in \partial\Omega$ から照射し，その方向を θ_0 とし，$u(x_0,\theta_0) = 1$ とする．ここで，θ_0 は領域の内部の方向にとる．すなわち，$\mathbf{n}(x_0)$ を点 x_0 における $\partial\Omega$ の外向き法線ベクトルとすると，$\theta_0 \cdot \mathbf{n}(x_0) < 0$ である．$x \neq x_0, x \in \partial\Omega$ においては，$u(x,\theta) = 0, \ \theta \in \mathbb{S}^{n-1}$ とする．

特性曲線の方法により (5.1) の解を求めると

$$\begin{aligned} u(x_0+s\theta_0,\theta_0) &= \exp\left(-\int_0^s a(x_0+t\theta_0)dt\right), \quad s>0,\ x_0+s\theta_0 \in \Omega \\ u(x,\theta) &= 0, \quad \text{その他}. \end{aligned} \tag{5.2}$$

を得る．透過した X 線の強度の測定は領域の境界 $x_1 \in \partial\Omega$ で行われるとすると，領域が凸であることから，$x_1 = x_0 + \tau\theta_0$ となる $\tau = \tau(x_0,\theta_0)$ がただ 1 つ定まる．よって，測定値 $u(x_1,\theta)$ の対数をとれば

$$\int_0^{\tau(x_0,\theta_0)} a(x_0+t\theta_0)dt \tag{5.3}$$

の値を得ることができる．これは，$a(x)$ を線分 (x_0,x_1) 上で積分したものである．

x_0 と θ_0 を動かすことにより，領域 Ω を横切るすべての線分上の $a(x)$ の積分値を得ることができる．

透過型断層撮影法における課題は，これらの領域 Ω を横切るすべての線分上の $a(x)$ の積分値から関数 $a(x)$ を再構成することである．以下の節では，再構成に用いられるラドン変換とその逆変換の理論を扱う．

5.2 ラドン変換の一般論

f を $\mathbb{R}^n$ 上の滑らかで，コンパクトな台を持つ関数とする．$\theta \in \mathbb{S}^{n-1}, s \in \mathbb{R}$ に対して，

$$Rf(\theta, s) = \int_{x \cdot \theta = s} f(x) dx \tag{5.4}$$

と定義する．ここで，dx は $\mathbb{R}^n$ のルベーグ測度を平面 $x \cdot \theta = s$ に制限したものである．写像 $R: f \mapsto Rf$ をラドン変換という．

$\mathbb{R}^n$ は θ の張る 1 次元部分空間とそれに直交する $n-1$ 次元部分空間 $\theta^\perp$ に直和分解できるから，(5.4) は次のように書き換えることができる．

$$Rf(\theta, s) = \int_{\theta^\perp} f(s\theta + y) dy. \tag{5.5}$$

上式は形式的に

$$Rf(\theta, s) = \int \delta(x \cdot \theta - s) f(x) dx \tag{5.6}$$

とも書ける．

ラドン変換の像をフーリエ変換することにより，次の定理を得る．

定理 5.1（投影断層定理） 等式

$$\mathscr{F}[Rf](\theta, \sigma) = (2\pi)^{(n-1)/2} \hat{f}(\sigma\theta).$$

が成り立つ．ただし，左辺のフーリエ変換 $Rf \mapsto \mathscr{F}[Rf]$ は s に関する 1 次元のフーリエ変換で，右辺の $f \mapsto \hat{f}$ は，$\mathbb{R}^n$ のフーリエ変換である．

［証明］ フーリエ変換の定義より

$$\begin{aligned}\mathscr{F}[Rf](\theta, \sigma) &= \frac{1}{\sqrt{2\pi}} \int_{-\infty}^\infty e^{-is\sigma} Rf(\theta, s) ds \\ &= \frac{1}{\sqrt{2\pi}} \int_{-\infty}^\infty e^{-is\sigma} \int_{\theta^\perp} f(s\theta + y) dy ds\end{aligned}$$

であるから，$x = s\theta + y$，すなわち，$s = x \cdot \theta$ とおく．座標軸を回転して，

$\theta = (1, 0\cdots, 0)$ とすれば, $y = (0, y_1, y_2\cdots, y_{n-1})$, $x = (s, y_1, \cdots, y_{n-1})$ となるから $dx = dyds$ である. よって,

$$\mathscr{F}[Rf](\theta, \sigma) = \frac{1}{\sqrt{2\pi}} \int_{\mathbb{R}^n} e^{-i\sigma x \cdot \theta} f(x) dx$$
$$= (2\pi)^{(n-1)/2} \hat{f}(\sigma\theta)$$

となる. 証明終わり

定理 5.1 より, 滑らかでコンパクトな台を持つ関数の集合が L^2 で稠密であることとパーセバルの等式を用いれば, ラドン変換 R は $L^2(\mathbb{R}^n)$ から $L^2(\mathbb{S}^{n-1} \times \mathbb{R}^1)$ への有界作用素に一意的に拡張される. このとき, R の共役作用素 $R^* : L^2(\mathbb{S}^{n-1} \times \mathbb{R}^1) \to L^2(\mathbb{R}^n)$ は

$$R^* g(x) = \int_{\mathbb{S}^{n-1}} g(\theta, x \cdot \theta) d\theta$$

で与えられる. 実際, 任意の $v \in L^2(\mathbb{S}^{n-1} \times \mathbb{R}^1)$ に対して

$$(Rf, v)_{L^2(\mathbb{S}^{n-1} \times \mathbb{R}^1)} = \int_{\mathbb{S}^{n-1}} \int_{\mathbb{R}^1} Rf(\theta, s) \overline{v(\theta, s)} d\theta ds$$
$$= \int_{\mathbb{S}^{n-1}} \int_{\mathbb{R}^1} \int_{\mathbb{R}^n} \delta(x \cdot \theta - s) f(x) dx \overline{v(\theta, s)} d\theta ds$$
$$= \int_{\mathbb{S}^{n-1}} \int_{\mathbb{R}^n} \left(\int_{\mathbb{R}^1} \delta(x \cdot \theta - s) \overline{v(\theta, s)} ds \right) f(x) dx d\theta$$
$$= \int_{\mathbb{R}^n} \left(\int_{\mathbb{S}^{n-1}} \overline{v(\theta, x \cdot \theta)} d\theta \right) f(x) dx$$
$$= (f, \int_{\mathbb{S}^{n-1}} v(\theta, x \cdot \theta) d\theta)_{L^2(\mathbb{R}^n)} = (f, R^* v)_{L^2(\mathbb{R}^n)}$$

となる.

R の共役作用素 R^* は画像工学では背面投射作用素 (backprojection) と呼ばれる.

次に, ラドン変換の逆変換公式を表現するために, ヒルベルト変換

$$H : f \mapsto Hf(s) = \frac{1}{\pi} \int_{\mathbb{R}^1} \frac{f(t)}{s - t} dt$$

を導入する. このフーリエ変換は

$$\mathscr{F}[Hf](\sigma) = -i\,\mathrm{sgn}(\sigma)\hat{f}(\sigma)$$

で与えられる．ただし

$$\mathrm{sgn}(\sigma) = \begin{cases} 1 & (\sigma > 0 \text{ のとき}) \\ 0 & (\sigma = 0 \text{ のとき}) \\ -1 & (\sigma < 0 \text{ のとき}) \end{cases}$$

定理 5.2 (ラドン逆変換公式 (Radon's inversion formula)) $g = Rf$ とすると，

$$f = R^{-1}g = \frac{1}{2}(2\pi)^{1-n} R^* H^{n-1} g^{(n-1)}$$

となる．ただし，

$$g^{(n-1)}(\theta, s) = \frac{\partial^n}{\partial s^n} g(\theta, s).$$

[証明] フーリエ逆変換公式において，極座標 $\xi = \sigma\theta$ を導入すると

$$\begin{aligned} f(x) &= (2\pi)^{-n/2} \int_{\mathbb{R}^n} e^{ix\cdot\xi} \hat{f}(\xi)d\xi \\ &= (2\pi)^{-n/2} \int_{\mathbb{S}^{n-1}} \int_0^\infty e^{i\sigma x\cdot\theta} \sigma^{n-1} \hat{f}(\sigma\theta) d\sigma d\theta. \end{aligned}$$

となる．ここで，定理 5.1 を用いると

$$f(x) = (2\pi)^{-n+1/2} \int_{\mathbb{S}^{n-1}} \int_0^\infty e^{i\sigma x\cdot\theta} |\sigma|^{n-1} \mathscr{F}[Rf](\theta, \sigma) d\sigma d\theta$$

を得る．定理 5.1 の結果から，$\mathscr{F}[Rf](\theta, \sigma)$ は，変換 $(\theta, \sigma) \mapsto (-\theta, -\sigma)$ に関して不変だから，同じ公式が，$(0, \infty)$ 上の積分を $(-\infty, 0)$ 上の積分に置き換えても成立する．よって，

$$f(x) = \frac{1}{2}(2\pi)^{-n+1/2} \int_{\mathbb{S}^{n-1}} \int_{-\infty}^\infty e^{i\sigma x\cdot\theta} |\sigma|^{n-1} \mathscr{F}[Rf](\theta, \sigma) d\sigma d\theta.$$

となる．ところで，$|\sigma| = (\mathrm{sgn}(\sigma))\sigma$ であるから，

$$\begin{aligned} &\int_{-\infty}^\infty e^{i\sigma x\cdot\theta} |\sigma|^{n-1} \mathscr{F}[Rf](\theta, \sigma) d\sigma \\ &= \mathscr{F}^{-1}\left\{ (-i\,\mathrm{sgn}(\sigma))^{n-1} \left(-\frac{\sigma}{i}\right)^{n-1} \mathscr{F}[g](\theta\sigma) \right\} \end{aligned}$$

$$= \mathscr{F}^{-1}\left\{(-i\mathrm{sgn}(\sigma))^{n-1}\mathscr{F}\mathscr{F}^{-1}\left(-\frac{\sigma}{i}\right)^{n-1}\mathscr{F}[g](\theta\sigma)\right\}$$
$$= H^{n-1}g^{(n-1)}(\theta,\sigma).$$

以上より,
$$f = R^{-1}g = \frac{1}{2}(2\pi)^{1-n}R^* H^{n-1}g^{(n-1)}$$
が成立する. 証明終わり.

注意 5.1 ラドン逆変換公式を $n=2,3$ の場合に書き下すと, 次のようになる.

$$n=2 \text{ のとき} \quad f(x) = \frac{1}{4\pi^2}\int_{\mathbb{S}^1}\int_{\mathbb{R}^1}\frac{g'(\theta,s)}{x\cdot\theta - s}dsd\theta, \tag{5.7}$$

$$n=3 \text{ のとき} \quad f(x) = -\frac{1}{8\pi^2}\int_{\mathbb{S}^2}g''(\theta,x\cdot\theta)d\theta. \tag{5.8}$$

$n=3$ のときは, x_0 における f を再構成するために,(g の s に関する 2 階微分を差分で近似することにより)x_0 を通る平面とその近くの平面 $x\cdot\theta = s$ における $g(\theta,s)$ の値のみが必要であるという意味で局所的である. しかしながら, $n=2$ のときは, s に関する積分が右辺に含まれているので, 局所的ではない.

逆ラドン変換の安定性を調べよう. そのために, $\alpha \in \mathbb{R}$ として, ソボレフ空間 $H^\alpha(\mathbb{R}^n)$ と $H^\alpha(\mathbb{S}^{n-1}\times\mathbb{R}^1)$ を導入する.

$$H^\alpha(\mathbb{R}^n) = \{f \in \mathscr{S}'(\mathbb{R}^n) : (1+|\xi|^2)^{\alpha/2}\hat{f} \in L^2(\mathbb{R}^n)\},$$
$$H^\alpha(\mathbb{S}^{n-1}\times\mathbb{R}^1) = \{f \in \mathscr{S}'(\mathbb{S}^{n-1}\times\mathbb{R}^1)$$
$$: (1+\sigma^2)^{\alpha/2}\mathscr{F}[f] \in L^2(\mathbb{S}^{n-1}\times\mathbb{R}^1)\}$$

これらの空間は, 次のノルムのもとで, ヒルベルト空間となる.

$$\|f\|_{H^\alpha(\mathbb{R}^n)} = \left(\int_{\mathbb{R}^n}(1+|\xi|^2)^\alpha|\hat{f}(\xi)|^2 d\xi\right)^{1/2},$$

$$\|f\|_{H^\alpha(\mathbb{S}^{n-1}\times\mathbb{R}^1)} = \left(\int_{\mathbb{R}^n}(1+\sigma^2)^\alpha|\mathscr{F}[f](\theta,\sigma)|^2 d\sigma d\theta\right)^{1/2}.$$

明らかに, $\alpha > \beta$ ならば, $H^\alpha(\mathbb{R}^n) \subset H^\beta(\mathbb{R}^n)$ となる. 特に, $\alpha > 0$ のとき

$$H^\alpha(\mathbb{R}^n) \subset L^2(\mathbb{R}^n) \subset H^{-\alpha}(\mathbb{R}^n)$$

である. $H^\alpha(\mathbb{S}^{n-1}\times\mathbb{R}^1)$ についても同様の包含関係が成立する.

ラドン変換に関して, 次の定理が成り立つ.

定理 5.3 $r > 0$ を固定する. $\mathrm{supp} f \subset \{x \in \mathbb{R}^n : |x| \leq r\}$ とする. このとき,

$$c\|f\|_{H^\alpha(\mathbb{R}^n)} \leq \|Rf\|_{H^{\alpha+(n-1)/2}(\mathbb{S}^{n-1}\times\mathbb{R}^1)} \leq C\|f\|_{H^\alpha(\mathbb{R}^n)} \tag{5.9}$$

が成り立つ. ただし, c と C は α, n にのみ依存する正定数である.

[証明] Ω が有界で滑らかな領域のとき, $\mathscr{D}(\Omega)$ は $H^\alpha(\Omega)$ で稠密であるから, $f \in \mathscr{D}(|x| < r)$ に対して (5.9) を示せばよい.

(5.9) の右辺の不等式を証明しよう.

$f \in L^2(\mathbb{R}^n)$ で $\mathrm{supp} f \subset B_r(0) = \{x \in \mathbb{R}^n : |x| \leq r\}$ のとき, シュワルツの不等式より

$$\begin{aligned}\|Rf\|^2_{L^2(\mathbb{R}^1)} &= \int_{\mathbb{R}^1}\left|\int_{\theta^\perp}f(s\theta+y)dy\right|^2 ds \\ &\leq \int_{\mathbb{R}^1}\left(\int_{\theta^\perp\cap\{|s\theta+y|\leq r\}}1 dy\right)\int_{\theta^\perp}|f(s\theta+y)|^2 dy ds \\ &\leq c_1 r^{n-1}|\mathbb{S}^{n-1}|\|f\|^2_{L^2(\mathbb{R}^n)}\end{aligned}$$

となる. c_1 は正定数である.

$\alpha \geq 0$ とする. プランシュレルの定理より,

$$\int_{\mathbb{S}^{n-1}}\int_{\mathbb{R}^1}|\sigma|^{2\alpha+n-1}|\mathscr{F}[Rf]|^2 d\sigma d\omega = 2(2\pi)^{n-1}\int_{\mathbb{R}^n}|\xi|^{2\alpha}|\hat{f}|d\xi$$

を得る. よって, 簡単な不等式

$$(1+|x|^2)^\alpha \leq 2^{\alpha+2}(1+|x|^{2\alpha}), \quad 1+|x|^{2\alpha} \leq 2(1+|x|^2)^\alpha$$

を用いれば

$$\|Rf\|^2_{H^{\alpha+(n-1)/2}(\mathbb{S}^{n-1}\times\mathbb{R}^1)}$$
$$= \int_{\mathbb{S}^{n-1}}\int_{\mathbb{R}^1}(1+\sigma^2)^{\alpha+(n-1)/2}|\mathscr{F}[Rf]|^2 d\sigma d\omega$$
$$\leq 2^{\alpha+2n+1}\pi^{n-1}(r+1)^{n-1}\|f\|^2_{H^\alpha(\mathbb{R}^n)}$$

が成り立つ.

$\alpha < 0$ かつ α は整数とする. このとき, $f \in H^\alpha(\mathbb{R}^n)$ に対して, $f_\beta \in L^2(\mathbb{R}^n), |\beta| \leq |\alpha|$ が存在して, $f = \sum_{|\beta|\leq|\alpha|}D^\beta f_\beta$ と表現できる. さらに, $\mathrm{supp} f \subset B_r(0)$ ならば, 任意の $\varepsilon > 0$ をとれば, $\mathrm{supp} f_\beta \subset B_{r+\varepsilon}(0)$ とできる (トリーベル (Triebel[97]) を参照). よって,

$$Rf(\theta,s) = \sum_{|\beta|\leq|\alpha|}\theta^\beta \frac{\partial^{|\beta|}}{\partial s^{|\beta|}}Rf_\beta(\theta,s).$$

$Rf_\beta \in H^{(n-1/2)}(\mathbb{S}^{n-1}\times\mathbb{R}^1)$ であるから, $Rf \in H^{\alpha+(n-1/2)}(\mathbb{S}^{n-1}\times\mathbb{R}^1)$ となる. さらに, $\mathrm{supp} Rf \subset \mathbb{S}^{n-1}\times B_{r+\varepsilon}(0), \forall\varepsilon > 0$ である. したがって, 閉グラフ定理より

$$\|Rf\|_{H^{\alpha+(n-1)/2}(\mathbb{S}^{n-1}\times\mathbb{R}^1)} \leq C\|f\|_{H^\alpha(\mathbb{R}^n)}$$

となる. $\alpha < 0$ で整数でないときも, 補間定理によって上述の不等式は成立する (トリーベル[97] 参照).

(5.9) の左辺の不等式を示そう. 定理 5.1 より

$$\hat{f}(\sigma\theta) = (2\pi)^{(1-n)/2}\mathscr{F}[Rf](\theta,s)$$

であるから,

$$\|f\|^2_{H^\alpha(\mathbb{R}^n)} = \int_{\mathbb{R}^n}(1+|\xi|^2)^\alpha|\hat{f}|^2 d\xi$$
$$= (2\pi)^{1-n}\int_{\mathbb{S}^{n-1}}\int_0^\infty s^{n-1}(1+s^2)^\alpha|\mathscr{F}[Rf]|^2 ds d\theta$$
$$\leq 2^{-1}(2\pi)^{1-n}\|Rf\|^2_{H^{\alpha+(n-1)/2}(\mathbb{S}^{n-1}\times\mathbb{R}^1)}$$

が成り立つ. 証明終わり.

[註] 定理 5.3 は，ラドン変換の逆変換を求める問題が，弱非適切な問題であることを示している．

ラドン変換 R の値域 ($\mathrm{Range}(R)$) の構造を調べておくと，その付加情報は画像を再構成するときに役立つ．そこで，ラドン変換の値域について少しふれておこう．

定理 5.4 $g(\theta, s) \in \mathscr{S}(\mathbb{S}^{n-1} \times \mathbb{R})$, g は偶関数とし，
$$p_m(\theta) = \int_{-\infty}^{\infty} s^m g(\theta, s) ds, \quad m = 0, 1, 2, \cdots$$
とする．$g \in \mathrm{Range}(R)(\mathscr{S}(\mathbb{R}^n))$ であるための必要十分条件は，$p_m(\theta)$ が次数 m の同次多項式であることである．

[証明]
(必要条件) $g \in \mathrm{Range}(R)(\mathscr{S}(\mathbb{R}^n))$ とすると，$f \in \mathscr{S}(\mathbb{R}^n)$ が存在して，$Rf = g$ となる．定義に従って計算すると
$$\int_{-\infty}^{\infty} s^m (Rf)(s) ds = \int_{-\infty}^{\infty} s^m \int_{\theta^\perp} f(s\theta + y) dy ds = \int_{\mathbb{R}^n} (x \cdot \theta)^m f(x) dx$$
となる．この右辺は，θ について，次数 m の同次多項式である．

(十分条件)
$$\hat{f}(\sigma\theta) = (2\pi)^{(1-n)/2} \mathscr{F}[g](\theta, \sigma), \quad \sigma > 0$$
と定義する．g が偶関数だから $\mathscr{F}[g]$ も偶関数である．よって，定理の仮定の下で $\hat{f} \in \mathscr{S}(\mathbb{R}^n))$ を示せば，定理 5.1 より $g = Rf$ が従う．

$\hat{f} \in \mathscr{S}(\mathbb{R}^n)$ を示すのは，テクニカルで長くなるのでここでは割愛する．証明の詳細は，ナテラー (Natterer[79]) を参照されたい．証明終わり．

5.3 ラドン変換に関連した積分変換

物体を壊すことなく内部の画像を作成する画像再構成の方法には，ラドン変換だけでなく，類似のいろいろな積分変換が用いられている．ここでは，その

うちでよく知られているものをいくつか紹介する.

5.3.1 X線変換

$\mathbb{R}^n$ 上の関数 f と, $\theta \in \mathbb{S}^{n-1}, x \in \theta^\perp$ に対して,

$$P : f \mapsto Pf(\theta, x) = \int_{\mathbb{R}^1} f(x + t\theta) dt$$

を X 線変換と呼ぶ. $\{x + t\theta, t \in \mathbb{R}\}$ は $\mathbb{R}^n$ 内の方向が θ の直線を表す. $Pf = Pf(\theta, x)$ は $\mathbb{S}^{n-1}$ の接バンドル $T^n = \{(\theta, x) : \theta \in \mathbb{S}^{n-1}, x \in \theta^\perp\}$ 上の関数である. $f \in \mathscr{S}(\mathbb{R}^n)$ ならば, $Pf \in \mathscr{S}(T^n)$ となる. T^n 上フーリエ変換とたたみこみは次のように定義される.

任意の $g, h \in \mathscr{S}(T^n)$ に対して

$$\hat{g}(\theta, \xi) = \frac{1}{(2\pi)^{(n-1)/2}} \int_{\theta^\perp} e^{-ix \cdot \xi} g(\theta, x) dx, \quad \xi \in \theta^\perp$$

$$(g * h)(\theta, x) = \int_{\theta^\perp} g(\theta, x - y) h(\theta, y) dy, \quad x \in \theta^\perp.$$

定理 5.5 $f \in \mathbb{R}$ とする. このとき,

$$(Pf)^\wedge(\theta, \xi) = (2\pi)^{1/2} \hat{f}(\xi), \quad \xi \in \theta^\perp$$

となる. ただし, 左辺のフーリエ変換は, $\theta^\perp$ に関する $(n-1)$ 次元フーリエ変換であり, 右辺のフーリエ変換は $\mathbb{R}^n$ における n 次元フーリエ変換を表す.

[証明] 定義より

$$(Pf)^\wedge(\theta, \xi) = \frac{1}{(2\pi)^{(n-1/2)}} \int_{\theta^\perp} e^{-i\xi \cdot y} (Pf)(\theta, y) dy$$

$$= \frac{1}{(2\pi)^{(n-1/2)}} \int_{\theta^\perp} e^{-i\xi \cdot y} \int_{\mathbb{R}} f(y + t\theta) dt dy$$

である. $x = y + t\theta$ とおくと, $t = x \cdot \theta, dx = dydt$ であるから

$$(Pf)^\wedge(\theta, \xi) = \frac{1}{(2\pi)^{(n-1/2)}} \int_{\mathbb{R}^n} e^{-i\xi \cdot x} f(x) dx$$

$$= (2\pi)^{1/2} \hat{f}(\xi)$$

となる. 証明終わり.

変換 P の共役作用素は，次式で与えられる．

$$P^*g(x) = \int_{\mathbb{S}^{n-1}} g(\theta, E_\theta x)d\theta.$$

ここで，E_θ は $\theta^\perp$ 上への射影作用素，すなわち $E_\theta x = x - x(\theta)\theta$ である．実際，$f, g \in \mathscr{S}(\mathbb{R}^n)$ に対して

$$\begin{aligned}(g, Pf)_{L^2T^n} &= \int_{\mathbb{S}^{n-1}} \left(\int_{\theta^\perp} g(x)(Pf)(\theta, x)dx \right) d\theta \\ &= \int_{\mathbb{S}^{n-1}} \left(\int_{\theta^\perp} g(x) \int_{\mathbb{R}} f(x + t\theta)dt dx \right) d\theta \\ &= \int_{\mathbb{S}^{n-1}} \int_{\mathbb{R}^n} g(y - (y \cdot \theta))f(y)dy d\theta \\ &= \int_{\mathbb{R}^n} \int_{\mathbb{S}^{n-1}} g(E_\theta y)d\theta f(y)dy \\ &= (P^*g, f)_{L^2(\mathbb{R}^n)}.\end{aligned}$$

P^* も背面投射作用素 (backprojection) と呼ばれる．

定理 5.6 $g = Pf$ とすると，任意の $\alpha < n$ に対して

$$f = \frac{1}{2\pi|\mathbb{S}^{n-1}|} I^{-\alpha} P^* I^{\alpha-1} g$$

が成立する．ただし，I^α はリース (Riesz) ポテンシャル

$$(I^\alpha g)^\wedge(\xi) = |\xi|^{-\alpha} \hat{g}(\xi)$$

である．

[証明] フーリエ逆変換公式を用いると，リースポテンシャルの定義より

$$\begin{aligned}I^\alpha f(x) &= \frac{1}{(2\pi)^{n/2}} \int_{\mathbb{R}^n} e^{ix\cdot\xi} |\xi|^{-\alpha} \hat{f}(\xi) d\xi \\ &= \frac{1}{(2\pi)^{n/2}} \frac{1}{|\mathbb{S}^{n-2}|} \int_{\mathbb{S}^{n-1}} \int_{\theta^\perp} e^{ix\cdot\eta} |\eta|^{1-\alpha} \hat{f}(\eta) d\eta d\theta\end{aligned}$$

となる．ここで，次の積分公式を用いた (証明はナテラー (Natterer[79]) を参照せよ).

$$\int_{\mathbb{R}^n} h(\xi)d\xi = \frac{1}{|\mathbb{S}^{n-2}|} \int_{\mathbb{S}^{n-1}} \int_{\theta^\perp} |\eta| h(\eta) d\eta d\theta.$$

ここで，定理 5.5 を用いて，$\hat{f}$ を $(Pf)^\wedge$ で表現すると

$$\begin{aligned} I^\alpha f(x) &= \frac{1}{(2\pi)^{(n+1)/2}} \frac{1}{|\mathbb{S}^{n-2}|} \int_{\mathbb{S}^{n-1}} \int_{\theta^\perp} e^{ix\cdot\eta} |\eta|^{1-\alpha} (Pf)^\wedge(\eta) d\eta d\theta \\ &= \frac{1}{(2\pi)} \frac{1}{|\mathbb{S}^{n-2}|} \int_{\mathbb{S}^{n-1}} I^{\alpha-1}(Pf)(\theta, E_\theta x) d\theta \\ &= \frac{1}{(2\pi)} \frac{1}{|\mathbb{S}^{n-2}|} P^* I^{\alpha-1} Pf(x) \end{aligned}$$

となる．よって，

$$f = \frac{1}{2\pi|\mathbb{S}^{n-1}|} I^{-\alpha} P^* I^{\alpha-1} g.$$

証明終わり．

$n = 2$ のときは，定理 5.6 は定理 5.2 と同値である．しかし，$n \geq 3$ のときは，定理 5.6 におけるデータ関数 g の定義域の次元は $2(n-1)$ だから関数 f の定義域の次元より大きくなる．したがって，定理 5.6 は定理 5.2 より有用でない．P の逆を求める問題は，過剰決定問題である．したがって，θ を $\mathbb{S}^{n-1}$ の適当な部分集合 S_0 に制限した $g(\theta, \cdot)$ の値から f を求める公式が有用になる．次の定理は f が一意的に定まるための十分条件を与える．この十分条件はオルロフ (Orlov) の完全条件と呼ばれる．

定理 5.7 $n = 3$ とする．$S_0 \subset \mathbb{S}^3$ において，$\mathbb{S}^2$ 上の大円が S_0 と交わるならば，f は $g(\theta, \cdot), \theta \in S_0$ によって一意的に定まる．

[証明] $\xi \in \mathbb{R}^3 \backslash \{0\}$ とすると，大円 $\xi^\perp \cap \mathbb{S}^2$ 上に $\theta \in S_0$ が存在する．このとき，$\xi \in \theta^\perp$ と定理 5.5 より

$$\hat{f}(\xi) = (2\pi)^{-1/2} \hat{g}(\theta, \xi)$$

したがって，$\hat{f}$ は S_0 上の g によって一意的に定まる．証明終わり．

5.3.2 コーンビーム変換

$A \subset \mathbb{R}^3$ を物体を囲む適当な曲線とする. $\mathbb{R}^3$ 上の関数と, $a \in A, \theta \in \mathbb{S}^2$ に対して, 変換

$$C : f \mapsto Cf(a,\theta) = \int_0^\infty f(a+t\theta)dt$$

をコーンビーム (cone-beam) 変換とよぶ.

次の関係式は, グランギート (Grangeat) (1991) によって見いだされた.

定理 5.8

$$\left.\frac{\partial}{\partial s}Rf(\theta,s)\right|_{s=a\cdot\theta} = \int_{\theta^\perp \cap \mathbb{S}^2} \frac{\partial}{\partial \theta} Cf(a,\omega)d\omega.$$

ここで, $\frac{\partial}{\partial \theta}$ は, 第2の変数に作用する θ 方向の方向微分である.

[証明] $\theta = (0,0,1)^T$ に対して示せば十分である. このとき, 証明すべき等式は

$$\left.\frac{\partial}{\partial s}Rf(\theta,s)\right|_{s=a_3} = \int_{\omega \in \mathbb{S}^1} \frac{\partial}{\partial x_3} Cf\left(a, \begin{pmatrix} \omega \\ 0 \end{pmatrix}\right) d\omega \tag{5.10}$$

となる. ラドン変換の定義より

$$Rf(\theta,s) = \int_{\theta^\perp} f(s\theta+y)dy = \int_{\mathbb{R}^2} f\left(\begin{pmatrix} y \\ s \end{pmatrix}\right) dy$$

であるから,

$$\left.\frac{\partial}{\partial s}Rf(\theta,s)\right|_{s=a_3} = \int_{\mathbb{R}^2} \frac{\partial f}{\partial x_3}\left(\begin{pmatrix} y \\ a_3 \end{pmatrix}\right) dy$$
$$= \int_{\mathbb{R}^2} \frac{\partial f}{\partial x_3}\left(a + \begin{pmatrix} x' \\ 0 \end{pmatrix}\right) dx'$$

が成立する. また,

$$\left.\frac{\partial}{\partial \theta}Cf(a,\theta)\right|_{\theta=(\omega,0)^T} = \left.\frac{\partial}{\partial x_3}Cf(a,\theta)\right|_{\theta=(\omega,0)^T}$$

$$= \int_0^\infty \frac{\partial f}{\partial x_3}\left(a + \begin{pmatrix} t\omega \\ 0 \end{pmatrix}\right) t dt$$

だから

$$\int_{\omega \in \mathbb{S}^1} \frac{\partial}{\partial \theta} Cf\left(a, \begin{pmatrix} w \\ 0 \end{pmatrix}\right) d\omega = \int_{\omega \in \mathbb{S}^1} \int_0^\infty \frac{\partial f}{\partial x_3}\left(a + \begin{pmatrix} t\omega \\ 0 \end{pmatrix}\right) t dt d\omega$$

$$= \int_{\mathbb{R}^2} \frac{\partial f}{\partial x_3}\left(a + \begin{pmatrix} x' \\ 0 \end{pmatrix}\right) dx'.$$

よって，(5.10) が成立する．証明終わり

定理 5.9 (キリロフ・ツイ (Kirillow-Tuy)) $n = 3$ とする．$\mathbb{R}^3$ 上の (連続な) 関数 f について曲線 $A \subset \mathbb{R}^3$ が次の条件を満たすとする．

キリロフ・ツイ条件： supp$f$ と交わる任意の平面は A と横断的に交わる．
このとき，f は $Cf(a, \theta)$, $(a \in A, \theta \in \mathbb{S}^2)$ によって一意的に定まる．

[証明] $n = 3$ のとき，ラドン逆変換公式より

$$f(x) = -\frac{1}{8\pi^2} \int_{\mathbb{S}^2} \left.\frac{\partial^2}{\partial s^2} Rf(\theta, s)\right|_{s=x\cdot\theta} d\theta \tag{5.11}$$

となる．

A がキリロフ・ツイ条件を満たしているとし，平面 $x \cdot \theta = s$ が supp$f$ と交わっているとすると，$a \cdot \theta = s$ となる点 $a \in A$ が存在して，定理 5.8 より

$$\left.\frac{\partial}{\partial s} Rf(\theta, s)\right|_{s=x\cdot\theta} = \left.\frac{\partial}{\partial s} Rf(\theta, s)\right|_{s=a\cdot\theta}$$

$$= \int_{\theta^\perp \cap \mathbb{S}^2} \frac{\partial}{\partial \theta} Cf(a, \omega) d\omega.$$

A は平面 $x \cdot \theta = s$ に横断的に交わっているから，2 階導関数についても同様のことが成り立つ．したがって，(5.11) において，supp$f$ とぶつかるすべての平面 $x \cdot \theta = s$ に対して，Cf は既知であり，他では 0 であるから，定理の主張が成り立つ．証明終わり

5.3.3 減衰を含むラドン変換

前項では,曲線や直線上の積分変換は重みが付いていなかった.ここでは,より一般な重みの付いた積分変換を考える.

$n = 2$ とする.減衰を含むラドン変換 (attenuated Radon transform) は

$$R_\mu : f \mapsto R_\mu f(\theta, s) = \int_{x\cdot\theta=s} e^{-C\mu(x,\theta_\perp)} f(x) dx$$

で定義される.ここで,μ は $\mathbb{R}^2$ 上の既知関数,$\theta_\perp$ は θ に直交する単位ベクトルで $\det(\theta, \theta_\perp) = 1$ なるものとする.この変換は,放射性物質を領域中に入れて,それが放出する γ 線を検出して,その分布を断層画像にする SPECT (single photon emission computed tomograhy) やドップラー (Doppler) トモグラフィーで用いられる.

減衰を含むラドン変換の逆変換公式はノビコフ (Novikov[82]) (2002) によって得られた.証明は,輸送方程式を複素平面へ拡張し,リーマン・ヒルベルト (Riemann-Hilbert) 問題の解を用いていて,かなり複雑なものなので,ここでは結果のみを与える.

定理 5.10 $f, \mu \in \mathscr{S}(\mathbb{R}^2)$ とする.$g = R_\mu f$ とすると

$$f = \frac{1}{4\pi} \operatorname{Re} \operatorname{div} R^*_{-\mu}(\theta e^{-h} H e^h g)$$

となる.ここで H はヒルベルト変換で

$$h = \frac{1}{2}(I + iH)R\mu,$$

$$R^*_\mu g(x) = \int_{\mathbb{S}^1} e^{-C\mu(x,\theta_\perp)} g(\theta, x\cdot\theta) d\theta.$$

5.3.4 テンソル場の X 線変換

$\mathbb{R}^n$ 上の階数 m の (滑らかな) 対称テンソル場 f に対して,変換

$$P : f \mapsto Pf(x,\xi) = \int_{\mathbb{R}^1} \langle f(x+t\xi), \xi^m\rangle dt, \quad (x,\xi) \in \mathbb{R}^n \times \mathbb{R}^n\setminus\{0\}$$

を,テンソル場 f の X 線 (ray) 変換と呼ぶ.ここで,$\langle \cdot, \cdot \rangle$ は $\mathbb{R}^n$ における内積である.

定義より，$\psi(x,t) = Pf(x,\xi)$ は次の性質を満たす．
$$\psi(x,s\xi) = \frac{s^m}{|s|}\psi(x,s), \quad s \in \mathbb{R}\setminus\{0\}$$
$$\psi(x+s\xi,\xi) = \psi(x,\xi) \quad s \in \mathbb{R}.$$

$T\Omega = \{(x,\xi) \in \mathbb{R}^n \times \mathbb{R}^n : \langle x,\xi\rangle = 0, |\xi| = 1\}$ を単位球面 $\Omega = \mathbb{S}^{n-1} = \{\xi \in \mathbb{R}^n, |\xi| = 1\}$ の接バンドルとする．上に述べた性質により，関数 ψ は，その $T\Omega$ 上のトレース $\varphi|_{T\Omega}$ によって，次のように表現できる．
$$\psi(x,\xi) = |\xi|^m \varphi\left(x - \frac{\langle x,\xi\rangle}{|\xi|^2}\xi, \frac{\xi}{|\xi|}\right).$$

したがって，X 線変換における Pf は $\mathbb{R}^n \times \mathbb{R}^n\setminus\{0\}$ で定義された関数とも，$T\Omega$ で定義された関数とも見なすことができる．

X 線変換 P の核空間 $\ker P$ は，次の定理でわかるように非自明で非常に大きい．

定理 5.11 $n \geq 2$ $m \geq 0$ を整数とする．台がコンパクトな階数 m の (滑らかな) 対称テンソル場 f について，次の命題は同値である．
(1) $Pf = 0$
(2) 台がコンパクトな $m-1$ 階の滑らかな対称テンソル場 v で，その台が f の台の凸包 (convex hull) に含まれるものが存在して $dv = f$ となる．
(3) 次式で定義されるサン・ヴェナン (Saint Venant) 作用素 W に対して，$Wf = 0$ である．

$$\begin{aligned}(Wf)_{i_1\cdots i_m j_1\cdots j_m} &= \sigma(i_1\cdots i_m)\sigma(j_1\cdots j_m)\\ &\quad \times \sum_{p=0}^{m}(-1)^p \frac{m!}{p!(m-p)!} f_{i_1\cdots i_{m-p}j_1\cdots j_p;j_{p+1}\cdots j_m i_{m-p+1}\cdots i_m}.\end{aligned}$$

ただし，$f_{i_1\cdots i_m;j} = \partial f_{i_1\cdots i_m}/\partial x_j$ である．

証明は長く複雑なのでシャラフトディノフ (Sharafutdinov[86]) を参照のこと．

5.4 CT再構成アルゴリズム

ラドン変換による CT 画像の再構成アルゴリズムには，本質的に 3 つのクラスがある (ナテラー[79])．最初のクラスは，ラドン逆変換公式のような厳密な逆変換公式か，あるいはその近似的逆変換公式に基づいている．典型的な例は，フィルタ逆投影法である．これは医療診断放射線医学の牽引車的役割を果たしているだけでなく，他の多くの分野のアルゴリズムのモデルにもなっている．2番目のクラスは反復法で，典型的な例は，トモグラフィーでは ART (algebraic reconstruction technique) と呼ばれるカッツマーズ (Kaczmarz) 法である．3 つめのクラスは (最初のクラスでももちろんフーリエ解析は用いられているのだが) 通常フーリエ法と呼ばれている．フーリエ法は，積分幾何学を用いないで投影断層定理を直接利用する．

5.4.1 フィルタ逆投影法

a. フィルタの構成

次の定理は，フィルタ逆投影法 (filtered backprojection algorithm) の出発点である．

定理 5.12 $V = R^*v, \quad g = Rf$ とおくと
$$V * f = R^*(v * g) \tag{5.12}$$
である．ここで，左辺の畳み込みは $\mathbb{R}^n$ におけるもの，右辺の畳み込みは $\mathbb{R}^1$ におけるものである．すなわち，
$$V * f(x) = \int_{\mathbb{R}^n} V(x-y)f(y)dy,$$
$$v * g(\theta, s) = \int_{R^1} v(\theta, s-t)g(\theta, t)dt.$$

[証明]
$$V * f(x) = (R^*v) * f = \int_{\mathbb{R}^n} \left(\int_{\mathbb{S}^{n-1}} v(\theta, (x-y)\cdot\theta)d\theta \right) f(y)dy$$

$$= \int_{\mathbb{S}^{n-1}} \int_{\mathbb{R}^n} v(\theta, (x-y)) \cdot \theta) f(y) dy d\theta$$

である. θ を固定したとき, $\theta^\perp$ の基底を $\{e_j\}_{j=1}^{n-1}$ とすると, $y \in \mathbb{R}^n$ は

$$y = t\theta + z = t\theta + \sum_j z_j e_j,$$

$$z \in \theta^\perp, \quad t = y \cdot \theta, \quad z_j = (y, e_j) = (z, e_j)$$

と表現されて, $dy = dtdz = dtdz_1 \cdots dz_{n-1}$ である.

よって, $x \cdot \theta = s$ とおくと

$$V * f(x) = \int_{\mathbb{S}^{n-1}} \left(\int_{\mathbb{R}^1} \int_{\theta^\perp} v(\theta, s-t) f(t\theta + z) dz dt \right) d\theta$$
$$= R^*(v * Rf)$$

となる. 証明終わり.

V をデルタ関数に収束する適当な関数列に属する関数に選べば $V * f$ を f の近似式と見なすことができるので, 定理 5.12 から, ラドン逆変換の近似公式が得られる.

具体的に V を構成するとき, 次の定理とその系が有用である.

定理 5.13 $v \in \mathscr{S}(\mathbb{S}^{n-1} \times \mathbb{R}^1)$ に対して, $V = R^*v$ とおくと

$$\hat{V}(\xi) = (2\pi)^{(n-1)/2} |\xi|^{1-n} \left(\hat{v}(\frac{\xi}{|\xi|}, |\xi|) + \hat{v}(-\frac{\xi}{|\xi|}, -|\xi|) \right)$$

が成立する.

[証明] $f \in \mathscr{S}(\mathbb{R}^n)$ とする. R^* が R の共役作用素であることと, プランシュレルの等式を用いれば

$$\int_{\mathbb{R}^n} (R^*v)(x) \overline{\hat{f}(x)} dx = \int_{\mathbb{S}^{n-1}} \int_{\mathbb{R}^1} v(\theta, s) \overline{R\hat{f}(\theta, s)} ds d\theta$$
$$= \int_{\mathbb{S}^{n-1}} \int_{\mathbb{R}^1} \mathscr{F}[v](\theta, \sigma) \overline{\mathscr{F}[R\hat{f}](\theta, \sigma)} d\sigma d\theta$$

となる. 定理 5.1 を用いると

$$\mathscr{F}[R\hat{f}](\theta,\sigma) = (2\pi)^{(n-1)/2} f(\sigma\theta)$$

だから

$$\int_{\mathbb{R}^n} (R^*v)(x)\overline{\hat{f}(x)}dx$$
$$= (2\pi)^{(n-1)/2} \int_{\mathbb{S}^{n-1}} \int_{\mathbb{R}^1} \mathscr{F}[v](\theta,\sigma)\overline{f(\sigma\theta)}d\sigma d\theta$$
$$= (2\pi)^{(n-1)/2} \int_{\mathbb{S}^{n-1}} \int_0^{\infty} \mathscr{F}[v](\theta,\sigma)\overline{f(\sigma\theta)}d\sigma d\theta$$
$$+ (2\pi)^{(n-1)/2} \int_{\mathbb{S}^{n-1}} \int_{-\infty}^0 \mathscr{F}[v](\theta,\sigma)\overline{f(\sigma\theta)}d\sigma d\theta$$
$$= (2\pi)^{(n-1)/2} \int_{\mathbb{R}^n} \left(\left(\hat{v}(\frac{\xi}{|\xi|},|\xi|) + \hat{v}(-\frac{\xi}{|\xi|},-|\xi|)\right)\right) |\xi|^{1-n} \overline{f(\xi)} d\xi$$

となる.よって,双対によるフーリエ変換の定義から,定理の主張が成り立つ.証明終わり.

この系として,次が成り立つ.

系 5.1 $v \in \mathscr{S}(\mathbb{S}^{n-1} \times \mathbb{R}^1)$ が θ に依存しない偶関数とする.$V = R^*v$ に対して

$$\hat{V}(\xi) = 2(2\pi)^{(n-1)/2} |\xi|^{1-n} \hat{v}(|\xi|)$$

が成り立つ.

$V = \delta$ ならば $\hat{V} = (2\pi)^{-n/2}$ であるから,V がデルタ関数に近ければ,

$$\hat{v}(\sigma) \sim \frac{1}{2}(2\pi)^{(-n+1)/2} \sigma^{n-1}$$

となる.

上記で述べたように,V を適当に選べば,ラドン逆変換の近似公式 $V * f$ が得られる.さらに $V * f$ を適切にサンプリングすれば,良い離散近似公式が得られる.これが,関数 f を $g = Rf$ から再構成するフィルタ逆投影法のアイデアである.サンプリングの仕方は,いろいろ知られているが,その際有用なのが,次で述べるシャノン (Shannon) のサンプリング定理である.

b. シャノンのサンプリング定理

$\mathbb{R}^n$ で定義された関数 f は $\Omega > 0$ に対して

$$\hat{f}(\xi) = 0, \quad \forall \xi \in \{\xi \in \mathbb{R}^n : |\xi| > \Omega\} \tag{5.13}$$

となるとき，Ω-帯域制限 (Ω-bandlimited) であるという．

Ω-帯域制限関数の典型例としては，sinc 関数

$$f(x) = \operatorname{sinc} x = \begin{cases} \dfrac{\sin x}{x}, & x \neq 0 \\ 1, & x = 0 \end{cases}$$

がある．このとき

$$\hat{f}(\xi) = \begin{cases} (2\pi)^{1/2}, & |\xi| \leq \frac{1}{2} \\ 0, & |\xi| > \frac{1}{2} \end{cases}$$

である．

定理 5.14 (シャノンのサンプリング定理) f は Ω-帯域制限であるとし，$0 < h < \pi/\Omega$ とする．このとき，f は $f(h\ell)$, $\ell \in \mathbb{Z}^n, h < \pi/\Omega$ によって一意的に定まる．さらに，$L^2(\mathbb{R}^n)$ の意味で

$$f(x) = \sum_{\ell \in \mathbb{Z}^n} f(h\ell) \operatorname{sinc} \frac{\pi}{h}(x - h\ell) \tag{5.14}$$

が成立する．さらに，$I = \{x = (x_1, \cdots, x_n) \in \mathbb{R}^n : |x_j| \leq \pi/h\}$ とすると，$L^2(I)$ において

$$\hat{f}(\xi) = (2\pi)^{-n/2} h^n \sum_{\ell \in Z^n} f(h\ell) e^{-ih\xi \cdot \ell}, \quad \forall \xi \in I \tag{5.15}$$

が成り立つ．また，g を Ω-帯域制限関数とすると

$$\int_{\mathbb{R}^n} f(x)\overline{g}(x) dx = h^n \sum_{\ell} f(h\ell)\overline{g}(h\ell) \tag{5.16}$$

となる．

[証明] ポアッソン (Poisson) の公式より

$$\sum_{\ell \in Z^n} \hat{f}\left(\xi - \frac{2\pi}{h}\ell\right) = (2\pi)^{-n/2} h^n \sum_{\ell \in Z^n} f(h\ell) e^{-ih\xi \cdot \ell}$$

が成り立つ．これより，$\hat{f}$ が I の外でゼロになることから，(5.15) が従う．プランシュレルの等式と (5.15) より

$$\int_{\mathbb{R}^n} f(x)\overline{g}(x)dx = \int_I \hat{f}(\xi)\overline{\hat{g}(\xi)}d\xi = h^n \sum_\ell f(h\ell)\overline{g}(h\ell).$$

となり，(5.16) が成り立つ．$f = g$ とすれば，

$$\sum_\ell |f(h\ell)|^2 = h^{-n}\int_I |\hat{f}(\xi)|^2 d\xi < \infty.$$

(5.15) の両辺に，I の特性関数 $\chi_I(\xi)$ をかけると

$$\hat{f}(\xi) = (2\pi)^{-n/2} h^n \sum_{\ell \in Z^n} f(h\ell)\chi_I(\xi) e^{-ih\xi\cdot\ell}, \quad \forall \xi \in \mathbb{R}^n$$

を得る．右辺の級数は $L^2(\mathbb{R}^n)$ で強収束するから，各項別に逆変換公式が使えて，(5.14) が得られる．証明終わり．

注意 5.2 Ω-帯域制限条件 (5.13) を

$$\int_{|\xi| \geq \Omega} |\hat{f}(\xi)| d\xi \leq \varepsilon \tag{5.17}$$

とゆるめると $0 < h < \pi/\Omega$ のとき

$$|\sum_{\ell \in \mathbb{Z}^n} f(h\ell)\mathrm{sinc}\frac{\pi}{h}(x - h\ell) - f(x)| \leq \frac{2}{(2\pi)^{n/2}}\varepsilon$$

が成り立つ ([79] 参照)．関数 f が (5.17) を満たすとき，f は本質的に Ω-帯域制限であるという．

c. 再構成フィルター

$\mathbb{R}^1$ で定義された関数 v は，適当なローパスフィルター ϕ を用いて

$$\hat{v}(\sigma) = 2(2\pi)^{(n-1/2)}|\sigma|^{n-1}\phi(\sigma/\Omega)$$

と表されるとき，再構成フィルターと呼ばれる．例えば $n = 2$ のとき，ϕ として，理想的ローパスフィルター (ideal low pass)，すなわち，

$$\phi(\sigma) = \begin{cases} 1, & |\sigma| \leq 1 \\ 0, & |\sigma| > 1 \end{cases}$$

をとれば,

$$v(s) = \frac{\Omega^2}{4\pi^2} u(\Omega s), \quad u(s) = \mathrm{sinc}(s) - \frac{1}{2}\left(\mathrm{sinc}\left(\frac{s}{2}\right)\right)^2$$

となる. そのほかに様々な再構成フィルターが知られている. 以下に, そのうち広く用いられいるものをいくつかあげよう.

$n = 2$ について

$$\phi(\sigma) = \begin{cases} \cos\dfrac{\sigma\pi}{2}, & |\sigma| \leq 1 \\ 0, & |\sigma| > 1 \end{cases}$$

を用いれば

$$v(s) = \frac{\Omega^2}{8\pi^2}\left(u\left(\Omega s + \frac{\pi}{2}\right) + u\left(\Omega s - \frac{\pi}{2}\right)\right)$$
$$u(s) = \mathrm{sinc}(s) - \frac{1}{2}\left(\mathrm{sinc}\left(\frac{s}{2}\right)\right)^2$$

となる. シェップとローガン (Shepp-Logan)(1974) の提案したフィルターは

$$\phi(\sigma) = \begin{cases} \mathrm{sinc}\dfrac{\sigma\pi}{2}, & |\sigma| \leq 1 \\ 0, & |\sigma| > 1 \end{cases}$$

ととり,

$$v(s) = \frac{\Omega^2}{2\pi^3} u(\Omega s), \quad u(s) = \begin{cases} \dfrac{\frac{\pi}{2} - s \sin s}{\left(\frac{\pi}{2}\right)^2 - s^2}, & s \neq \pm\dfrac{\pi}{2} \\ \dfrac{1}{\pi}, & s \neq \pm\dfrac{\pi}{2} \end{cases}$$

となる.

$n = 3$ については, マー, チェンとロータバー (Marr-Chen-Lauterbur)(1981) の提案したフィルターのみを与えよう. それは

$$\phi(\sigma) = \begin{cases} \left(\mathrm{sinc}\dfrac{\sigma\pi}{2}\right)^2, & |\sigma| \leq 1 \\ 0, & |\sigma| > 1 \end{cases}$$

を用いていて，このとき

$$v(s) = \frac{\Omega^3}{4\pi^6} \frac{\sin(\pi u)(2u^2-1)}{u(u-1)(u+1)}, \quad u = \frac{\Omega s}{\pi}$$

である．特に，$s = \frac{\pi}{\Omega}\ell, \ell \in \mathbb{Z}$ とすると

$$v\left(\frac{\pi}{\Omega}\ell\right) = \frac{\Omega^3}{8\pi^5} \begin{cases} 2, & \ell = 0 \\ -1, & |\ell| = 1 \\ 0, & |\ell| > 1 \end{cases}$$

となる．2階差分が表れるのは，$n=3$ におけるラドン逆変換公式が2階微分を含んでいることを反映している．

d. 逆投影の離散化

さて，適当な再構成フィルター v が与えられたとき，シャノンのサンプリング定理を用いて，実際にラドン逆変換の近似公式 $V*f = R^*(v*g)$ を離散化しよう．

簡単のために，関数 f は次の仮定を満たすものとする．

1) $\operatorname{supp} f \subset B_\rho(0), \quad (\rho > 0)$.
2) f は本質的に Ω-帯域制限である．

f が本質的に Ω-帯域制限ならば，$g = Rf$ も本質的に Ω-帯域制限であり，シャノンのサンプリング定理を用いれば，

$$(v*g)(\theta, s_\ell) = \Delta s \sum_k v(\theta, s_\ell - s_k) g(\theta, s_k) \tag{5.18}$$

となる．ここで，$s_\ell = \ell \Delta s$ で $\Delta s \leq \pi/\Omega$ とする．

$n=2$ についてのみ述べる．このとき，

$$R^*(v*g)(x) = \int_{S^1} (v*g)(\theta, x\cdot\theta) d\theta$$

である．この積分を離散化するときもシャノンのサンプリング定理を用いる．そのために，$\theta = (\cos\varphi, \sin\varphi)^T$ として，関数

$$\varphi \mapsto (v*g)(\theta, x\cdot\theta)$$

のバンド幅を調べる．

$$\varphi_j = j\Delta\varphi, \quad \Delta\varphi = \frac{\pi}{p}, \quad j = 0, \cdots, p-1$$

$$s_\ell = \ell\Delta s, \quad \Delta s = \frac{\rho}{q}, \quad \ell = -q, -q+1 \cdots, q-1, q$$

$$\theta_j = (\cos\varphi_j, \sin\varphi_j)^T$$

とする.

定理 5.15 整数 k に対して

$$\int_0^{2\pi} e^{-ik\varphi}(v*g)(\theta, x\cdot\theta)d\varphi$$
$$= (2\pi)^{1/2} i^k \int_{|y|<\rho} f(y) e^{-ik\psi} \int_{-\Omega}^{\Omega} \hat{v}(\sigma) J_k(\sigma|x-y|) d\sigma dy$$

となる.ただし,$\psi = \arg(y-x)$ で J_k は k 次の第一種ベッセル関数である.

[証明]

$$(v*g)(\theta, x\cdot\theta) = \int_{\mathbb{R}^1} \hat{v}(\sigma)\hat{g}(\theta,\sigma)e^{i\sigma x\cdot\theta}d\sigma = \int_{-\Omega}^{\Omega} \hat{v}(\sigma)\hat{g}(\theta,\sigma)e^{i\sigma x\cdot\theta}d\sigma$$
$$= (2\pi)^{1/2} \int_{-\Omega}^{\Omega} \hat{v}(\sigma)\hat{f}(\sigma\theta)e^{i\sigma x\cdot\theta}d\sigma$$
$$= (2\pi)^{-1/2} \int_{|y|<\rho} f(y) \int_{-\Omega}^{\Omega} \hat{v}(\sigma) e^{i\sigma(x-y)\cdot\theta} d\sigma dy$$

となるから,

$$\int_0^{2\pi} e^{-ik\varphi}(v*g)(\theta, x\cdot\theta)d\varphi$$
$$= (2\pi)^{-1/2} \int_{|y|<\rho} f(y) \int_{-\Omega}^{\Omega} \hat{v}(\sigma) \int_0^{2\pi} e^{i\sigma(x-y)\cdot\theta - ik\varphi} d\varphi d\sigma dy.$$

ところで,$x = |x|(\cos\psi, \sin\psi)^T$ とすると,$x\cdot\theta = |x|\cos(\varphi-\psi)$ であるから

$$\int_0^{2\pi} e^{i\sigma x\cdot\theta - ik\varphi} d\varphi = \int_0^{2\pi} e^{i\sigma|x|\cos(\varphi-\psi) - ik\varphi} d\varphi$$
$$= e^{-ik\psi} \int_0^{2\pi} e^{i\sigma|x|\cos\varphi - ik\varphi} d\varphi$$

$$= 2\pi i^k e^{-ik\psi} J_k(\sigma|x|)$$

となる．よって，定理の主張が成り立つ．証明終わり．

ベッセル関数に関するデバイ (Debye) の漸近公式

$$0 \leq J_\nu(\theta\nu) \leq (2\pi\nu)^{-1/2}(1-\theta^2)^{-1/4} e^{-(\nu/3)(1-\theta^2)^{1/3}},$$
$$\nu \in \mathbb{R}, \quad \theta \in (0,1)$$

を用いると，$J_k(s)$ は $|s| < |k|$ で $|k|$ が十分大きいとき，無視できるほど小さい．したがって，$2\Omega\rho < |k|$ のとき，定理 5.15 の左辺は無視できるほど小さい．言いかえると，関数 $\varphi \mapsto (v*g)(\theta, x\cdot, \theta)$ は本質的に $2\Omega\rho$-帯域制限である．よって，$\Delta\varphi \leq \pi/\Omega\rho$ のとき，再びシャノンのサンプリング定理を用いると

$$(R^*(v*g))(x) = \Delta\varphi \sum_j (v*g)(\theta_j, x\cdot\theta_j) \tag{5.19}$$

を得る．

したがって，(5.18), (5.19) より

$$(V*f)(x) = \frac{2\pi}{p}\Delta s \sum_{j=0}^{p-1}\sum_{\ell=-q}^{q} v(\theta_j, x\cdot\theta_j - s_\ell) g(\theta_j, s_\ell) \tag{5.20}$$

が成り立つ．これが離散的なデータから $(V*f)(x)$ を求めるアルゴリズムである．

5.4.2 反 復 法

トモグラフィーの離散モデルに対する数値解法において，様々な反復法が提案されている．ここでは，その中でよく用いられている代数的再構成法 (algebraic reconstruction technique) (頭文字を取って ART と略記される) を解説する．ART は (過剰決定，あるいは劣決定の) 線形方程式系の解法としてよく知られたカッツマーズ (Kaczmarz) の画像再構成への応用である．

$H, H_j \ (j=1,\cdots,p)$ をヒルベルト空間とし，

$$R_j, H \to H_j \quad (j=1,\cdots,p)$$

を有界線形作用素とする．$g_j \in H_j$ を与えて，
$$R_j f = g_j \quad (j = 1, 2, \cdots, p)$$
となる $f \in H$ を計算したい．表記を簡単にするため
$$R = \begin{pmatrix} R_1 \\ \vdots \\ R_p \end{pmatrix}, \quad g = \begin{pmatrix} g_1 \\ \vdots \\ g_p \end{pmatrix}, \quad Rf = g$$
と書く．

アフィン部分空間 $\{f \in H : R_j f = g_j\}$ の上への射影 P_j は
$$P_j f = f - R_j^*(R_j R_j^*)^{-1}(R_j f - g_j) \tag{5.21}$$
である．$\omega > 0$ を緩和係数として
$$P_j^\omega = (1-\omega)I + \omega P_j, \quad P^\omega = P_p^\omega \cdots P_1^\omega$$
とおく．このとき，$Rf = g$ を解くための緩和係数 ω 付きカッツマーズ法は，逐次近似
$$f^{k+1} = P^\omega f^k, \quad k = 1, 2, \cdots \tag{5.22}$$
で与えられる．以下では，これを画像再構成に応用したときのアルゴリズムとその収束について述べる．

まず，(5.22) を具体的に書き下すと，次の式に従って計算することになる．
$$f^{k,0} = f^k,$$
$$f^{k,j} = P_j^\omega f^{k,j-1}$$
$$= f^{k,j-1} - \omega R_j^*(R_j R_j^*)^{-1}(R_j f^{k,j-1} - g_j), \quad j = 1, 2, \cdots, p$$
$$f^{k+1} = f^{k,p}$$

2次元トモグラフィーにおいては，R を2次元ラドン変換とし，$H = L^2(|x| < \rho)$ から $L^2(S^1 \times (-\rho, \rho))$ への作用素と考える．
$$R_j f(s) = Rf(\theta_j, s) = g_j(s)$$

とすると，R_j は $H = L^2(|x| < \rho)$ から $L^2(-\rho, \rho)$ への作用素である.

$$R_j^* g(x) = g(x \cdot \theta_j), \quad |x| < \rho$$

だから

$$R_j R_j^* g(s) = 2\sqrt{\rho^2 - s^2} g(s), \quad |s| < \rho$$

となる．よって，求める逐次近似は

$$f^{k,j}(x) = f^{k,j-1}(x) - \frac{\omega}{2\sqrt{\rho^2 - (x \cdot \theta_j)^2}} r_j(x \cdot \theta_j) \tag{5.23}$$

$$r_j = (R_j f^{k,j-1} - g_j) \tag{5.24}$$

となる．次に，この逐次近似アルゴリズムの収束をもう少し一般的な設定で調べよう．$R_j R_j^*$ の代わりに，一般な有界正定値作用素 C_j で置き換えた漸化式

$$\begin{aligned}
f^{k,0} &= f^k, \\
f^{k,j} &= P_j^\omega f^{k,j-1} \\
&= f^{k,j-1} - \omega R_j^* C_j^{-1}(R_j f^{k,j-1} - g_j), \quad j = 1, 2, \cdots, p \\
f^{k+1} &= f^{k,p}
\end{aligned}$$

を考える．このとき次の定理が成り立つ．

定理 5.16 C_j を $C_j \geq R_j R_j^* > 0, j = 1, 2, \cdots, p$ を満たす有界自己共役作用素とする．$0 < \omega < 2$ と仮定する．さらに，$Rf = g$ となる f は存在すると仮定する．このとき，

$$f^k \to P_R f^0 + R^\dagger g, \quad k \to \infty$$

となる．ここで，P_R は $\ker(R)$ への射影であり，$R^\dagger$ は R のムーア・ペンローズ (Moore-Penrose) の一般化された逆作用素である (6.1 節参照).

[証明] $f^\dagger$ を $Rf = g$ の最小ノルム解，すなわち，$Rf = g$ かつ $f \in \ker(R)^\perp$ とし，$e^k = f^k - f^\dagger$ とする．

$f^{k,j}$ に関する漸化式を用いれば，容易に

$$e^{k+1} = Qe^k, \quad Q = Q_p \cdots Q_1, \quad Q_j = I - \omega R_j^* C_j^{-1} R_j, \quad j = 1, 2, \cdots, p.$$

となることがわかる．Q は $\ker(R)$ と $\mathrm{R}^\perp$ を不変部分空間に持ち，$\ker(R)$ 上では $Q = I$ である．したがって，$\ker(R)^\perp$ 上で $k \to \infty$ のとき $Q^k \to 0$ となることが示せれば，定理は証明される．ヒルベルト空間 H の内積を $\langle \cdot, \cdot \rangle$ で表す．

Q_j の定義より

$$\|Q_j f\|^2 = \|f\|^2 - 2\omega \langle f, R_j^* C_j^{-1} R_j f \rangle + \omega^2 \langle R_j^* C_j^{-1} R_j f, R_j^* C_j^{-1} R_j f \rangle$$
$$= \|f\|^2 - 2\omega \langle R_j f, C_j^{-1} R_j f \rangle + \omega^2 \langle R_j R_j^* C_j^{-1} R_j f, C_j^{-1} R_j f \rangle$$

となる．仮定より $R_j R_j^* \leq C_j$ だから

$$\langle R_j R_j^* C_j^{-1} R_j f, C_j^{-1} R_j f \rangle \leq \langle C_j C_j^{-1} R_j f, C_j^{-1} R_j f \rangle$$
$$= \langle R_j f, C_j^{-1} R_j f \rangle$$

である．よって

$$\|Q_j f\|^2 \leq \|f\|^2 - \omega(2 - \omega) \langle R_j f, C_j^{-1} R_j f \rangle$$

となる．C_j は正定値で，$0 < \omega < 2$ であるから $\|Q_j f\| \leq \|f\|$ を得る．等号は $R_j f = 0$ のときにのみ成り立つ．これより，$\|Qf\| \leq \|f\|$ が成立する．等号は $f \in \ker(R)$ のときにのみ成立する．よって，$f \in \ker(R)^\perp$ とすると $f \neq 0$ のとき $\|Qf\| < \|f\|$ となる．なぜなら，等号が成り立つとすると，$f \in \ker(R)$ となり，$f = 0$ が従い矛盾となるからである．

この事実と次の補題より，$\ker(R)^\perp$ 上で $k \to \infty$ のとき $Q^k \to 0$ が成り立つ．そこで

$$e^0 = f^0 - f^\dagger = P_R f^0 + (I - P_R) f^0 - f^\dagger$$

に注意して，$\ker(R)$ 上 $Q = I$ となることと，$f^\dagger, (I - P_R) f^0 \in \mathrm{Range}(R^\dagger)$ となることを用いると

$$f^k - f^\dagger = e^k = Q^k e^0 = P_R f^0 + Q^k ((I - P_R) f^0 - f^\dagger) \to P_R f^0$$
$$k \to \infty.$$

が従う．証明終わり．

補題 5.1 Q をヒルベルト空間 H 上の有界自己共役作用素で $\|Qf\| < \|f\|$, $\forall f \in H\backslash\{0\}$ とする．このとき，任意の $f \in H$ に対して

$$Q^k f \to 0 \quad \text{in } H \quad (k \to \infty)$$

となる．

[証明] 実数列 $\{\|Q^k f\|\}_{k \in \mathbb{N}}$ は有界で広義単調減少であるから，収束する．このとき $\{Q^{2k} f\}$ はヒルベルト空間 H でコーシー列になる．実際，

$$a_k = \|Q^k f\| \to \alpha \in \mathbb{R}_+ \quad (k \to \infty) \tag{5.25}$$

とすると

$$\begin{aligned}
\|Q^{2k}f - Q^{2(k+m)}\|^2 &= \|Q^{2k}f\|^2 + \|Q^{2(k+m)}f\|^2 - 2\langle Q^{2k}f, Q^{2(k+m)}f\rangle \\
&= \|Q^{2k}f\|^2 + \|Q^{2(k+m)}f\|^2 - 2\|Q^{2k+m}f\|^2 \\
&= a_{2k} + a_{2(k+m)} - 2a_{2k+m} \\
&\to \alpha + \alpha - 2\alpha = 0 \\
&\quad (k, m \to \infty).
\end{aligned}$$

よって，$g \in H$ が存在して

$$Q^{2k}f \to g \quad \text{in } H \quad (k, m \to \infty)$$

となる．このとき，

$$\|g\| = \lim_{k \to \infty} \|Q^{2k}f\| = \alpha$$

かつ

$$\|Qg\| = \lim_{k \to \infty} \|Q^{2k+1}f\| = \alpha$$

であるから，$\|Qg\| = \|g\|$ となる．仮定より，$g \neq 0$ ならば $\|Qg\| < \|g\|$ であるから，$g = 0$ である．よって，$\alpha = 0$ となる．証明終わり．

5.4.3 フーリエ再構成

$Rf = g$ のとき,定理 5.1 より

$$\hat{f}(\sigma\theta) = (2\pi)^{-1/2}\hat{g}(\theta, \sigma)$$

となるから,f は,θ を固定するごとに,g を 1 次元フーリエ変換し,それに 2 次元フーリエ逆変換を施せば,f を再構成することができる.離散データに対しては,離散フーリエ変換,離散フーリエ逆変換を施せばよい.そこで,離散空間を

$$\varphi_j = j\Delta\varphi, \quad \Delta\varphi = \frac{\pi}{p}, \quad j = 0, \cdots, p-1$$
$$s_\ell = \ell\Delta s, \quad \Delta s = \frac{\rho}{q}, \quad \ell = -q, -q+1 \cdots, q-1$$
$$\theta_j = (\cos\varphi_j, \sin\varphi_j)^T$$

とし,データは

$$g_{j\ell} = g(\theta_j, s_\ell), \quad j = 0 \cdots, p-1, \quad \ell = -q, \cdots, q-1$$

とする.

フーリエ再構成アルゴリズムは次のようになる.

(ステップ 1) 離散フーリエ変換を施すと,$\hat{g}(\theta_j, \frac{\pi}{\rho}r) = (2\pi)^{1/2}\hat{f}(\frac{\pi}{\rho}\theta_j)$ の近似

$$\hat{g}_{j,r} = (2\pi)^{-1/2}\frac{\rho}{q}\sum_{\ell=-q}^{q} e^{-i\pi r\ell/q} g_{j,\ell}, \quad r = -q, \cdots, q-1$$

を得る.

(ステップ 2) $\hat{f}$ を直交座法で表すために,離散極座標 r, θ_j から,離散直交座標への補間をする.例えば,各 $k \in \mathbb{Z}^2, |k| \leq q$ に対して,$|r\theta_j - k|$ が最も小さくなる j, r を求めて

$$\hat{f}_k = (2\pi)^{-1/2}\hat{g}_{j,r}$$

とおく.

(ステップ 3) $f(\frac{\rho}{q}m)$ の近似 f_m を 2 離散 2 次元フーリエ逆変換によって求

める.

$$f_m = \frac{1}{2\pi}\left(\frac{\pi}{\rho}\right)^2 \sum_{|k|<q} e^{i\pi m \cdot k/q} \hat{f}_k, \quad |m| < q.$$

フーリエ再構成アルゴリズムは,離散フーリエ変換逆変換に関しては問題ないのだが,ステップ2の極座標から直交座標への補間誤差が大きく作用して,このままでは実用的でない.そこで,いろいろな改善策が提案されている[80]．

5.4.4 コーンビーム変換の再構成

物体を囲む適当な曲線 $A \subset \mathbb{R}^3$ と $\theta \in S^2$ に対して $g = Cf(a, \theta)$ を既知として,コーンビーム変換

$$Cf(a, \theta) = \int_0^\infty f(a + t\theta) dt$$

を満たす f を求める公式を構成したい.

曲線 A を $x = a(\lambda), \lambda \in \Lambda \subset \mathbb{R}^1$ とする.曲線 A がキリロフ・ツイ条件を満たしているとすると $(Rf)(\theta, s) \neq 0$ となる s に対して $s = a(\lambda) \cdot \theta$ となる $\lambda \in \Lambda$ が少なくとも1つ存在する.このような λ の個数は有限であると仮定する.このとき,各 s に対して

$$\sum_{\{\lambda : s = a(\lambda) \cdot \theta\}} M(\theta, \lambda) = 1$$

となる関数 $M(\theta, \lambda)$ を選ぶことができる.

$$g(\lambda, \theta) = Cf(a(\lambda), \theta)$$

をデータ関数とする.

$$G(\lambda, \theta) = \int_{\theta^\perp \cap S^2} \frac{\partial}{\partial \theta} g(\lambda, \omega) d\omega$$

とおくと,次の定理を得る.

定理 5.17 $w(s)$ を $\mathbb{R}^1$ で定義された滑らかな関数とし,$V = R^* w'$ とおくと,

$$(V * f)(x) = \int_{\mathbb{S}^2} \int_\Lambda w((x - a(\lambda)) \cdot \theta) G(\lambda, \theta) |a'(\lambda) \cdot \theta| M(\theta, \lambda) d\lambda d\theta$$

[証明] 定理 5.12 で述べた公式 5.12 において, $n=3$ を考えると,

$$(V*f)(x) = \int_{\mathbb{S}^2}\int_{\mathbb{R}^1} w'(x\cdot\theta - s)(Rf)(\theta,s)dsd\theta$$
$$= \int_{\mathbb{S}^2}\int_{\mathbb{R}^1} w(x\cdot\theta - s)\frac{d}{ds}(Rf)(\theta,s)dsd\theta$$

となる. $s = a(\lambda)\cdot\theta$ とおくと,

$(V*f)(x)$
$$= \int_{\mathbb{S}^2}\int_{\mathbb{R}^1} w((x - a(\lambda)\cdot\theta)\frac{d}{ds}(Rf)(\theta,s)\big|_{s=a(\lambda)\cdot\theta}|a'(\lambda)\cdot\theta|M(\theta,\lambda)d\lambda d\theta.$$

グランギート (Grangeat) の関係式 (定理 5.8) より

$$\frac{d}{ds}(Rf)(\theta,s)\big|_{s=a(\lambda)\cdot\theta} = G(\lambda,\theta)$$

であるから, 定理の主張が成り立つ. 証明終わり.

この定理によって, コーンビーム変換のフィルタ逆投影法が得られる.

例えば, $V = \delta$ を 3 次元デルタ関数とし, $w' = -\delta'/8\pi^2$ (この δ は 1 次元デルタ関数) とすれば, デフライズ・クラーク (Defrise-Clark[32]) (1994), 工藤・斎藤 (Kudo-Saito[66]) (1994) の公式

$$f(x) = \int_\Lambda |x - a(\lambda)|^{-2} G^\omega\left(\lambda, \frac{x-a(\lambda)}{|x-a(\lambda)|}\right) d\lambda,$$
$$G^\omega(\lambda,\omega) = -\frac{1}{8\pi^2}\int_{\mathbb{S}^2} \delta'(\omega\cdot\theta)G(\lambda,\theta)|a'(\lambda)\cdot\theta|M(\theta,\lambda)d\theta, \quad \omega\in\mathbb{S}^2$$

を得る.

第6章 非適切問題の正則化

　これまでの章で，具体的逆問題の典型例のいくつかを扱った．そのたびに何度も強調したことは，逆問題は非適切と呼ばれる構造を持っていて，解はデータのノイズに対してきわめて不安定であり，そのままではデータから有意な情報を引き出すのが困難なことである．その困難さを回避する手段がチホノフ (Tikhonov) に始まる様々な正則化の方法である

　ところで，観測データの背後にある法則性を仮定し，有意な情報を引き出す方法は，確率的な法則性を仮定する統計学的手法と，自然科学や社会科学によって演繹された法則に基づく逆問題の解法がある．実は，統計的学習法の定式化とチホノフ正則化との形式的類似性[9]等にみられるように，統計学的手法と逆問題の手法 (正則化) とは深く関連しているらしいことが近年認識されるようになってきた (例えば，ヴァプニク (Vapnik[100]) を参照)．さらに付け加えると，田辺[93]が指摘するように，電子計算機の発達に伴い，この10数年の間に現象を理論的に把握するとき用いられる推論の仕方が急速に変化してきて，従来用いられた演繹的推論ではなく帰納的推論で認知することが多くなってきている．統計学と逆問題における正則化は，本質的に帰納的推論であり，従来の科学 (数学) を学習してきた人にとって，ここでパラダイムの変更が要求されることになる．

　この章では，逆問題を解析する主要な手段である様々な正則化の理論を関数解析の枠組でなるべく平易に解説する．

6.1 非適切線形問題とコンパクト作用素

X と Y をノルム空間とし，$A: X \to Y$ を (線形または非線形) 写像とする．$y \in Y$ を与えて，作用素方程式

$$Ax = y \tag{6.1}$$

を満たす $x \in X$ を求める問題を考える．

6.1.1 適切な問題と非適切な問題

問題 (6.1) は，次の①〜③が成り立つとき適切 (well-posed) であるといい，そうでないとき非適切 (ill-posed) であるという．

① 解が存在する．すなわち，任意の $y \in Y$ に対して (6.1) を満たす元 $x \in$ が少なくとも 1 つ存在する．

② 解は一意的である．すなわち $Ax_1 = Ax_2, (x_1, x_2 \in X)$ ならば，$x_1 = x_2$ である．

③ 解は，データ y に連続的に依存する．すなわち，

$$\|x_1 - x_2\|_X \leq C\|Ax_1 - Ax_2\|_Y, \quad \forall x_1, x_2 \in X$$

が成り立つ．

多くの逆問題は非適切な問題である．さらに，①，②の条件が成り立って，連続依存性③の条件が，次のように弱められた形③′ で成り立つとき，問題は弱非適切 (mildly ill-posed) であるという．

③′ Y の中に連続的に埋め込まれたノルム空間 $Y_0 \subsetneq Y$ が存在して

$$\|x_1 - x_2\|_X \leq C\|Ax_1 - Ax_2\|_{Y_0}, \quad \forall x_1, x_2 \in X$$

が成り立つ．

弱非適切 (mildly illposed) でない非適切問題は強非適切 (severely ill-posed) であるといわれる．

以後 6.3 節まで，A は有界線形作用素，X と Y がヒルベルト空間の場合のみを考える．もちろん，X と Y をノルム空間の完備化であるバナッハ空間とする一般的問題設定に対しても，ヒルベルト空間の場合と類似の定義を与えて，その理論を展開することもできるが，ここでは，扱う問題を簡単化し，かつ解析のアプローチをより明確に説明することを考えて，ヒルベルト空間の枠組でのみ考えることにする．

ヒルベルト空間 X, Y の内積とノルムを，それぞれ $\langle \cdot,\cdot \rangle_X$, $\langle \cdot,\cdot \rangle_Y$ と $\|\cdot\|_X$, $\|\cdot\|_Y$ で表す．また X から Y への有界線形作用素の全体のなすバナッハ空間を $\mathcal{L}(X,Y)$ で表し，そのノルムを単に $\|\cdot\|$ と書く．

A の値域は，
$$R(A) = \{Ax \in Y : x \in X\}$$
と表す．

本章では，実線形空間のみを考えるが，その多くの命題は，複素線形空間に対しても自然に拡張できる．

A を X から Y への線形作用素とする．X の閉単位球 $\overline{B_1}$ の A による像 $A(\overline{B_1})$ の閉包が Y でコンパクトなとき，A をコンパクトな作用素という．コンパクトな線形作用素は有界，したがって連続である．

定理 6.1 A を X から Y へのコンパクトな線形作用素とする．このとき，問題 (6.1) は非適切である．

[証明] $\{x_n\}$ を X の正規直交基底とする．$\{x_n\}$ は閉単位球に含まれるから，$\{Ax_n\}$ は Y で相対コンパクトである．したがって，部分列 $\{Ax_{n_k}\}$ が存在して，ある元 $y \in Y$ に強収束する．そこで，
$$\overline{x}_k = \frac{x_{n_k} - x_{n_{k+1}}}{2}$$
とおくと，$\|\overline{x}_k\|_X = 1$ かつ
$$\|A\overline{x}_k\|_Y = \frac{1}{2}\|Ax_{n_k} - Ax_{n_{k+1}}\|_Y \to 0, \quad k \to \infty$$
となる．よって，問題 (6.1) は非適切である．証明終わり．

注意 6.1 A がコンパクトな線形作用素で，一対一であるとすると逆作用素 $A^{-1}: R(A) \to X$ は有界ではない．

6.1.2 最小 2 乗解と一般化された逆作用素

逆問題では，このような適切でない問題の (近似) 解を構成することが求められる．そこで，線形方程式 (6.1) の解の概念を一般化して，次の最小 2 乗解 (least square solutions)，最小ノルム解 (least norm solutions) を定義する．最小ノルム解は最良近似解 (best possible solutions) とも呼ばれる．これらは適正な近似解の候補と考えられる．ただし，実際に応用上意味があるかどうかは，得られた近似解と，求めたい解を比較してみなければわからない．

定義 6.1 $x \in X$ は，
$$\|Ax - y\|_Y = \inf_{z \in X} \|Az - y\|_Y$$
となるとき，(6.1) の最小 2 乗解という．また．(6.1) の最小 2 乗解 $x \in X$ が
$$\|x\|_X = \inf \{\|x\|_X : x \text{ は (6.1) の最小 2 乗解}\}$$
となるとき，最小ノルム解，または，最良近似解という．

A が一対一でない，すなわち，A^{-1} が定義できないとき，ムーア (Moore) とペンローズ (Penrose) は次のように逆作用素の概念を拡張した．

まず，A の零空間 $N(A)$ を
$$N(A) = \{x \in X : Ax = 0\} \supsetneq \{0\}$$
と定義し，その直交補空間を
$$N(A)^\perp = \{x \in X, : (x,y)_X = 0 \quad \forall y \in N(A)\}$$
と定義する．$N(A)$ は閉集合だから，直交補空間の定義と直交分解に関するよく知られた事実より
$$X = N(A) \oplus N(A)^\perp$$

となる．そこで
$$\tilde{A} = A\Big|_{N(A)^\perp} : N(A)^\perp \to R(A)$$
を定義する．このとき，$\tilde{A}x = 0$ ならば，$x \in N(A) \cap N(A)^\perp$ だから $x = 0$ となり，$\tilde{A}$ は一対一．よって，逆作用素 $\tilde{A}^{-1}$ が定義できる．このことを用いて，
$$A^\dagger y = \begin{cases} \tilde{A}^{-1}y & y \in R(A) \\ 0 & y \in R(A)^\perp \end{cases}$$
と定義すると，$A^\dagger$ は，$D(A^\dagger) = R(A) \oplus R(A)^\perp$ から $R(A^\dagger)$ への線形作用素である ($R(A)$ は必ずしも閉集合ではないから，$D(A^\dagger) = Y$ であるとは限らないことに注意せよ)．この作用素 $A^\dagger$ をムーア・ペンローズの一般化された逆作用素と呼ぶ．

[註] A が一対一，すなわち，$N(A) = \{0\}$ ならば，$A^\dagger = A^{-1}$ である．

P と Q をそれぞれ，$N(A)$ と $\overline{R(A)}$ への直交射影作用素とすると，次の命題が成り立つ．

命題 6.1 $R(A^\dagger) = N(A)^\perp$ となり，次の等式が成立する．
$$AA^\dagger A = A, \tag{6.2}$$
$$A^\dagger AA^\dagger = A^\dagger, \tag{6.3}$$
$$A^\dagger A = I - P, \tag{6.4}$$
$$AA^\dagger = Q\big|_{D(A^\dagger)}. \tag{6.5}$$

[証明] 定義より，任意の $y \in D(A^\dagger)$ に対して
$$A^\dagger y = \tilde{A}^{-1}Qy = A^\dagger Qy \quad (\Rightarrow \quad A^\dagger = A^\dagger Q\big|_{D(A^\dagger)})$$
であるから，$R(A^\dagger) \subset N(A)^\perp$ である．また，任意の $x \in N(A)^\perp$ に対して
$$A^\dagger Ax = \tilde{A}^{-1}\tilde{A}x = x$$

であるから，$N(A)^\perp \subset R(A^\dagger)$ である．よって，
$$R(A^\dagger) = N(A)^\perp.$$
となる．さて，$y \in D(A^\dagger)$ に対して
$$AA^\dagger y = A\tilde{A}^{-1}Qy = \tilde{A}\tilde{A}^{-1}Qy = Qy$$
が成り立つ．よって，(6.5) が従う．

さらに，(6.5) より
$$A^\dagger A A^\dagger = A^\dagger Q\big|_{D(A^\dagger)} = A^\dagger$$
であるから，(6.3) がいえる．また，$A^\dagger$ の定義より，任意の $x \in X$ に対して
$$A^\dagger A x = \tilde{A}^{-1}A(Px + (I-P)x) = \tilde{A}^{-1}\tilde{A}(I-P)x = (I-P)x.$$
よって，
$$A^\dagger A = I - P,$$
となり，(6.4) が従う．このとき，
$$AA^\dagger A = A(I-P) = A.$$
証明終わり．

命題 6.2 ムーア・ペンローズの一般化された逆作用素 $A^\dagger$ は閉作用素，すなわち，そのグラフ
$$G(A^\dagger) = \{(y, A^\dagger y) \in Y \times X : y \in D(A^\dagger)\} \tag{6.6}$$
は直積空間 $Y \times X$ の中で閉である．さらに，$A^\dagger$ が有界であるための必要十分条件は，$R(A)$ が閉であることである．

[証明] 定義 (6.6) を書き直すと
$$\begin{aligned}G(A^\dagger) &= \{(y_1 + y_2, \tilde{A}^{-1}y_1) : y_1 \in R(A), y_2 \in R(A)^\perp\} \\ &= \{(y_1, \tilde{A}^{-1}y_1) : y_1 \in R(A)\} + R(A)^\perp \times \{0\}\end{aligned}$$

となる．ところで，

$$\{(y_1, \tilde{A}^{-1} y_1) : y_1 \in R(A)\} = \{(Ax, x) : x \in X\} \cap (Y \times N(A)^\perp)$$

が成り立つ．実際，$y_1 \in R(A), x = \tilde{A}^{-1} y_1$ とすると，定義より $x \in N(A)^\perp$ で，$Ax = A\tilde{A}^{-1} y_1 = y_1$．よって，

$$(y_1, \tilde{A}^{-1} y_1) = (Ax, x) \in Y \times N(A)^\perp \tag{6.7}$$

である．逆に，$x \in N(A)^\perp, y_1 = Ax$ とすると，$\tilde{A}^{-1} y_1 = x$ だから，$(y_1, \tilde{A}^{-1}(A) y_1) = (Ax, x)$．

以上から，

$$G(A^\dagger) = \{(Ax, x) : x \in X\} \cap (Y \times N(A)^\perp) + R(A)^\perp \times \{0\}.$$

この左辺の2つの直和部分集合はそれぞれ閉集合だから，$G(A)$ は閉である．$R(A)$ が閉ならば，$D(A^\dagger) = Y$ である．よって，閉グラフ定理により，$A^\dagger$ は有界である．

逆に $A^\dagger$ は有界とする．$D(A^\dagger)$ は Y で稠密なので，$A^\dagger$ は Y を定義域に持つ有界作用素 $\overline{A^\dagger}$ に一意的に拡張できる．A も有界だから，$AA^\dagger = Q$ より $A\overline{A^\dagger} = Q$ となる．よって，$y \in \overline{R(A)}$ とすると，

$$y = Qy = A\overline{A^\dagger} y \in R(A).$$

よって，$\overline{R(A)} \subset R(A)$ となる．すなわち，$R(A)$ は閉である．証明終わり．

(6.1) の最小2乗解，最小ノルム解は，ムーア・ペンローズの一般化された逆作用素を用いると，次のように表現される．

定理 6.2 $y \in D(A^\dagger)$ とする．このとき，$Ax = y$ はただ1つの最小ノルム解を持ち，それは

$$x^\dagger = A^\dagger y$$

で与えられる．また，最小2乗解の集合は，$x^\dagger + N(A)$ となる．

[証明] Q を $\overline{R(A)}$ への直交射影作用素とする．$y \in D(A^\dagger)$ に対して

$$\mathscr{S} = \{z \in X : Az = Qy\}$$

とおく．$D(A^\dagger) = R(A) + R(A)^\perp$ だから，$Qy \in R(A)$．よって，$\mathscr{S} \neq \emptyset$．さらに，射影作用素の定義より，任意の $z \in \mathscr{S}$ と $x \in X$ に対して

$$\|Az - y\|_Y = \|Qy - y\|_Y \leq \|Ax - y\|_Y, \quad \forall x \in X$$

となる．よって，$\mathscr{S}$ の元 z は最小 2 乗解である．

逆に，$z \in X$ を最小 2 乗解とすると

$$\|Az - y\|_Y = \inf_{x \in X} \|Ax - y\|_Y = \|Qy - y\|_Y$$

となる．よって，$Az = Qy$．したがって，$\mathscr{S}$ は，最小 2 乗解の集合である．

ところで，$\mathscr{S}$ は閉凸集合であるから，

$$\|\tilde{z}\|_X = \inf_{z \in \mathscr{S}} \|z\|_X$$

となる元 $\tilde{z}$ がただ 1 つ存在する．これが，求める最小ノルム解であり，

$$\tilde{z} = A^\dagger y$$

を満たすことを示そう．

まず，明らかに

$$\mathscr{S} = \tilde{z} + N(A)$$

である．さらに，$\tilde{z} \in N(A)^\perp$ となる．なぜなら，任意の $t \in \mathbb{R}, u \in N(A)$ に対して

$$\|\tilde{z}\|_X^2 \leq \|\tilde{z} + tu\|_X^2 = \|\tilde{z}\|_X^2 + 2t\langle \tilde{z}, u\rangle_X + t^2\|u\|_X^2$$

となる．よって，

$$2t\langle \tilde{z}, u\rangle_X + t^2\|u\|_X^2 \geq 0.$$

t で両辺を割って $t \to 0$ とすると，$\langle \tilde{z}, u\rangle_X = 0$ が成り立つ．

$\tilde{z} \in N^\perp(A)$ だから，命題 6.1 より

$$\tilde{z} = (I - P)\tilde{z} = A^\dagger A\tilde{z} = A^\dagger Qy = A^\dagger AA^\dagger y = A^\dagger y$$

となり，主張が成り立つ．証明終わり．

A をヒルベルト空間 X からヒルベルト Y への有界線形作用素とする．A の共役作用素 $A^* : Y \to X$ を関係

$$\langle Ax, y \rangle_Y = \langle x, A^*y \rangle_X, \quad \forall (x, y) \in X \times Y$$

で定義する．A がコンパクトならば，A^* もコンパクトである．

次の補題より，最小 2 乗解を A^* を用いて特徴付けることができる．

補題 6.1 X, Y をヒルベルト空間，$A : X \to Y$ を有界線形作用素，$A^* : Y \to X$ を A の共役作用素とする．このとき，

$$N(A) = R(A^*)^\perp, \quad N(A)^\perp = \overline{R(A^*)}$$
$$N(A^*) = R(A)^\perp, \quad N(A^*)^\perp = \overline{R(A)}$$

が成り立つ．

証明は，ブレジス[17] を参照のこと．

定理 6.3 $y \in D(A^\dagger)$ とする．このとき，x が $Ax = y$ の最小 2 乗解であるための必要十分条件は，正規方程式

$$A^*Ax = A^*y$$

が成り立つことである．

[証明] 前の定理の証明の議論より，x が $Ax = y$ の最小 2 乗解であるための必要十分条件は，$Ax - y = Qy - y \in R(A)^\perp$ であることがわかる．$R(A)^\perp = N(A^*)$ であるから，$A^*(Ax - y) = 0$ が，x が $Ax = y$ の最小 2 乗解であるための必要十分条件となる．証明終わり．

定理 6.2 と定理 6.3 より，$A^\dagger y$ は $A^*Ax = A^*y$ の最小ノルム解であるから

$$A^\dagger = (A^*A)^\dagger A^*$$

となる．よって，$D(A^\dagger) \subset D(A^*)$ となる．

$y \notin D(A^\dagger)$ ならば，$Ax = y$ の最小ノルム解は存在しない．

[註] ムーア・ペンローズの一般化された逆作用素 $A^{\dagger}$ が有界ならば，最小ノルム解は，一意的に存在して，データの連続依存性が成り立つ．そこで，$A^{\dagger}$ が非有界となるときを，非適切問題と定義することもある．

6.1.3 コンパクト作用素の特異値分解

A を X から Y へのコンパクト線形作用素とすると，A^*A はコンパクトな非負自己共役作用素だから，可算無限個の正固有値 $\{\lambda_j\}_{j\in\mathbb{N}}$ と，対応する固有ベクトル $\{v_j\}_{n\in\mathbb{N}}$ が存在する．このとき，$\mu_j = \sqrt{\lambda_j}, (j \in \mathbb{N})$ を作用素 A の特異値 (singular value) と呼ぶ．$0 < \mu_j \leq \|A\|$ である．一般性を失うことなく，特異値は次の順序に並んでいると仮定してよい．

$$\mu_1 \geq \mu_2 \geq \cdots \mu_n \geq \cdots > 0.$$

ただし，多重固有値は，その多重度 (有限個) だけ繰り返して添数を数えることにする．

固有ベクトル $\{v_j\}_{n\in\mathbb{N}}$ は，$\overline{R(A^*)} = \overline{R(A^*A)} (= N(A)^\perp)$ を張る完備な正規直交系にとることができる．そこで，

$$u_j = \frac{Av_j}{\|Av_j\|_Y}, \quad j \in \mathbb{N}$$

とおくと，u_j は A^* の固有ベクトルである．さらに，$\{u_j\}_{n\in\mathbb{N}}$ は，$\overline{R(A)} = \overline{R(AA^*)}$ を張る完備な正規直交系であって，

$$Av_j = \mu_j u_j, \quad A^*u_j = \mu_j v_j, \quad j \in \mathbb{N}$$

となる．組 $\{\mu_j, u_j, v_j\}$ を作用素 A に対する特異系と呼ぶ．さらに，

$$Ax = \sum_{j=1}^{\infty} \mu_j \langle x, v_j \rangle_X u_j, \quad A^*y = \sum_{j=1}^{\infty} \mu_j \langle y, u_j \rangle_Y v_j$$

である．この分解を特異値分解と呼ぶ．

特異値の集合に関する若干の結果を証明なしで述べておく．

① $\dim R(A) < +\infty$ であるための必要十分条件は A の特異値が有限個であることである．

② 無限個の特異値が存在すれば，特異値は原点に集積する．すなわち，

$$\mu_j \to 0, \quad j \to \infty$$

となる.

命題 6.3 A を X から Y へのコンパクト線形作用素とする. このとき,

$$R(A) \text{ は閉} \iff \dim R(A) < +\infty.$$

$\dim R(A) = +\infty$ ならば, $A^\dagger$ は稠密な定義域を持つ非有界閉作用素である.

[証明] $R(A)$ が閉ならば, $R(A)$ は完備である. よって, バナッハの開写像定理より, $A|_{N^\perp} : N^\perp \to R(A)$ の逆作用素は有界である. このとき,

$$AA|_{N^\perp}^{-1} = I_{R(A)}$$

はコンパクトになるから, $\dim R(A) < +\infty$ である. 残りの主張は, 定理 6.2 より従う. 証明終わり.

定理 6.4 (ピカール (**Picard**) の定理) $\{\mu_j, u_j, v_j\}$ をコンパクト線形作用素 A に対する特異系とする. このとき, 次が成立する.

$$y \in D(A^\dagger) \iff \sum_{j=1}^\infty \frac{1}{\mu_j^2} |\langle y, u_j \rangle_Y|^2 < \infty. \tag{6.8}$$

さらに, 任意の $y \in D(A^\dagger)$ に対して

$$A^\dagger y = \sum_{j=1}^\infty \frac{1}{\mu_j} \langle y, u_j \rangle_Y v_j \tag{6.9}$$

となる.

[証明] $y \in D(A^\dagger)$ とすると, $Qy \in R(A)$ である. $\{u_j\}_{j \in \mathbb{N}}$ は $\overline{R(A)}$ を張るから,

$$Qy = \sum_{j=1}^\infty \langle y, u_j \rangle_Y u_j, \quad \forall y \in Y$$

である. $Qy \in R(A)$ より, $Ax = Qy$ となる $x \in X$ が存在する. 一般性を失うことなく, $x \in N(A)^\perp$ と仮定できる. $\{v_j\}_{j \in \mathbb{N}}$ は $\overline{R(A^*)} = N(A)^\perp$ を張っ

ているから,

$$x = \sum_{j=1}^{\infty} \langle x, v_j \rangle_X v_j.$$

よって,

$$Qy = \sum_{j=1}^{\infty} \langle y, u_j \rangle_Y u_j = Ax = \sum_{j=1}^{\infty} \langle x, v_j \rangle_X A v_j = \sum_{j=1}^{\infty} \mu_j \langle x, v_j \rangle_X u_j$$

となる. したがって

$$\langle y, u_j \rangle_Y = \mu_j \langle x, v_j \rangle_X, \quad \forall j \in \mathbb{N} \tag{6.10}$$

が成り立つ. $\|x\|_X^2 = \sum_{j=1}^{\infty} |\langle x, v_j \rangle_X|^2 < \infty$ であるから, $\{\langle x, v_j \rangle_X\}_{j \in \mathbb{N}} \in \ell^2$ であり

$$\sum_{j=1}^{\infty} \frac{1}{\mu_j^2} |\langle y, u_j \rangle_Y|^2 < \infty$$

が成立する.

逆に, $\{\langle y, u_j \rangle_Y / \mu_j\}_{j \in \mathbb{N}} \in \ell^2$ とするとリース・フィッシャーの定理より, $\sum_{j=1}^{\infty} \frac{1}{\mu_j} \langle y, u_j \rangle_Y v_j$ は X で収束する.

$$\tilde{x} = \sum_{j=1}^{\infty} \frac{1}{\mu_j} \langle y, u_j \rangle_Y v_j \in X$$

とおくと,

$$Ax = \sum_{j=1}^{\infty} \frac{1}{\mu_j} \langle y, u_j \rangle_Y A v_j = \sum_{j=1}^{\infty} \langle y, u_j \rangle_Y u_j = Qy$$

となる. よって, $Qy \in R(A)$ だから, $y \in D(A^\dagger)$ である. さらに, $\{v_j\}_{j \in \mathbb{N}}$ は, $N(A)^\perp$ を張るから, $x \in N(A)^\perp$ である. ところで,

$$\{z \in X : Az = Qy\} = A^\dagger y + N(A)$$

は最小2乗解の集合で, x はこの集合の元で $N(A)^\perp$ の元でもあるから, $Ax = y$ の最小ノルム解である. すなわち, $x = A^\dagger y$ が成り立つ. 証明終わり.

6.1.4 平滑性の仮定と誤差の評価

非適切な問題に対して適正な解を求めるためには,何か適当な付加条件が必要である.例えば,再構成する対象が十分に滑らかであるとすれば,高調波は雑音であるから,再構成する際に高調波 (high frequency) をカットするフィルターをかけることができる.ここでは,これらを扱うための関数解析的な枠組を考える.

A をヒルベルト空間 X からヒルベルト Y へのコンパクトな線形作用素とする.さらに,議論を簡単にするために,A は一対一であるとする.このとき,共役作用素 A^* は Y から X へのコンパクトで一対一な線形作用素になり,逆作用素 $(A^*)^{-1}: R(A^*) \to Y$ が定義できる.

問題 $Ax = y$ の解 x が,A^* の値域に含まれていると仮定する.すなわち,$x = A^* \tilde{y}$ となる $\tilde{y} \in Y$ が存在するとする.この仮定は,x が単にヒルベルト空間 X の元ではなく,アプリオリに,より滑らかであることを意味している.そこで,より強いノルム

$$\|x\|_1 = \|(A^*)^{-1} x\|_Y, \quad x \in R(A^*)$$

を定義しよう.さらに,x は $R(A^*)$ の元より,もっと滑らかで $R(A^*A)$ に含まれていると仮定することもできる.この場合は,さらに強いノルム

$$\|x\|_2 = \|(A^*A)^{-1} x\|_X, \quad x \in R(A^*A)$$

を定義する.このとき,次の定理が成り立つ.

定理 6.5 $x \in X$ について,次のアプリオリ評価が成り立つとする.

$$\|x\|_1 \leq E, \qquad \|Ax\|_Y \leq \delta.$$

このとき,

$$\|x\|_X \leq \sqrt{E\delta} \tag{6.11}$$

が成り立つ.さらに,より強いアプリオリ評価

$$\|x\|_2 \leq E, \qquad \|Ax\|_Y \leq \delta.$$

を仮定すると，より良い評価

$$\|x\|_X \leq E^{1/3}\delta^{2/3} \qquad (6.12)$$

を得る．

[証明] $y = (A^*)^{-1}x$ とおくと，$\|y\|_Y \leq E$ である．よって，

$$\|x\|_X^2 = \langle x, A^*y\rangle_X = \langle Ax, y\rangle_Y \leq \|Ax\|_Y \|y\|_Y \leq \delta E$$

である．したがって，(6.11) が成り立つ．また，$z = (A^*A)^{-1}x$ とおくと，$\|z\|_X \leq E$ である．このとき，

$$\|x\|_X^2 = \langle x, A^*Az\rangle_X = \langle Ax, Az\rangle_Y$$
$$\leq \|Ax\|_Y \|Az\|_Y$$
$$\leq \delta\|Az\|_Y = \delta\langle Az, Az\rangle_Y^{1/2} = \delta\langle z, x\rangle_X^{1/2} \leq \delta E^{1/2}\|x\|_X^{1/2}$$

となる．よって，(6.12) が成り立つ．

[註] δ は，データの誤差の大きさ (ノイズレベル) を示す．x に関する「より滑らかである」というアプリオリの情報 $\|x\|_1, \|x\|_2$ によって，どんな逆公式を用いたとしても x を再構成するときに生じる誤差の限界を，データのノイズレベル δ によって制御し，改善することができるということを，この定理は主張している．

6.1.5 正則化列

前項で述べたように，解の平滑性に関するアプリオリな情報によって解を再構成する際の雑音が制御できることがわかった．そこで，雑音の大きさが制御できる再構成アルゴリズムを作用素に対する情報から具体的に構成することを考えよう．

非適切問題に表れる作用素 A は，それが一対一有界線形作用素であったとしても，一般に A^{-1} は非有界作用素である．そこで，最初に A^{-1} の近似 (正則化) を導入しよう．

定義 6.2 Y から X への有界作用素の族 $\{R_\gamma\}_{\gamma>0}$ が次の条件を満たすとき，

A^{-1} の正則化列と呼ぶ．

$$\lim_{\gamma \to 0} R_\gamma A x = x, \quad \forall x \in X. \tag{6.13}$$

定理 6.6 A をコンパクトとする．このとき，$\{R_\gamma\}_{\gamma>0}$ は一様有界ではない．

[証明] $\{R_\gamma\}_{\gamma>0}$ は一様有界であるとすると，

$$\|R_\gamma\|_{\mathcal{L}(Y,X)} \leq M, \quad \forall \gamma > 0.$$

定理 6.1 の証明で述べたように，$\|x_n\|_X = 1$ かつ $\|Ax_n\|_Y \to 0$ となる点列 $\{x_n\}$ が存在する．このとき，

$$\|R_\gamma A x_n\|_X = \|x_n\|_X = 1$$

であるが，

$$\|R_\gamma A x_n\|_X \leq M \|Ax_n\|_Y \to 0$$

となり，矛盾．証明終わり．

正則化法の目的の1つは，再構成における誤差の限界を最良になるようにすることである．以下にこのことを式を用いて考察しよう．

まず，y^δ を計測データとし，$\|y^\delta - Ax\|_Y \leq \delta$ と仮定して，

$$x^{\gamma,\delta} = R_\gamma y^\delta$$

と定義する．このとき，雑音限界を最良にできる正則化列 $\{R_\gamma\}_{\gamma>0}$ を求めることを考える．例えば，$\|x\|_1 \leq E$ と $\|y^\delta - Ax\|_Y \leq \delta$ を仮定して，評価

$$\|x^{\gamma,\delta} - x\|_X \leq C\sqrt{E\delta}$$

を，少なくとも，ある γ の値に対して示すことができれば，定理 6.5 よりそれが最善と考えられよう．このような正則化アルゴリズムを構成したい．ところで，再構成の誤差 $\|x^{\gamma,\delta} - x\|_X$ は次のように分解される．

$$\|x^{\gamma,\delta} - x\|_X \leq \delta \|R_\gamma\|_{\mathcal{L}(Y,X)} + \|R_\gamma A x - x\|_X. \tag{6.14}$$

ただし，作用素ノルム

$$\|R_\gamma\|_{\mathcal{L}(Y,X)} = \sup_{\|y\|_Y \leq 1} \|R_\gamma y\|_X$$

である.実際,

$$\|x^{\gamma,\delta} - x\|_X = \|R_\gamma y^\delta - R_\gamma Ax + -R_\gamma Ax - x\|_X$$
$$\leq \|R_\gamma\|_{\mathcal{L}(Y,X)} \|y^\delta - Ax\|_Y + \|R_\gamma Ax - x\|_X.$$

誤差評価 (6.14) には,2 つの相反する効果が存在する.1 つは,定理 6.6 より $\gamma \to 0$ のとき,$\|R_\gamma\|_{\mathcal{L}(X,Y)} \to \infty$ となる非適切問題の効果であり,それゆえ γ を小さくとることはできない.もう 1 つは,正則化の効果で,$\gamma \to 0$ とすると,$\|R_\gamma Ax - x\|_X \to 0$ となり,この部分の誤差はいくらでも小さくなるから,γ はなるべく小さくとりたい.これらを勘案すると,適当な中間の値の γ でのみ最良の再構成ができるはずである.次の項では,特異値分解を使って,このような構成を試みる.

[註] A が一対一でないときは,$\|y^\delta - Ax\|_Y \leq \delta$ を満たす観測データ y^δ に対して,最小ノルム解 $x^\dagger = A^\dagger y^\delta$ の再構成を考えることになり,次の定義が導入される.

定義 6.3 $A : X \to Y$ を有界線形作用素とする.X から Y への (必ずしも線形とは限らない) 連続作用素の族 $\{R_\gamma\}_{\gamma>0}$ が次の条件を満たすとき,$A^\dagger$ の正則化列と呼ぶ.

(条件) 任意の $y \in D(A^\dagger)$ に対して,

$$\limsup_{\delta \to 0} \sup_{y^\delta \in B_\delta(y)} \|R_{\gamma(\delta,y^\delta)} y^\delta - A^\dagger y\|_X = 0 \tag{6.15}$$

となるパラメータ $\gamma = \gamma(\delta, y^\delta) > 0$ が選べる.ここで,$\gamma : \mathbb{R}^+ \times Y \to (0, \gamma_0)$ は

$$\limsup_{\delta \to 0} \sup_{y^\delta \in B_\delta(y)} |\gamma(\delta, y^\delta)| \leq \delta \} = 0 \tag{6.16}$$

となるものとする.ただし,γ_0 は適当な正数,$B_\delta(w) = \{w \in Y : \|z - y\|_Y \leq \delta\}$ である.

6.1.6 特異値分解による正則化

A を X から Y へのコンパクト線形作用素とし,$\{\mu_j, v_j, u_j\}$ を作用素 A に対する特異系とする.簡単のために,A は一対一と仮定する.$\gamma > 0, \mu \in [0, \|A\|_{\mathcal{L}(X,Y)}]$ に対して,$q(\gamma, \mu)$ を

$$|q(\gamma,\mu)| < 1, \quad |q(\gamma,\mu)| \le c(\gamma)\mu,$$
$$|q(\gamma,\mu) - 1| \to 0 \quad (\text{as} \quad \gamma \to 0)$$

を満たすように定義して,

$$R_\gamma y = \sum_{j=1}^{\infty} \frac{q(\gamma, \mu_j)}{\mu_j} \langle y, u_j \rangle_Y v_j$$

とおく.

定理 6.7 $y \in D(A^\dagger)$ とする.

(1) $\|z\|_Y \le E$ となる $z \in D(A^*)$ が存在して $x^\dagger = A^* z$ かつ,$\|y^\delta - Ax^\dagger\|_Y \le \delta$ と仮定する.$q(\gamma, \mu)$ と γ を

$$|q(\gamma,\mu) - 1| \le C_1 \frac{\sqrt{\gamma}}{\mu}, \quad c(\gamma) \le \frac{C_2}{\sqrt{\gamma}}, \quad \gamma = \frac{C_3 \delta}{E} \tag{6.17}$$

となるように選ぶ.このとき,

$$x^{\gamma,\delta} = R_\gamma y^\delta \tag{6.18}$$

に対して

$$\|x^{\gamma,\delta} - x^\dagger\|_X \le \left(\frac{C_2}{\sqrt{C_3}} + C_1 \sqrt{C_3}\right) \sqrt{\delta E} \tag{6.19}$$

が成り立つ.

(2) $\|z\|_X \le E$ となる $z \in D(A^*A)$ が存在して $x^\dagger = A^* A z$ かつ $\|y^\delta - Ax^\dagger\|_Y \le \delta$ と仮定する.$q(\gamma, \mu)$ と γ を

$$|q(\gamma,\mu) - 1| \le C_4 \frac{\sqrt{\gamma}}{\mu^2}, \quad c(\gamma) \le \frac{C_5}{\sqrt{\gamma}}, \quad \gamma = C_6 \left(\frac{\delta}{E}\right)^{2/3} \tag{6.20}$$

となるように選ぶ.このとき

$$\|x^{\gamma,\delta} - x^\dagger\|_X \leq \left(\frac{C_5}{\sqrt{C_6}} + C_4 C_6\right) \delta^{2/3} E^{1/3} \tag{6.21}$$

が成立する.

[証明] はじめに

$$\|R_\gamma\|_{L(Y,X)} \leq c(\gamma), \tag{6.22}$$

$$\|R_\gamma A x^\dagger - x^\dagger\|_X^2 = \sum_{j=1}^\infty |q(\gamma,\mu_j) - 1|^2 |\langle x^\dagger, v_j\rangle_X|^2 \tag{6.23}$$

となることを示す. まず, $\{v_j\}$ は X における正規直交系だから任意の $y \in Y$ に対して

$$\|R_\gamma y\|_X^2 = \sum_{j=1}^\infty \left|\frac{q(\gamma,\mu_j)}{\mu_j}\langle y, u_j\rangle_Y\right|^2 = \sum_{j=1}^\infty \frac{|q(\gamma,\mu_j)|^2}{\mu_j^2}|\langle y, u_j\rangle_Y|^2$$
$$\leq c(\gamma)^2 \sum_{j=1}^\infty |\langle y, u_j\rangle_Y|^2 \leq c(\gamma)^2 \|y\|_Y^2.$$

よって, (6.22) が従う. また,

$$R_\gamma A x^\dagger = \sum_{j=1}^\infty \frac{q(\gamma,\mu_j)}{\mu_j}\langle Ax^\dagger, u_j\rangle_Y v_j = \sum_{j=1}^\infty \frac{q(\gamma,\mu_j)}{\mu_j}\langle x^\dagger, A^* u_j\rangle_X v_j$$
$$= \sum_{j=1}^\infty q(\gamma,\mu_j)\langle x^\dagger, v_j\rangle_Y v_j$$

だから

$$R_\gamma A x^\dagger - x^\dagger = \sum_{j=1}^\infty (q(\gamma,\mu_j) - 1)\langle x^\dagger, v_j\rangle_Y v_j$$

となる. これより, (6.23) が従う.

(1) の証明: $x^\dagger = A^* z$ とおくと

$$\langle x^\dagger, v_j\rangle_X = \langle A^* z, v_j\rangle_X = \langle z, A v_j\rangle_Y = \mu_j \langle z, u_j\rangle_Y$$

だから, (6.22) と (6.23) より

$$\|x^{\gamma,\delta} - x^\dagger\|_X = \|R_\gamma y^\delta - R_\gamma A x^\dagger + R_\gamma A x^\dagger - x^\dagger\|_X$$

$$\leq \|R_\gamma\|_{\mathcal{L}(X,Y)} \|y^\delta - Ax^\dagger\|_Y + \|R_\gamma Ax^\dagger - x^\dagger\|_X$$

$$\leq c(\gamma)\delta + \left(\sum_{j=1}^\infty |q(\gamma,\mu_j)-1|^2 |\langle x^\dagger, v_j\rangle_X|^2|\right)^{1/2}$$

$$\leq c(\gamma)\delta + C_1\sqrt{\gamma}\left(\sum_{j=1}^\infty |\langle z, u_j\rangle_Y|^2\right)^{1/2}$$

$$\leq \frac{C_2}{\sqrt{C_3}}\delta + C_1\sqrt{\gamma}\|z\|_Y$$

$$\leq \left(\frac{C_2}{\sqrt{C_3}} + C_1\sqrt{C_3}\right)\sqrt{\delta E}$$

を得る.

(2) の証明：$x^\dagger = A^*Az$ とおくと

$$\langle x^\dagger, v_j\rangle_X = \langle A^*Az, v_j\rangle_X = \langle Az, Av_j\rangle_Y = \mu_j\langle z, A^*u_j\rangle_Y = \mu_j^2 \langle z, v_j\rangle_X$$

だから，(1) と同様に評価できて

$$\|x^{\gamma,\delta} - x^\dagger\|_X \leq c(\gamma)\delta + \left(\sum_{j=1}^\infty |q(\gamma,\mu_j)-1|^2|\langle x^\dagger, v_j\rangle_X|^2\right)^{1/2}$$

$$\leq c(\gamma)\delta + C_4\gamma\left(\sum_{j=1}^\infty |\langle z, v_j\rangle_X|^2\right)^{1/2}$$

$$\leq \frac{C_5}{\sqrt{\gamma}}\delta + C_4\gamma\|z\|_X$$

$$\leq \left(\frac{C_5}{\sqrt{C_6}} + C_4 C_6\right)\delta^{2/3}E^{1/3}.$$

証明終わり.

定理 6.5 より，定理 6.7 の評価は，定数は別として誤差 δ の次数に関しては最良であるといえる．その意味で最良の正則化列を与えていると考えられる.

(6.17) を満たすフィルター $q(\gamma,\mu)$ の例を 2 つ与えよう.

$$q(\gamma,\mu) = \frac{\mu}{\sqrt{\gamma}+\mu},$$

$$q(\gamma, \mu) = \begin{cases} 1, & \mu \geq \sqrt{\gamma} \\ 0, & \mu < \sqrt{\gamma} \end{cases}$$

6.2 チホノフの正則化法

前節で,コンパクトな線形作用素に対して特異値分解を用いて正則化作用素を構成した.この構成法では,作用素の特異系を求める必要があるが,これを解析的に (具体的に) 構成することは,非常に難しい (ラドン変換に関しては,ダビソン (Davison[31]),ルイス (Louis[70]) の仕事がある).さらに,問題を離散化して,対応する行列の特異系 (特異値分解) を構成することも,そのままでは多大の困難を伴う.そこで,特異値分解を用いることなく構成でき,かつ,必ずしもコンパクトでないようなもっと広い作用素の族にも適用できるような,より一般的な正則化法を構成することが望まれる.

ここでは,そのような正則化法の中で,最も著明であり,しかも電子計算機も未成熟な逆問題研究の萌芽期に提案され,逆問題を認識させる先駆けとなったチホノフの正則化法を紹介する.チホノフの正則化法は,問題を作用素に誤差を含むように,より一般化した形で設定できる.そこで,以下ではそのような問題設定を与える.

まず,$D \subset X$ を与えられた非適切問題のアプリオリな拘束条件 (例えば,平滑性の条件) を表す内点が空でない閉凸集合とし,$0 \in D$ とする.

$A \in \mathcal{L}(X, Y)$ とし,$y \in Y$ を与えて,作用素方程式

$$Ax = y \tag{6.24}$$

を考える.ここで,解 x は D の元であることを要請する.

さらに,観測誤差やノイズのため,作用素 A に関する直接的情報は得ることができず,その代わりに作用素の A の何らかの近似族とデータの近似族が与えられていると考えて,次のように問題の設定を拡張する (前節までは,作用素 A は既知としていた).

作用素 A の近似族 $A_h \in \mathcal{L}(X, Y)$ で

$$\|A_h - A\|_{\mathcal{L}(X,Y)} \leq h, \quad h > 0$$

となるものが存在すると仮定する．また，データ $y \in Y$ の近似族 $y^\delta \in Y$ が得られて

$$\|y^\delta - y\|_Y \leq \delta, \quad \delta > 0$$

が成立すると仮定する．誤差の最大許容値 (ノイズレベル) の組 (h, δ) を η で表す．

近似族の組 (A_h, y^δ)，$\eta = (\delta, h)$ を用いて，方程式 (6.24) の適切な近似解を構成する．

そのために，次の汎関数を導入する．

$$M_\alpha(x) = \|A_h x - y^\delta\|_Y^2 + \alpha \|x\|_X^2$$

ここで，$\alpha > 0$ は正則化パラメータと呼ばれる．

問題 (6.24) のチホノフの意味の近似解 $x_\eta^\alpha \in D$ を，次の最小化問題

$$\min_{x \in D} M_\alpha(x) \tag{6.25}$$

の解として定義する．すなわち

$$x_\eta^\alpha \in D \ : \ M^\alpha(x_\eta^\alpha) \leq M_\alpha(x), \quad \forall x \in D$$

とする．このとき

$$x_\eta^\alpha = \arg \min_{x \in D} M_\alpha(x) \tag{6.26}$$

と書くことにする．

この枠組みによって，数値計算をするときの離散近似による誤差も (間接的に) 取り扱うことができる．

汎関数 $M_\alpha(x)$ は 1964 年にチホノフによって導入されたので，チホノフ汎関数と呼ばれる．また，この近似解の構成方法をチホノフの正則化法と呼ぶ．

チホノフの意味の近似解 x_η^α の存在とその性質については，次の定理が成り立つ．

定理 6.8 $0 \in D$ とする.任意に固定した $\alpha > 0, y_\delta \in Y$ に対して,最小化問題 (6.25) の一意的な解 $x_\eta^\alpha \in D$ が存在して

$$\|x_\eta^\alpha\|_X \leq \|y_\delta\|/\sqrt{\alpha} \tag{6.27}$$

を満たす.

[証明] 解の存在を示そう.

$$\lambda = \inf_{x \in D} M_\alpha(x)$$

とする.$M_\alpha(x)$ は X 上の連続な汎関数だから,任意の $n \in \mathbb{R}$ に対して

$$\lambda \leq M_\alpha(x_n) < \lambda + \frac{1}{n}$$

となる $x_n \in D$ が存在する.

$$\alpha \|x_n\|_X \leq M_\alpha(x_n) < \lambda + 1$$

であるから,$\{x_n\}$ は X の有界列である.

よって,ヒルベルト空間 X の有界集合が弱位相に関して,相対コンパクトであることを用いれば,$\{x_n\}$ の部分列で弱収束するものが存在する.それを $\{x_{n_k}\}$ と書き,その弱極限を $x \in X$ で表す.D は閉凸集合であるから弱閉であり,これより $x \in D$ が従う.さらに,A は線形な有界作用素だから,弱連続である.したがって,Y において $Ax_{n_k} \to Ax$ 弱 となる.ノルムが弱位相に関して下半連続であるから

$$\|Ax - f\|_Y^2 + \alpha \|x\|_X^2 = M_\alpha(x) \leq \liminf_{n_k \to \infty}(\|Ax_{n_k} - f\|_Y^2 + \|x_{n_k}\|_X^2) = \lambda.$$

よって,x が求める解である.

次に一意性を示そう.

$\|A_x - y_\delta\|^2$ が凸 (convex) で,$\alpha \|x\|_X^2$ が,厳密に凸 (strictly convex) であるから,汎関数 $M_\alpha(x)$ は厳密に凸である.よって,最小値はただ 1 つである.

さらに,評価 (6.27) は,$0 \in D$ であることより,

$$M_\alpha(x_\eta^\alpha) \leq M_\alpha(0)$$

となることから従う.証明終わり.

次の定理により，最小値 x_η^α は M_α のガトー微分 M_α' によって特徴付けられる．

定理 6.9 要素 x_η^α が汎関数 $M_\alpha(x)$ の最小値を与える点であるための必要十分条件は

$$\langle M_\alpha'(x_\eta^\alpha), x_\eta^\alpha - x\rangle_X \leq 0, \quad \forall x \in D \tag{6.28}$$

となることである．ここで，$M_\alpha'(x^*) \in X, (x^* \in X)$ は，$M_\alpha(x)$ の点 $x^* \in X$ におけるガトー微分である．すなわち，

$$\langle M_\alpha'(x^*), x\rangle_X = \lim_{t \searrow 0} \frac{M(x^*) - M(x^* - tx)}{t}.$$

[証明] x_η^α が汎関数 $M_\alpha(x)$ の最小値を与える点とすれば，

$$M_\alpha(x_\eta^\alpha) \leq M_\alpha(x), \quad \forall x \in D$$

となる．

D は凸であるから，任意の $\theta \in [0,1], x \in D$ に対して $\theta x + (1-\theta)x_\eta^\alpha \in D$ となる．よって，

$$M_\alpha(x_\eta^\alpha) \leq M_\alpha(\theta x + (1-\theta)x_\eta^\alpha) \quad \forall x \in D$$

したがって，

$$\frac{M_\alpha(x_\eta^\alpha) - M_\alpha(x_\eta^\alpha - \theta(x_\eta^\alpha - x))}{\theta} \leq 0$$

となる．これより (6.28) が従う．

逆に (6.28) が成り立つとする．このとき，x_η^α が汎関数 $M_\alpha(x)$ の最小値を与える点でないとすると，ある元 $x^* \in D$ と $\varepsilon > 0$ が存在して

$$M_\alpha(x^*) + \varepsilon \leq M_\alpha(x_\eta^\alpha)$$

が成り立つ．このとき，$M_\alpha(x)$ は凸汎関数であるから

$$M_\alpha(\theta x^* + (1-\theta)x_\eta^\alpha) \leq \theta M_\alpha(x^*) + (1-\theta)M_\alpha(x_\eta^\alpha)$$
$$\leq M(x_\eta^\alpha) - \theta\varepsilon, \quad \forall \theta \in [0,1]$$

となる. 両辺を θ で割って, $\theta \to 0$ とすると
$$\langle M'_\alpha(x^\alpha_\eta), x^* - x^\alpha_\eta \rangle_X \geq \varepsilon$$
となり, 矛盾. 証明終わり.

補題 6.2 任意の $x, x' \in X$ に対して

$$\langle M'_\alpha(x'), x \rangle_X = 2\langle A_h x' - y_\delta, A_h x \rangle_Y + 2\alpha \langle x', x \rangle_X, \quad x \in X \qquad (6.29)$$

となる.

[証明] 任意の $t \in \mathbb{R}$ に対して

$$\frac{1}{t}(M_\alpha(x' + tx) - M_\alpha(x'))$$
$$= \frac{1}{t}\{\|A_h(x' + tx) - y^\delta\|_Y^2 - \|A_h x' - y^\delta\|_Y^2 + \alpha(\|x' + tx\|_X^2 - \|x'\|_X^2)\}$$
$$= 2\langle A_h x' - y^\delta, A_h x \rangle_Y + t\|A_h x\|_Y^2 + 2\alpha \langle x', x \rangle_X + t\alpha \|x\|_X^2$$

だから, $t \to 0$ とすると, (6.29) を得る. 証明終わり.

系 6.1 x^α_η が領域 D の内点ならば,

$$A_h^* A_h x^\alpha_\eta + \alpha x^\alpha_\eta = A_h^* y_\delta \qquad (6.30)$$

が成り立つ. したがって

$$x^\alpha_\eta = (A_h^* A_h + \alpha I)^{-1} A_h^* y_\delta \qquad (6.31)$$

となる. ここで, $A_h^* \in \mathcal{L}(Y, X)$ は $A_h \in \mathcal{L}(X, Y)$ の共役作用素である.

[証明] x^α_η が D の内点だから,

$$B_r(x^\alpha_\eta) = \{x \in X : \|x^\alpha_\eta - x\|_X < r\} \subset D$$

となる $r > 0$ が存在する. 任意の $z \in X$ に対して, $\|tz\|_X < r - \|x^\alpha_\eta\|_X$ となるように, 十分小さく $t \in \mathbb{R}$ をとれば, $tz \in B_r(x^\alpha_\eta)$ となる. 定理 6.9 より

$$\langle M'_\alpha(x^\alpha_\eta), x^\alpha_\eta - tz \rangle_X \leq 0, \quad \forall z \in X.$$

任意の $y \in X$ に対して $z = \dfrac{1}{t} x_\eta^\alpha \pm y$ ととれば

$$\langle M'_\alpha(x_\eta^\alpha), \pm y \rangle_X \leq 0, \quad \forall y \in X$$

となる．よって

$$\langle M'_\alpha(x_\eta^\alpha), y \rangle_X = 0, \quad \forall y \in X$$

である．ところで，(6.29) より

$$\langle M'_\alpha(x_\eta^\alpha), x \rangle_X = 2\langle A_h x_\eta^\alpha - y_\delta, A_h x \rangle_Y + 2\alpha \langle x_\eta^\alpha, x \rangle_X, \quad \forall x \in X$$

となるから，

$$A_h^* A_h x_\eta^\alpha + \alpha x_\eta^\alpha = A_h^* y_\delta$$

が成り立つ．証明終わり

[註] 系 6.1 において，h を固定したとき，チホノフ汎関数の最小値を与える作用素は (6.31) の右辺，すなわち

$$R_{\alpha,h} = (A_h^* A_h + \alpha I)^{-1} A_h^*$$

で与えられる．$R_{\alpha,h}$ は $A_h^\dagger$ の正則化列になっている．これを $A_h^\dagger$ のチホノフ正則化列と呼ぶ．$A_h = A$ が X から Y への一対一コンパクト線形作用素のとき，その特異系を $\{\mu_j, u_j, v_j\}$ とすれば，対応するチホノフ正則化列は

$$R_\alpha y = \sum_{j=1}^\infty \frac{\mu_j}{\alpha + \mu_j^2} \langle y, u_j \rangle_Y v_j$$

と表される．チホノフ正則化列は，定理 6.7 の意味で最良の正則化列を与えている．

次の定理は，一般な枠組においても，問題 $Ax = y$ の解の存在と解の一意性が分かっているとき，正則化パラメータ α とノイズレベルの組 η を小さくすると近似解 x_η^α が解 x に収束することを示している．

その意味で，この定理はチホノフの正則化による近似解が適正であることを保証しているといえる．

定理 6.10 A が一対一で，$x \in D$ が $y \in Y$ に対する方程式 (6.24) の解であるとする．チホノフ汎関数 M_α において正則化パラメータ α は誤差の組 η に依存すると仮定する．もし，$\eta \to 0$ のとき

$$\alpha = \alpha(\eta) \to 0 \quad \text{かつ} \quad \frac{h^2 + \delta^2}{\alpha(\eta)} \to 0 \tag{6.32}$$

ならば，

$$x_\eta^{\alpha(\eta)} \to x \quad \text{in } X, \quad \eta \to 0 \tag{6.33}$$

となる．

[証明] $n \to \infty$ のとき $\eta_n \to 0$ となる任意の点列 η_n について考えればよい．$\eta_n = (\delta_n, h_n)$ とすると $A_{h_n} \in \mathcal{L}(X, Y), y_{\delta_n} \in Y$ が存在して

$$\|A_{h_n} - A\|_{\mathcal{L}(X,Y)} \leq h_n, \qquad \|y_{\delta_n} - y\|_Y \leq \delta_n$$

である．

$x_{\eta_n}^{\alpha(\eta_n)}$ の定義から

$$M_{\alpha(\eta_n)}(x_{\eta_n}^{\alpha(\eta_n)}) \leq M_{\alpha(\eta_n)}(x) \leq (h_n \|x\|_X + \delta_n)^2 + \alpha(\eta_n) \|x\|_X^2 \tag{6.34}$$

となる．これより

$$\|x_{\eta_n}^{\alpha(\eta_n)}\|_X^2 \leq \frac{(h_n \|x\|_X + \delta_n)^2}{\alpha(\eta_n)} + \|x\|_X^2 \tag{6.35}$$

を得る．定理の条件から，n に依存しない正定数 c が存在して

$$\frac{(h_n \|x\|_X + \delta_n)^2}{\alpha(\eta_n)} \leq c$$

となるから，ある定数 $C > 0$ が存在して

$$\|x_{\eta_n}^{\alpha(\eta_n)}\|_X^2 \leq C$$

となる．

ヒルベルト空間の有界集合は，相対弱点列コンパクトであり，また領域 D は凸閉集合であることから，弱閉集合であるので，点列 $\{x_{\eta_n}^{\alpha(\eta_n)}\}$ から，ある点 $x^* \in D$ に弱収束する部分列がとれる (部分列も同じ記号で表す)．

ノルムは弱収束に関して下半連続であるから

$$\|x^*\|_X \le \liminf_{n\to\infty} \|x_{\eta_n}^{\alpha(\eta_n)}\|_X \le \limsup_{n\to\infty} \|x_{\eta_n}^{\alpha(\eta_n)}\|_X \le \|x\|_X \qquad (6.36)$$

となる．また，

$$\begin{aligned}
&\|Ax_{\eta_n}^{\alpha(\eta_n)} - Ax\|_Y \\
&\le \|Ax_{\eta_n}^{\alpha(\eta_n)} - A_{h_n} x_{\eta_n}^{\alpha(\eta_n)}\|_Y + \|A_{h_n} x_{\eta_n}^{\alpha(\eta_n)} - y_{\delta_n}\|_Y + \|y_{\delta_n} - y\|_Y \\
&\le h_n \|x_{\eta_n}^{\alpha(\eta_n)}\|_X + \|A_{h_n} x_{\eta_n}^{\alpha(\eta_n)} - y_{\delta_n}\|_Y + \delta_n \\
&\le h_n (c + \|x\|_X^2)^{1/2} \\
&\quad + \{(h_n \|x\|_X + \delta_n)^2 + \alpha(\eta_n) \|x\|_X^2\}^{1/2} + \delta_n
\end{aligned} \qquad (6.37)$$

である．よって，

$$\|Ax^* - Ax\|_Y = 0$$

となる．A は一対一であるから，$x^* = x$ を得る．

したがって，点列 $\{x_{\eta_n}^{\alpha(\eta_n)}\}$ は x に弱収束する．さらに，(6.36) より，

$$\|x_{\eta_n}^{\alpha(\eta_n)}\|_X \to \|x\|_X, (n \to \infty)$$

であるから，$\{x_{\eta_n}^{\alpha(\eta_n)}\}$ は x に強収束する．

収束するどんな部分列をとっても，その極限がただ 1 つであることから，部分列でなくすべての点列 η_n について，

$$\lim_{n\to\infty} x_{\eta_n}^{\alpha(\eta_n)} = x$$

となる．証明終わり．

[註] 定理 6.10 は，X, Y が厳密に凸な (strictly convex) バナッハ空間の場合に拡張することができる．すべての反射的なバナッハ空間は，同値なノルムで厳密に凸な空間と見なすことができるから，条件を同値な厳密に凸なノルムで書き直せば，反射的なバナッハ空間に対しても成立するといえる．

非適切な問題では，A が一対一であるとは限らない．この場合，解の意味を次のように拡張すれば，定理 6.10 と類似の定理が成り立ち，チホノフの正則化

法による近似解の適切性が保証される.

(定義) $\bar{x} \in D$ が最小化問題

$$\min_{x \in D, Ax=y} \|x\|_X^2 \tag{6.38}$$

の解であるとき, $\bar{x} \in D$ は方程式 (6.24) の正規解であるという. $D = X$ のときは, 正規解は 6.1 節で定義した最小ノルム解 (最良近似解) である.

集合 $\{x \in D : Ax = y\}$ は閉凸であり, 汎関数 $x \mapsto \|x\|_X^2$ は厳密に凸であるから, 正規解 $\bar{x} \in D$ は一意的に存在する.

そこで, 正規解を用いて, 定理 6.10 を書き直すと次のようになる.

定理 6.11 $\bar{x} \in D$ が $y \in Y$ に対する方程式 (6.24) の正規解であるとする. もし, $\eta \to 0$ のとき $\alpha \to 0$ かつ $\dfrac{h^2 + \delta^2}{\alpha(\eta)} \to 0$ ならば, $x_\eta^{\alpha(\eta)} \to \bar{x}$ in X, $(\eta \to 0)$ である.

6.3　モロゾフの相反原理

前節の定理 6.10 によって, 正則化パラメータ α を誤差 η に合わせて小さくすれば, チホノフの意味の近似解 x_η^α は真の (正規) 解に近付くことがわかっているが, しかし, 誤差の最大許容値 η を固定したとき, どのように正則化パラメータを選ぶと近似解として意味があるかは, よくわからない. というのは, 正則化パラメータを単に小さくしただけで望ましい解が得られるとは限らないからである. 正則化パラメータを適当に大きく選ぶと, もっともらしい近似解が得られることもある.

数値計算を用いて可視化できるときは, 解が既知な場合に逆問題を解いて正則化パラメータを適当に選んで可視化した結果と既知の解とを比較することにより, 適切な近似解が得られそうな正則化パラメータが推定できる. これを正則化パラメータのチューニングと呼ぶ. このチューニングしたパラメータを用いれば, 一般の場合も良い近似解を得ることができると考えられている.

可視化に頼らない適切なパラメータを推定する理論は, いろいろ工夫されて

いるが，この節では，モロゾフ (Morozov) によって開発された実用上意味のある正則パラメータの理論的な取り方の 1 つを紹介する[77]．

まず，次の汎関数を導入する

$$\mu_\eta(A_h, y^\delta) = \inf_{z \in D} \|A_h z - y^\delta\|_Y. \tag{6.39}$$

明らかに，$y^\delta \in \overline{A_h(D)}$ のとき，$\mu_\eta(A_h, y^\delta) = 0$ である．

補題 6.3 $\overline{x} \in D$ は $y \in Y$ に対する方程式 (6.24) の正規解とし，$\eta_n = (\delta_n, h_n) \to 0 \quad (n \to \infty)$ とすると，

$$\mu_{\eta_n}(A_{h_n}, y^{\delta_n}) \to 0, \quad n \to \infty$$

である．

[証明] 不等式

$$\mu_{\eta_n}(A_{h_n}, y^{\delta_n}) \le \|A_{h_n}\overline{x} - y^{\delta_n}\|_Y \le \delta_n + h_n\|\overline{x}\|_X$$

より明らか．証明終わり．

x_η^α をチホノフの意味の近似解とする．正則化パラメータ $\alpha > 0$ の関数

$$\varphi_\eta(\alpha) = M_\alpha^\delta(x_\eta^\alpha) = \|A_h x_\eta^\alpha - y^\delta\|_Y^2 + \alpha\|x_\eta^\alpha\|_X^2 \tag{6.40}$$

$$\gamma_\eta(\alpha) = \|x_\eta^\alpha\|_X^2 \tag{6.41}$$

$$\beta_\eta(\alpha) = \|A_h x_\eta^\alpha - y^\delta\|_Y^2 \tag{6.42}$$

を導入する．このとき，次の補題が成り立つ．

補題 6.4
(1) これらの関数は α について連続である．
(2) $\varphi_\eta(\alpha)$ は凹関数かつ微分可能であり，$\varphi_\eta'(\alpha) = \gamma_\eta(\alpha)$ となる．
(3) $\gamma_\eta(\alpha)$ は単調非増加関数であり，$\varphi_\eta(\alpha)$, $\beta_\eta(\alpha)$ は単調非減少関数である．さらに，$\varphi_\eta(\alpha)$ は，$z_\eta^{\alpha_0} \ne 0$ となる α_0 をとれば，区間 $(0, \alpha_0)$ で狭義単調減少である．
(4) 次の等式が成立する．

$$\lim_{\alpha \to +\infty} \gamma_\eta(\alpha) = \lim_{\alpha \to +\infty} \alpha\gamma_\eta(\alpha) = 0,$$
$$\lim_{\alpha \to +\infty} \varphi_\eta(\alpha) = \lim_{\alpha \to +\infty} \beta_\eta(\alpha) = \|y^\delta\|_U^2,$$
$$\lim_{\alpha \to 0+} \alpha\gamma_\eta(\alpha) = 0,$$
$$\lim_{\alpha \to 0+} \varphi_\eta(\alpha) = \lim_{\alpha \to 0+} \beta_\eta(\alpha) = \mu_\eta(A_h, y^\delta)^2.$$

[証明] まず (1) を示す．$\alpha, \alpha' > 0$ とする．定理 6.9 と補題 6.2 より

$$\langle A_h x_\eta^\alpha - y^\delta, A_h(x_\eta^\alpha - x)\rangle_Y + \alpha\langle x_\eta^\alpha, x_\eta^\alpha - x\rangle_X \leq 0, \quad \forall x \in D$$

かつ

$$\langle A_h x_\eta^{\alpha'} - y^\delta, A_h(x_\eta^{\alpha'} - x)\rangle_Y + \alpha'\langle x_\eta^{\alpha'}, x_\eta^{\alpha'} - x\rangle_X \leq 0$$

を得る．第一の不等式において $x = x_\eta^{\alpha'}$ とおき，第二の不等式において $x = x_\eta^\alpha$ とおいて，それらを加え合わせると，

$$\langle A_h(x_\eta^\alpha - x_\eta^{\alpha'}), A_h(x_\eta^\alpha - x_\eta^{\alpha'})\rangle_Y + \alpha\langle x_\eta^\alpha, x_\eta^\alpha - x_\eta^{\alpha'}\rangle_X$$
$$+ \alpha'\langle x_\eta^{\alpha'}, x_\eta^{\alpha'} - x_\eta^\alpha\rangle_X \leq 0$$

となる．よって，

$$\|A_h(x_\eta^\alpha - x_\eta^{\alpha'})\|_Y^2 + \alpha\|x_\eta^\alpha - x_\eta^{\alpha'}\|_X^2 \leq (\alpha' - \alpha)\langle x_\eta^{\alpha'}, x_\eta^\alpha - x_\eta^{\alpha'}\rangle_X.$$

これより，$0 < \alpha_0 < \alpha', \alpha$ に対して

$$\alpha_0 \|x_\eta^\alpha - x_\eta^{\alpha'}\|_X^2 \leq |\alpha' - \alpha| \|x_\eta^{\alpha'}\|_X \|x_\eta^\alpha - x_\eta^{\alpha'}\|_X$$

が成り立つ．よって

$$|\|x_\eta^{\alpha'}\|_X - \|x_\eta^\alpha\|_X| \leq \|x_\eta^{\alpha'} - x_\eta^\alpha\|_X \leq \frac{|\alpha' - \alpha|}{\alpha_0} \|x_\eta^{\alpha'}\| \leq \frac{\|y^\delta\|_Y}{\alpha_0^{3/2}}|\alpha' - \alpha|.$$

すなわち，$\gamma_\eta(\alpha)$ は連続である．したがって，$\beta_\eta(\alpha)$, $\varphi_{eta}(\alpha)$ も連続になる．

次に，(2), (3) を示す．$0 < \alpha' < \alpha$ とすると $\varphi_\eta(\alpha)$ の定義から

$$\varphi_\eta(\alpha) = \|A_h x_\eta^\alpha - y^\delta\|_Y^2 + \alpha\|x_\eta^\alpha\|_X^2 \leq \|A_h x_\eta^{\alpha'} - x_\delta\|_Y^2 + \alpha\|x_\eta^{\alpha'}\|_X^2$$
$$\leq \varphi_\eta(\alpha') + (\alpha - \alpha')\|x_\eta^{\alpha'}\|_Z^2$$

を得る．よって，

$$\varphi_\eta(\alpha) - \varphi_\eta(\alpha') \leq (\alpha - \alpha')\|x_\eta^{\alpha'}\|_X^2.$$

同様にして

$$\varphi_\eta(\alpha') - \varphi_\eta(\alpha) \leq (\alpha' - \alpha)\|x_\eta^{\alpha}\|_X^2.$$

以上より

$$\|x_\eta^\alpha\|_X^2 \leq \frac{\varphi_\eta(\alpha) - \varphi_\eta(\alpha')}{(\alpha - \alpha')} \leq \|x_\eta^{\alpha'}\|_X^2 \tag{6.43}$$

となる．$\gamma_\eta(\alpha)$ は連続であるから，(6.43) より $\varphi_\eta(\alpha)$ は微分可能で，$\varphi_\eta'(\alpha) = \gamma_\eta(\alpha)$ となる．

$\|x_\eta^\alpha\|_X^2 \geq 0$ であるから，$\varphi_\eta(\alpha)$ は単調非減少である．もし，区間 $(0, \alpha_0)$ で $\|x_\eta^\alpha\|_Z^2 \neq 0$ ならば，$\varphi_\eta(\alpha)$ はその区間の上で単調増加する．さらに，(6.43) より $0 < \alpha' < \alpha$ のとき $\|x_\eta^\alpha\|_Z^2 \leq \|x_\eta^{\alpha'}\|_Z^2$ であるから，$\gamma_\eta(\alpha)$ は非増加である．よって，$\varphi_\eta'(\alpha)$ はほとんどいたるところ微分可能かつ $\varphi_\eta''(\alpha) \leq 0$ となる．したがって，$\varphi_\eta(\alpha)$ は凹である．

次に，$\beta_\eta(\alpha)$ が単調非減少であることを示そう．そのためには，次の不等式に注意すればよい．$0 < \alpha' < \alpha$ のとき

$$\|A_h x_\eta^{\alpha'} - y^\delta\|_Y^2 + \alpha'\|x_\eta^{\alpha'}\|_X^2 \leq \|A_h x_\eta^\alpha - y^\delta\|_u^2 + \alpha'\|x_\eta^\alpha\|_X^2$$
$$\leq \|A_h x_\eta^\alpha - y^\delta\|_Y^2 + \alpha'\|x_\eta^{\alpha'}\|_X^2$$

ここで，第二の不等式で $\gamma_\eta(\alpha)$ が非増加であることを利用した．

$\lim_{\alpha \to +\infty} \|x_\eta^\alpha\|_X = 0$ であることと，$\|x_\eta^\alpha\|_X$ が α の非増加関数であることより，もし，ある点 $\alpha_0 \in (0, \infty)$ で $x_\eta^{\alpha_0} = 0$ となるならば，任意の $\alpha > \alpha_0$ に対して $x_\eta^\alpha = 0$ である．反対にある点 $\alpha_0 \in (0, \infty)$ で $x_\eta^{\alpha_0} \neq 0$ ならば，任意の $\alpha \in (0, \alpha_0)$ に対して $x_\eta^\alpha \neq 0$ である．

続いて (4) を示そう．不等式 (6.27) より

$$\lim_{\alpha \to +\infty} \gamma_\eta(\alpha) = 0$$

が成り立つ．作用素 A_h は連続であるから，

$$\lim_{\alpha \to +\infty} \beta_\eta(\alpha) = \lim_{\alpha \to +\infty} \|A_h x_\eta^\alpha - y^\delta\|_Y^2 = \|y^\delta\|_Y^2$$

となる．$M_\alpha(x_\eta^\alpha) \leq M_\alpha(0) = \|y^\delta\|_Y^2$ を用いれば

$$\lim_{\alpha \to +\infty} \alpha \gamma_\eta(\alpha) = 0, \quad \lim_{\alpha \to +\infty} \varphi_\eta(\alpha) = \|y^\delta\|_Y^2$$

が得られる．

最後に，$\alpha \to 0+$ における関数 $\varphi_\eta(\alpha), \gamma_\eta(\alpha), \beta_\eta(\alpha)$ の振舞いを調べよう．任意に固定した $\varepsilon > 0$ に対して，

$$\mu_\eta(A_h, y^\delta) \leq \|A_h x^\varepsilon - y^\delta\|_Y \leq \mu_\eta(A_h, y^\delta) + \varepsilon$$

となる元 $x^\varepsilon \in D$ が存在する．

$$\beta_\eta(\alpha) \leq \varphi_\eta(\alpha) \leq \|A_h x^\varepsilon - y^\delta\|_Y^2 + \alpha \|x^\varepsilon\|_X^2$$

より，

$$\limsup_{\alpha \to 0} \beta_\eta(\alpha) \leq \limsup_{\alpha \to 0} \varphi_\eta(\alpha) \leq (\mu_\eta(A_h, y^\delta) + \varepsilon)^2$$

を得る．一方

$$\beta_\eta(\alpha) \geq \inf_{x \in D} \|A_h - y^\delta\|_Y^2 = \mu_\eta(A_h, y^\delta)^2$$

であるから

$$\liminf_{\alpha \to 0} \beta_\eta(\alpha) \geq \mu_\eta(A_h, y^\delta)^2.$$

ε は任意であったから

$$\lim_{\alpha \to 0} \beta_\eta(\alpha) = \mu_\eta(A_h, y^\delta)^2$$

を得る．さらに，

$$\lim_{\alpha \to 0} \alpha \|x_\eta^\alpha\|_X^2 = 0, \quad \lim_{\alpha \to 0} \varphi_\eta(\alpha) = \mu_\eta(A_h, y^\delta)^2.$$

これで，補題の主張はすべて証明された．証明終わり．

この補題を用いると，$\alpha > 0$ で定義された関数

$$\rho_\eta(\alpha) = \|A_h x_\eta^\alpha - y^\delta\|_Y - (\delta + h\|x_\eta^\alpha\|_X)^2 - \mu_\eta(A_h, y^\delta)^2$$

$$= \beta_\eta(\alpha) - (\delta + h\sqrt{\gamma_\eta(\alpha)})^2 - \mu_\eta(A_h, y^\delta)^2 \tag{6.44}$$

は次の性質を満たすことがわかる.

① $\rho_\eta^\kappa(\alpha)$ は連続な単調非減少関数である.
② $\lim_{\alpha \to +\infty} \rho_\eta^\kappa(\alpha) = \|y^\delta\|_Y^2 - \delta^2 - \mu_\eta^\kappa(A_h, y^\delta)^2$;
③ $\lim_{\alpha \to 0+} \rho_\eta^\kappa(\alpha) \leq -\delta^2$;
④ もし,条件

$$\|y^\delta\|_Y^2 > \delta^2 + \mu_\eta^\kappa(A_h, y^\delta) \tag{6.45}$$

が成り立てば,

$$\rho_\eta^\kappa(\alpha^*) = 0 \tag{6.46}$$

を満たす $\alpha^* > 0$ が存在する. α^* はもちろん, η に依存する.

モロゾフ[77]は正則化パラメータ α をこの $\alpha^* = \alpha^*(\eta)$ に選ぶと,対応する近似解 $x_\eta^{\alpha^*}$ が実用上最も適当であるということを主張した. これをモロゾフの相反原理と呼ぶ.

ただし,条件 (6.45) が成り立たない場合は,どんな $\alpha > 0$ に対しても, $x_\eta^\alpha = 0$ とする.

この正則化パラメータのとり方が意味があることを保証する定理を示そう.

[註] 実際は誤差 η をゼロにはできないので,正則化パラメータが,適正で実用的かどうかは,数値解析をするときの取り扱いやすさ,収束が早いかどうか,得られた解が問題の解として適当かどうかをみて判断される. この方向での一般的な理論的解析は,特別の場合を除いて研究途上である.

定理 6.12 A が一対一で, $\bar{x} \in D$ が $\bar{f} \in Y$ に対する方程式 (6.24) の解であるとする. このとき, $x_\eta^{\alpha^*(\eta)} \to \bar{x}$ in X, $\eta \to 0$ である. A が一対一でないとき, $\bar{x} \in D$ が $\bar{y} \in Y$ に対する方程式 (6.24) の正規解であるとする. このとき, $x_\eta^{\alpha^*(\eta)} \to \bar{x}$ in X, $\eta \to 0$ である.

[証明] もし $\bar{x} = 0$ ならば, $\|y^\delta\|_Y \leq \delta$ であるから,条件 (6.45) は成立しない. このとき,任意の $\alpha >$ に対して $x_\eta^\alpha = 0$ であるから,定理の主張は成

り立つ．そこで，$\overline{x} \neq 0$ とする．$\eta \to 0$ のとき，$\mu_\eta(A_h, y^\delta)^2 + \delta^2 \to 0$ かつ，$\|y^\delta\|_Y \to \|\overline{y}\|_Y$ であるから，少なくとも十分小さな η に対しては，条件 (6.45) は成立する．

$\eta_k \to 0 \ (k \to \infty)$ とし，$\alpha_k^* = \alpha^*(\eta_k)$ とおく．このとき $x_{\eta_k}^{\alpha_k^*} \in D$ の定義から

$$\|A_{h_k} x_{\eta_k}^{\alpha_k^*} - y^{\delta_k}\|_X^2 + \alpha_k^* \|x_{\eta_k}^{\alpha_k^*}\|_X^2 \leq \|A_{h_k}\overline{x} - y^{\delta_k}\|_Y^2 + \alpha_k^* \|\overline{x}\|_X^2$$

となる．α_k^* が $\rho_{\eta_k}(\alpha)$ のゼロ点であることを用いると

$$(\delta_k + h_k\|x_{\eta_k}^{\alpha_k^*}\|_X)^2 + \alpha_k^* \|x_{\eta_k}^{\alpha_k^*}\|_X^2$$
$$\leq (\delta_k + h_k\|x_{\eta_k}^{\alpha_k^*}\|_X)^2 + \alpha_k^* \|x_{\eta_k}^{\alpha_k^*}\|_X^2 + \mu_{\eta_k}(A_{h_k}, y^{\delta_k})^2$$
$$\leq (\delta_k + h_k\|\overline{x}\|_X)^2 + \alpha_k^* \|\overline{x}\|_X^2$$

となる．$f(x) = (\delta_k + h_k x)^2 + \alpha_k^* x^2$ は $x > 0$ において，狭義単調増加関数であるから，上の不等式より

$$\|x_{\eta_k}^{\alpha_k^*}\|_X \leq \|\overline{x}\|_X$$

が従う．定理 6.10 の証明と同様に，$x_{\eta_k}^{\alpha_k^*}$ は，ある x^* に弱収束することがわかり，ノルムの弱収束に関する下半連続性により

$$\|x^*\|_X \leq \liminf_{k \to \infty} \|x_{\eta_k}^{\alpha_k^*}\|_X \leq \limsup_{k \to \infty} \|x_{\eta_k}^{\alpha_k^*}\|_X \leq \|x\|_X$$

を得る．あとは，$x^* = \overline{x}$ を証明すればよいが，それは次の不等式より従う．

$$\|A x_{\eta_k}^{\alpha_k^*} - A\overline{x}\|_X \leq h_k \|x_{\eta_k}^{\alpha_k^*}\|_X + \{(\delta_k + h_k\|x_{\eta_k}^{\alpha_k^*}\|_X)^2$$
$$+ \mu_{\eta_k}(A_{h_k}, y^{\delta_k})^2\}^{1/2} + \delta_k$$
$$\leq h_k\|\overline{x}\|_X + \{(\delta_k + h_k\|\overline{x}\|_X)^2 + \mu_{\eta_k}(A_{h_k}, y^{\delta_k})^2\}^{1/2}.$$

証明終わり．

6.4 非線形問題への拡張

前節で述べてきた結果は非線形作用素を含む問題に拡張することができる．はじめに非線形作用素に関して必要な基本的事項を準備する．ほとんどの非

線形逆問題の正則化法では，作用素方程式の線形化を用いる．そこで，フレッシェ微分の定義を述べよう．

定義 6.4 X, Y をノルム空間とし，$U \subset X$ を開集合とする．写像 $F: U \to Y$ は，$x \in U$ において有界線形写像 $F'[x]: X \to Y$ が存在して，$\|h\|_X \to 0$ のとき，

$$\|F(x+h) - F(x) - F'[x]h\|_Y = o(\|h\|_X) \tag{6.47}$$

となるとき，$x \in U$ でフレッシェ微分可能であるという．$F'[x]$ をフレッシェ微分と呼ぶ．任意の点 $x \in U$ でフレッシェ微分可能のとき，F はフレッシェ微分可能であるという．また，F はフレッシェ微分可能で，$F': U \to \mathcal{L}(X, Y)$ が連続なとき，F は連続微分可能であるという．

以下に，フレッシェ微分に関する基本的性質を定理の形でまとめておく．

定理 6.13 $F: U \subset X$ はフレッシェ微分可能とする．Z をノルム空間とする．

(1) フレッシェ微分は一意的に定まる．

(2) $G: U \to Y$ もフレッシェ微分可能ならば，任意の $\alpha, \beta \in \mathbb{R}$ に対して，$\alpha F + \beta G$ もフレッシェ微分可能で

$$(\alpha F + \beta G)'[x] = \alpha F'[x] + \beta G'[x] \quad x \in U$$

となる．

(3) $G: Y \to Z$ がフレッシェ微分可能ならば，$G \circ F: U \to Z$ はフレッシェ微分可能で，

$$(G \circ F)'[x] = G'[F(x)]F'[x], \quad x \in U$$

となる．

(4) $b: X \times Y \to Z$ を有界な双 1 次写像とすると，b はフレッシェ微分可能で，

$$b'(x_1, x_2)(h_1, h_2) = b(x_1, h_2) + b(h_1, x_2), \quad \forall x_1, h_1 \in X, \quad x_2, h_2 \in Y.$$

(5) X, Y はバナッハ空間とする.
$$U = \{T \in \mathcal{L}(X, Y) : T \text{ は有界な逆をもつ}\}$$
とすると, U は開集合となり, 写像
$$\mathrm{inv} : T \mapsto T^{-1} \quad : U \to \mathcal{L}(X, Y)$$
は, フレッシェ微分可能で
$$\mathrm{inv}'(T)H = -T^{-1}HT^{-1}, \quad T \in U, \quad H \in \mathcal{L}(X, Y)$$
となる.

[証明] (1), (2) は定義より明らか.
(3)
$$\|(G \circ F)(x+h) - (G \circ F)(x) - G'[F(x)]F'[x]\|_Z$$
$$\leq \|G(F(x+h)) - G(F(x)) - G'[F(x)](F(x+h) - F(x))\|_Z$$
$$+ \|G'[F(x)](F(x+h) - F(x) - F'[x])\|_Z$$
となる. F はフレッシェ微分可能だから
$$H = F(x+h) - F(x)$$
とおくと, $\|H\|_Y = o(\|h\|_X)$ で, さらに, G がフレッシェ微分可能だから
$$\|G(F(x+h)) - G(F(x)) - G'[F(x)](F(x+h) - F(x))\|_Z$$
$$= \|G(F(x) + H) - G(F(x)) - G'[F(x)]H\|_Z = o(\|H\|_Y) = o(\|h\|_X).$$
また, $\|G'(x)\|_Z$ は有界だから
$$\|G'[F(x)](F(x+h) - F(x) - F'[x])\|_Z$$
$$\leq \|G'[x]\|_Z \|F(x+h) - F(x) - F'[x])\|_X = o(\|h\|_X)$$
となり,
$$(G \circ F)'[x] = G'[F(x)]F'[x], \quad x \in U$$

が成り立つ．

(4) 次の等式より明らか．

$$b(x_1+h_1, x_2+h_2) - b(x_1, x_2) - b(x_1, h_2) - b(h_1, x_2) = b(h_1, h_2).$$

(5) U が開集合であることを示す．$T \in U$ とし，$H \in \mathcal{L}(X, Y)$ を $\|H\| < 1\|/\|T^{-1}\|$ とすれば,

$$S = \sum_{j=0}^{\infty} (-1)^j (HT^{-1})^j$$

はバナッハ空間 $\mathcal{L}(X, Y)$ で収束して，$(I + HT^{-1})S = S(I + HT^{-1}) = I$ となるから，$S = (I + HT^{-1})^{-1}$ である．さらに，$T + H = (I + HT^{-1})T$ であるから，$T + H$ は可逆で

$$(T + H)^{-1} = T^{-1}(I + HT^{-1})^{-1}$$

が成り立つ．よって，U は開集合である．また，上に述べた式を変形すると

$$(T + H)^{-1} - T^{-1} = -T^{-1}HT^{-1} + R,$$
$$R = \sum_{j=2}^{\infty} T^{-1}(-1)^j (HT^{-1})^j = T^{-1}(HT^{-1})^2 (I + HT^{-1})^{-1}$$

となる．$\|R\| = O(\|H\|^2)$ であるから，inv はフレッシェ微分可能で

$$\mathrm{inv}'(T)H = -T^{-1}HT^{-1}, \quad T \in U, \quad H \in \mathcal{L}(X, Y)$$

が従う．証明終わり．

補題 6.5 X, Y をヒルベルト空間とし，$U \subset X$ を開集合とする．$x \in U$ とし，$h \in X$ を $x + th \in U$, $\forall t \in [0, 1]$ なる元とすると，フレッシェ微分可能な写像 $F : U \to Y$ に対して，

$$F(x + h) - F(x) = \int_0^1 F'[x + th]h \, dt \tag{6.48}$$

が成り立つ．

[証明] $\psi \in Y$ に対して

とおくと
$$f(t) = \langle F(x+th), \psi \rangle_Y$$

$$f'(t) = \langle F'(x+th)h, \psi \rangle_Y.$$

微分積分学の基本定理によって,
$$f(1) - f(0) = \int_0^1 f'(t)dt$$

だから
$$\langle F(x+h) - F(x), \psi \rangle_Y = \int_0^1 \langle F'(x+th)h, \psi \rangle_Y dt$$
$$= \left\langle \int_0^1 F'(x+th)h\,dt, \psi \right\rangle_Y.$$

$\psi \in Y$ は任意にとれるから,
$$F(x+h) - F(x) = \int_0^1 F'[x+th]h\,dt$$

が成り立つ. 証明終わり.

補題 6.6 X, Y をヒルベルト空間とし, $U \subset X$ を開集合とする. $F : U \to Y$ をフレッシェ微分可能な写像とする. さらに, 正定数 $L > 0$ が存在して
$$\|F'[x] - F'[\psi]\|_{\mathcal{L}(X,Y)} \leq L\|x - \psi\|_X, \quad \forall x, \psi \in U \tag{6.49}$$

が成り立つとする. このとき, $x + th, t \in [0,1]$ ならば
$$\|F(x+h) - F(x) - F'[x]h\|_Y \leq \frac{L}{2}\|h\|_X^2 \tag{6.50}$$

が成立する.

[証明] (6.48) より
$$\|F(x+h) - F(x) - F'[x]h\|_Y = \left\| \int_0^1 (F'[x+th]h - F'[x]h)dt \right\|_Y$$
$$\leq \int_0^1 \|(F'[x+th]h - F'[x]h\|_Y dt$$

$$\leq \int_0^1 \|(F'[x+th] - F'[x])\|_{\mathcal{L}(X,Y)} \|h\|_X dt$$
$$\leq \int_0^1 Lt\|h\|_X^2 dt = \frac{L}{2}\|h\|_X^2.$$

証明終わり.

$A : X \to Y$ がコンパクトな線形作用素のとき, $y \in R(A)$ を与えて, 方程式 $Ax = y$ の解 x を求める問題は非適切であった. 同様のことが, A が非線形のときにも成立する.

定義 6.5 X, Y をノルム空間とする. $U \subset X$ とする. 写像 (非線形作用素) F は, X の有界集合を Y の相対コンパクトな集合に写すとき, コンパクトであるという. F は, コンパクトかつ連続であるとき, 完全連続であるという.

線形作用素のときと異なり, コンパクト作用素は必ずしも連続ではない.

Z をノルム空間とし, $G : U \to Z$, $H : Z \to Y$ で $F = H \circ G$ とする. このとき, 定義より, G がコンパクトで, H が連続, あるいは, G が有界集合を有界集合に写し, H がコンパクトならば, F はコンパクトであることが従う.

定理 6.14 X, Y をノルム空間とし, $U \subset X$ は開集合とする. $F : U \to Y$ がコンパクトかつ一対一写像とする. X が無限次元ならば, F^{-1} は連続にはならない. すなわち, 方程式 $F(x) = y$ は非適切である.

[証明] F^{-1} が連続とすると, F^{-1} はコンパクトな集合をコンパクトな集合に写像する ([75] 参照). U は開集合だから, 任意の $x_0 \in U$ に対して, $B = \overline{B_r(x_0)} = \{x \in X : \|x - x_0\|_X \leq r\} \subset U$ となる $r > 0$ が存在する. このとき, $B = F^{-1}F(B)$ であるから, B はコンパクトである. よって, $\dim X < \infty$ となって矛盾. 証明終わり.

定理 6.15 X をノルム空間, Y をバナッハ空間とし, $U \subset X$ は開集合とする. $F : U \to Y$ が完全連続で, フレッシェ微分可能とすると, 任意の $x^* \in U$ に対して, $F'[x^*]$ はコンパクトである. したがって, 線形化問題 $F'[x^*]x = y$

も非適切である.

[証明] 次の事実を思い出そう. バナッハ空間 Y の部分集合 K に対して

$$K \text{ がコンパクト} \iff K \text{ が全有界}$$

となる. よって

$$K = \{F'[x]h : h \in X, \|h\|_X \leq 1\}$$

が全有界を示せばよい. $\varepsilon > 0$ を任意に固定する. このときフレッシェ微分の定義より, $\delta > 0$ を $\|h\|_X \leq 1$ となる任意の $h \in X$ に対して, $x + \delta h \in U$ かつ

$$\|F(x + \delta h) - F(x) - \delta F'[x]h\|_Y \leq \frac{\varepsilon \delta}{3} \|h\|_X \leq \frac{\varepsilon \delta}{3}$$

となるようにとることができる. F は完全連続だから, 集合

$$\{F(x + \delta h) : h \in X, \|h\|_X \leq 1\}$$

はコンパクト, したがって, 全有界である. すなわち, $h_1, h_2 \cdots h_n \in B_1(0) \subset X$ が存在して, 任意の $h \in B_1(0) \subset X$ に対して, ある $j \in \{1, 2, \cdots, n\}$ がとれて

$$\|F(x + \delta h) - F(x + \delta h_j)\|_Y \leq \frac{\varepsilon \delta}{3}$$

となるようにできる. このとき,

$$\delta \|F'[x]h - F'[x]h_j\|_Y$$
$$\leq \|F(x + \delta h) - F(x) - \delta F'[x]h\|_Y + \|F(x + \delta h_j) - F(x) - \delta F'[x]h_j\|_Y$$
$$+ \|F(x + \delta h) - F(x + \delta h_j)\|_Y \leq \varepsilon \delta$$

となる. よって, K は全有界, すなわち, コンパクトである. 証明終わり.

6.4.1 非線形チホノフ正則化

X, Y を無限次元実ヒルベルト空間とし, $D(F) \subset X$ とする. $F : D(F) \to Y$ を連続な非線形作用素として, 作用素方程式

$$F(x) = y$$

を考える．簡単のために F は既知とし，y はノイズを含むデータ y^δ のみが観測され，そのノイズレベルを δ，すなわち，$\|y - y^\delta\|_Y \leq \delta$ とする．

線形の場合と同様に，チホノフの正則化は，汎関数

$$M_\alpha^\delta(x) = \|F(x) - y^\delta\|_Y^2 + \alpha\|x - x_0\|_X^2, \quad x \in D(F)$$

の最小化問題の解 x_δ^α を求めることである．ただし，x_0 は $F(x) = y$ の解 $x^\dagger$ の適当な近似である．

[註] F が線形，すなわち，$F = A_h$ のとき，上記の汎関数は

$$M_\alpha^\delta(x) = \|A_h(x - x_0) + A_h x_0 - y^\delta\|_Y^2 + \alpha\|x - x_0\|_X^2$$

となるから，$y^\delta - A_h x_0$ をあらためて y^δ とし，$x - x_0$ を x とおき直せば，線形の場合のチホノフ汎関数と一致する．

$M_\alpha^\delta(x)$ を (非線形) チホノフ汎関数と呼ぶ．線形の場合と同様にペナルティー項 $\alpha\|x - x_0\|_X^2$ を異なるものに置き換える方が有用なこともある．

定義 6.6 $F : D(F) \to Y$ は次の条件を満たすとき，弱閉という．

(条件) $\{x_n\} \subset X$ が $x \in X$ に弱収束し，$\{F(x_n) \subset Y\}$ が $y \in Y$ に弱収束すれば，$x \in D(F)$ で $F(x) = y$ となる．

定理 6.16 F は $D(F) \subset X$ の有界集合を Y の有界集合に写し，かつ弱閉とする．このとき，任意の $\alpha > 0$ に対して，チホノフ汎関数 $M_\alpha^\delta(x)$ は最小値 x_δ^α を持つ．

[証明]

$$\lambda = \inf_{x \in D(F)} M_\alpha^\delta(x)$$

とおく．定義より，任意の $n \in \mathbb{N}$ に対して，

$$\lambda \leq M_\alpha^\delta(x_n) \leq \lambda + \frac{1}{n}$$

となる $x_n \in D(F)$ が存在する．このとき，$\alpha > 0$ だから

$$\|x_n\|_X \leq \|x_n - x_0\|_X + \|x_0\|_X$$
$$\leq \frac{1}{\alpha}(\lambda + 1 + \|x_0\|_X)$$

となる．よって，$\{x_n\}_{n \in \mathbb{N}}$ は有界である．ヒルベルト空間の有界集合は相対弱コンパクトであるから，弱収束する部分列 $\{x_{n_k}\}$ が存在する．その弱極限を $x^* \in X$ とする．$\{F(x_{n_k})\}$ は有界だから，弱収束する部分列 $\{F(x_{n_{k'}})\}$ が存在して，その弱極限を $y \in Y$ と書く．$D(F)$ は弱閉と仮定したので，$x^* \in D(F)$ で，$F(x^*) = y$ である．さらに，ノルムは下半弱連続であるから

$$M_\alpha^\delta(x^*) = \|F(x^*) - y^\delta\|_Y^2 + \alpha\|x^* - x_0\|_X^2$$
$$\leq \liminf_{n_{k'} \to \infty}\{\|F(x_{n_{k'}}) - y^\delta\|_Y^2 + \alpha\|x_{n_{k'}} - x_0\|_X^2\} \leq \lambda$$

よって，

$$M_\alpha^\delta(x^*) = \min_{x \in D(F)} M_\alpha(x).$$

証明終わり．

次の定理は，線形問題に対する定理 6.10 の非線形版である．

定理 6.17 F は $D(F) \subset X$ の有界集合を Y の有界集合に写し，かつ弱閉とする．さらに，$y \in Y$ に対して，解 $F(x^\dagger) = y$ は一意的であるとする．$\alpha = \alpha(\delta)$ が $\delta \to 0$ のとき

$$\alpha(\delta) \to 0 \quad \text{かつ} \quad \frac{\delta^2}{\alpha(\delta)} \to 0 \tag{6.51}$$

を満たすならば，

$$\|x_\delta^{\alpha(\delta)} - x^\dagger\|_X \to 0, \quad \delta \to 0 \tag{6.52}$$

となる．

[証明] $n \to \infty$ のとき $\delta_n \to 0$ となる任意の点列 $\{\delta_n\}_{n \in \mathbb{N}}$ について考えればよい．$x_\delta^{\alpha(\delta)}$ はチホノフ汎関数の最小化元だから

$$\|F(x_{\delta_n}^{\alpha(\delta_n)}) - y^{\delta_n}\|_Y^2 + \alpha(\delta_n)\|x_{\delta_n}^{\alpha(\delta_n)} - x_0\|_X^2$$
$$\leq \|F(x^\dagger) - y^{\delta_n}\|_Y^2 + \alpha(\delta_n)\|x^\dagger - x_0\|_X^2 \leq \delta_n^2 + \alpha(\delta_n)\|x^\dagger - x_0\|_X^2$$

となる．これより，$\delta_n \to 0$ ならば，$\alpha(\delta_n) \to 0$ だから

$$F(x_{\delta_n}^{\alpha(\delta_n)}) \to y, \quad n \to \infty$$

となる．また，$\delta_n^2/\alpha(\delta) \to 0$ だから

$$\limsup_{n\to\infty} \|x_{\delta_n}^{\alpha(\delta_n)} - x_0\|_X^2$$
$$\leq \limsup_{n\to\infty} \left(\frac{\delta_n^2}{\alpha(\delta_n)} + \|x^\dagger - x_0\|_X^2 \right) \leq \|x^\dagger - x_0\|_X^2.$$

よって，$\{x_{\delta_n}^{\alpha(\delta_n)}\}$ は有界だから，弱収束する部分列 $\{x_{\delta_{n_k}}^{\alpha(\delta_{n_k})}\}$ がとれる．その逆極限を x^* とすると，F が弱閉であることから $x^* \in D(F)$ で $F(x^*) = y$ となる．解の一意性から $x^* = x^\dagger$ が従う．

(6.52) を示そう．(6.52) が成り立たないと仮定すると，ある $\varepsilon > 0$ に対して，部分列が存在して

$$\|x_{\delta_{n_k}}^{\alpha(\delta_{n_k})} - x^\dagger\|_X^2 \geq \varepsilon \tag{6.53}$$

となる．このとき，前の議論と同じように考えて $\{x_{\delta_{n_k}}^{\alpha(\delta_{n_k})}\}$ の中から $x^\dagger$ に弱収束する部分列がとれる．それを同じ記号で表すことにする．ところで，

$$\|x_{\delta_{n_k}}^{\alpha(\delta_{n_k})} - x^\dagger\|_X^2$$
$$= \|x_{\delta_{n_k}}^{\alpha(\delta_{n_k})} - x_0\|_X^2 + \|x_0 - x^\dagger\|_X^2 + 2\mathrm{Re}\langle x_{\delta_{n_k}}^{\alpha(\delta_{n_k})} - x_0, x_0 - x^\dagger \rangle_X$$

となるから

$$\limsup_{k\to\infty} \|x_{\delta_{n_k}}^{\alpha(\delta_{n_k})} - x^\dagger\|_X^2$$
$$= 2\|x^\dagger - x_0\|_X^2 + 2\mathrm{Re}\langle x^\dagger - x_0, x_0 - x^\dagger \rangle_X = 0$$

これは，(6.53) に矛盾する．証明終わり．

F に付加条件を加えると，収束のオーダーを示すことができる．例えばエングル・クニッシュ・ヌーバウアー (Engl-Kunisch-Neubauer[37]) を紹介すると

定理 6.18 F は弱閉かつフレッシェ微分可能とする．さらに，$D(F)$ は凸で，$x \mapsto F'(x)$ はリプシッツ連続，すなわち

$$\|F'[x_1] - F'[x_2]\| \leq L\|x_1 - x_2\|_X, \quad \forall x_1, x_2 \in D(F)$$

となる定数 $L > 0$ が存在し，さらに，

$$x^\dagger - x_0 = F'[x^\dagger]^* w, \quad L\|w\|_Y < 1$$

となる元 $w \in Y$ が存在すると仮定する．このとき，ある $c > 0$ に対して $\alpha = c\delta$ のようにパラメータを選ぶと，δ に依存しない定数 $C > 0$ が存在して，

$$\|x_\alpha^\delta - x^\dagger\|_X \leq C\sqrt{\delta},$$
$$\|F(x_\alpha^\delta) - y\|_Y \leq C\delta$$

が成立する．

[証明] はじめに，$x_\delta^{\alpha(\delta)}$ がチホノフ汎関数の最小化元であることから，前定理と証明と同様にして

$$\|F(x_\delta^\alpha) - y^\delta\|_Y^2 + \alpha \|x_\delta^\alpha - x_0\|_X^2 \leq \delta^2 + \|x^\dagger - x_0\|_X^2$$

が成立する．これより，定理の仮定を用いると

$$\|F(x_\delta^\alpha) - y^\delta\|_Y^2 + \alpha \|x_\delta^\alpha - x^\dagger\|_X^2 \leq \delta^2 + 2\alpha \langle x^\dagger - x_0, x^\dagger - x_\delta^\alpha \rangle_X$$
$$= \delta^2 + 2\alpha \langle F'[x^\dagger]^* w, x^\dagger - x_\delta^\alpha \rangle_X$$
$$= \delta^2 + 2\alpha \langle w, F'[x^\dagger](x^\dagger - x_\delta^\alpha) \rangle_X$$
$$\leq \delta^2 + 2\alpha \|w\|_Y \|F'[x^\dagger](x^\dagger - x_\delta^\alpha)\|_Y$$

となる．ところで，$D(F)$ が凸であるから補題 6.6 が使えて

$$\|F(x^{\alpha\delta}) - F(x^\dagger) - F'[x^\dagger](x_\delta^\alpha - x^\dagger)\|_Y \leq \frac{L}{2} \|x_\delta^\alpha - x^\dagger)\|_X^2$$

となるから

$$\|F'[x^\dagger](x^\dagger - x_\delta^\alpha)\|_Y \leq \frac{L}{2} \|x_\delta^\alpha - x^\dagger)\|_X + \|F(x^{\alpha\delta}) - F(x^\dagger)\|_Y$$
$$\leq \frac{L}{2} \|x_\delta^\alpha - x^\dagger)\|_X^2 + \|F(x^{\alpha\delta}) - y^\delta\|_Y + \delta$$

が成り立つ．よって，

$$\|F(x_\delta^\alpha) - y^\delta\|_Y^2 + \alpha\|x_\delta^\alpha - x^\dagger\|_X^2$$
$$\leq \delta^2 + 2\alpha\|w\|_Y \left(\frac{L}{2}\|x_\delta^\alpha - x^\dagger\|_X^2 + \|F(x^{\alpha\delta}) - y^\delta\|_Y + \delta\right).$$

すなわち，

$$(\|F(x_\delta^\alpha) - y^\delta\|_Y - \alpha\|w\|_Y)^2 + \alpha(1 - L\|w\|)\|x_\delta^\alpha - x^\dagger\|_X^2$$
$$\leq (\delta + \alpha\|w\|_Y)^2$$

を得る．したがって

$$\|F(x_\delta^\alpha) - y^\delta\|_Y \leq \delta + 2\alpha\|w\|_Y,$$
$$\|x_\delta^\alpha - x^\dagger\|_X \leq \frac{\delta + \alpha\|w\|_Y}{\sqrt{\alpha(1 - L\|w\|)}}.$$

よって，$\alpha = c\delta$ と選べば，定理の主張を得る．証明終わり．

6.5 反 復 法

チホノフの正則化法は，正則化パラメータを定めるごとに最小化問題を解く必要があり，線形問題でも線形作用素 $\alpha * A^* A$ の正則化の逆作用素を計算しなければならず，数値計算上効率的ではない．その欠点を避けるために，反復法 (逐次近似法) が考えられた．それらは，汎関数の最小化問題を，形式的には正則化パラメータなしにあるいは正則化パラメータを連動させて最速降下法，勾配法，あるいは共役勾配法で解いたり，ニュートン反復法の類推を行うものである．ここでは，その典型的な場合を略述しよう．アイデアは線形の場合も非線形も同じなので，前の節の枠組で記述する．すなわち，X と Y を無限次元ヒルベルト空間とし，$D(F) \subset X$ とする．$F : D(F) \to X$ を非線形作用素として，作用素方程式

$$F(x) = y \tag{6.54}$$

を考える.簡単のために F は既知とし,y はノイズを含むデータ y^δ のみが観測され,そのノイズレベルを δ とする.すなわち,$\|y - y^\delta\|_Y \leq \delta$ とする.

まず,$I(y) = \|y - y^\delta\|_Y^2 = \langle y - y^\delta, y - y^\delta \rangle_Y$ のフレッシェ微分は,定理 6.13 の (4) より

$$I'[y](h) = \langle y - y^\delta, h \rangle_Y + \langle h, y - y^\delta \rangle_Y = 2\mathrm{Re}\langle y - y^\delta, h \rangle_Y$$

であるから,汎関数 $J(x) = I(F(x)) = \|F(x) - g^\delta\|_Y^2$ の勾配を計算すると,

$$\begin{aligned}J'(x)h &= 2\mathrm{Re}\langle F(x) - y^\delta, F'[x]h \rangle_Y \\ &= 2\mathrm{Re}\langle F'[x]^*(F(x) - y^\delta), h \rangle_X\end{aligned}$$

となる.したがって,$J(x)$ の最小値を最速降下法で計算すると,次の逐次近似が得られる.

$$x_{n+1} = x_n - \mu F'[x_n]^*(F(x_n) - y^\delta), \quad n = 0, 1, 2, \cdots.$$

これは,(非線形) ランドウェバー法と呼ばれる.このとき,μ は

$$\mu \|F'[x_n]^* F'[x_n]\| \leq 1, \quad \forall n$$

となるように選ぶ.正則化パラメータは,反復回数になる.しかし,ランドウェバー法の収束は非常に遅いことが知られている.

そこで,通常の実軸上の実非線形方程式の数値解析において,解の近くのデータから出発すると非常に早い収束を示すニュートン型の反復法を適用する方が,より早い収束が得られることが期待される.

ところで,作用素方程式 (6.54) に対して,ニュートン法をそのまま形式的に適用すると,$n = 1, 2, \cdots$ において x_n が既知のとき,線形化問題

$$F'[x_n^\delta]h_n = y^\delta - F(x_n) \tag{6.55}$$

を解いて,

$$x_{n+1} = x_n + h_n \tag{6.56}$$

とおいた反復法になる.しかし,例えば,F が完全連続のように元の問題 (6.54)

が非適切ならば,線形化問題 (6.55) も非適切であり,何らかの正則化が必要になる.正則化パラメータ α_n のチホノフ正則化を施せば,反復公式は

$$x_{n+1} = x_n + (\alpha_n I + F'[x_n]^* F'[x_n])^{-1} F'[x_n]^* (y^\delta - F(x_n)) \quad (6.57)$$

となる.これは,次の最小化問題の解

$$h_n = \min_{h \in X} \{ \|F'[x_n]h + F(x_n) - y^\delta\|_Y^2 + \alpha_n \|h\|_X^2 \} \quad (6.58)$$

を求めて,$x_{n+1} = x_n + h_n$ とする反復法である.この方法は,レーベンバーグ・マルカート (Levenberg-Marquardt) 法として知られている.$\|x_0 - x^\dagger\|_X$ が十分に小さければ,

$$\alpha_n = \alpha_0 \left(\frac{1}{2}\right)^n, \quad \alpha_0 > 0$$

ととっても,実用的には十分であることが知られている[44].

バクシンスキー (Bakushinskii[7]) は,(6.58) を次のように修正した.

$$h_n = \min_{h \in X} \{ \|F'[x_n]h + F(x_n) - y^\delta\|_Y^2 + \alpha_n \|h + x_n - x_0\|_X^2 \}. \quad (6.59)$$

これに対する反復法

$$x_{n+1} = x_n + (\alpha_n I + F'[x_n]^* F'[x_n])^{-1} \{ F'[x_n]^* (y^\delta - F(x_n))$$
$$+ \alpha_n (x_0 - x_n) \}) \quad (6.60)$$

は反復正則化ガウス・ニュートン法と呼ばれる.この方法は,ノイズ成分が反復しても蓄積しないので,より安定である.

ニュートン型の反復法の収束は,ランドウェバー法の収束に比べて非常に早い.ドイフルハルト,エングルとシェルツァー (Deuflhard-Engl-Scherzer[34]) によると,ニュートン法の n ステップの精度を得るためには,ランドウェバー法の収束のステップ数が n の指数関数的に増大することがわかっている.ただし,レーベンバーグ・マルカートのアルゴリズムや反復正則化ガウス・ニュートン法の短所は,計算の各ステップで $F'[x_n] \in \mathcal{L}(X,Y)$ に対応する行列に加えて,$\alpha_n I + F'[x_n]^* F'[x_n]$ の逆作用素 (対応する逆行列) を計算しなければならないことである.これらの短所を,さらなる反復計算で補正するいろいろな試

みがなされているが,ここでは省略する ($^{(46)}$ など参照).

非適切な問題に対する反復法では,線形化問題を正則化しても含まれているノイズによって,反復回数を無限大に増やしていくと,近似解の質が悪化するので,ノイズが大きくならないうちに,反復を止めねばならない.したがって,反復法では,ノイズレベルに合わせて適切な停止ステップを定める停止則をどう選ぶかが重要である.すなわち,反復法では,停止ステップが,問題の正則化パラメータになっている.もっともよく用いられるのは,相反原理を用いたもので,ある定数 $\tau \geq 1$ に対して

$$\|F(x_N) - y^\delta\|_Y \leq \tau\delta$$

となる最初の反復回数 $N = N(\delta, y^\delta)$ を停止ステップとして選ぶ.

以後,ノイズレベル $\delta \to 0$ に関する解の振舞いを考慮するので,反復法の解 $\{x_n\}$ を x_n^δ と書く.α_n の依存性は,ここでは明示しない.

定義 6.7 非線形非適切問題 $F(x) = y$ に対する反復法の一般形を

$$x_{n+1}^\delta = \Phi_n(x_n, x_n - 1, \cdots, x_0, y^\delta), \quad n = 0, 1, 2, \cdots \tag{6.61}$$

と表す.反復法 (6.61) とその停止則 $N = N(\delta, y^\delta)$ は次の条件を満たすとき,反復正則化法と呼ばれる.

(条件) 任意の $x^\dagger \in D(F)$ と任意の $y^\delta \in B_\delta(y), (y = F(x^\dagger))$ に対して,$\|x_0 - x^\dagger\|_X$ が十分小さい x_0 をとると,$x_n \ (n = 0, 1, \cdots N)$ が定義できて,

(1) $\delta > 0$ のとき,$N(\delta, y^\delta) < \infty$ である.

(2) $y^\delta = y = F(x^\dagger)$ ならば,$N(0, y) < \infty$ かつ $x_N^0 = x^\dagger$ か,あるいは,

$$\|x_n^0 - x^\dagger\|_X \to 0, \quad n \to \infty$$

となる.

(3)
$$\sup_{y^\delta \in B_\delta(y)} \|x_{N(\delta, y^\delta)}^\delta - x^\dagger\|_X \to 0, \quad \delta \to 0$$

が成り立つ.

具体的アルゴリズムが反復正則化法であることを示すとき，条件 (3) を示すことが本質的である．条件 (3) を示すのに，次の定理が有用である．

定理 6.19 F はフレッシェ微分可能で一対一とする．反復法 (6.61) とその停止則 $N = N(\delta, y^\delta)$ は，上述の条件 (1), (2) を満たすとする．さらに，停止則は

$$\|F(x_N^\delta) - y^\delta\|_Y \leq C\delta,$$

で定まり，単調性条件

$$\|x_n^\delta - x^\dagger\|_X \leq \|x_{n+1}^\delta - x^\dagger\|_X, \quad n = 1, 2, \cdots, N$$

と安定性条件

$$\lim_{\delta \to 0} \|x_n^\delta - x_n^0\|_X = 0, \quad n = 1, 2, \cdots, N$$

を満たすとする．このとき，(3)

$$\sup_{y^\delta \in B_\delta(y)} \|x_{N(\delta, y^\delta)}^\delta - x^\dagger\|_X \to 0 \quad (\delta \to 0)$$

が成立する．

[証明] $n \to \infty$ のとき単調に $\delta_n \to 0$ となる任意の点列 $\{\delta_n\}_{n \in \mathbb{N}}$ について考えればよい．$N_k = N(\delta_k, y^{\delta_k})$ とおく．$\{N_k\}_{k \in \mathbb{N}}$ は有界とし，

$$\overline{N} = \sup_{k \in \mathbb{N}} N_k$$

とおく．$n \geq N_k$ のとき，$x_n^{\delta_k} = x_{N_k}^{\delta_k}$ と定義すれば，安定性条件より

$$\lim_{k \to \infty} \|x_{\overline{N}}^{\delta_k} - x_{\overline{N}}^0\|_X = 0$$

となる．さらに，停止則より

$$\|F(x_{\overline{N}}^{\delta_k}) - y^{\delta_k}\|_Y \leq C\delta_k$$

が成り立つから，

$$\lim_{k \to \infty} F(x_{\overline{N}}^{\delta_k}) = y.$$

F はフレッシェ微分可能だから連続である．よって，$F(x_N^0) = y$ となる．F は一対一だから，$x_N^0 = x^\dagger$ である．これより，

$$\sup_{y^{\delta_k} \in B_{\delta_k}(y)} \|x_{N(\delta_k, y^{\delta_k})}^{\delta_k} - x^\dagger\|_X = \sup_{y^{\delta_k} \in B_{\delta_k}(y)} \|x_N^{\delta_k} - x^\dagger\|_X \to 0 \quad (k \to \infty)$$

が成立する．$\{N_k\}_{k \in \delta}$ が有界でなければ，$\limsup_{k \to \infty} N_k = \infty$ である．$\{N_k\}$ は k について単調に増大すると仮定して一般性を失わない．このとき，

$$\|x_{N_k}^{\delta_k} - x^\dagger\|_X \leq \|x_{N_j}^{\delta_k} - x^\dagger\|_X \leq \|x_{N_j}^{\delta_k} - x_{N_j}\|_X + \|x_{N_j} - x^\dagger\|_X, \quad j \leq k$$

となる．条件 (2) より，任意の $\varepsilon > 0$ に対して，$J = J(\varepsilon) \in \mathbb{N}$ が存在して，

$$\|x_{N_j} - x^\dagger\|_X \leq \frac{\varepsilon}{2} \quad \forall j \geq J$$

が成立する．さらに，安定性条件より，ある $K \geq J$ が存在して

$$\|x_{N_j}^{\delta_k} - x_{N_j}\|_X \leq \frac{\varepsilon}{2} \quad \forall k \geq K$$

が成立する．よって，

$$\|x_{N_k}^{\delta_k} - x^\dagger\|_X \leq \varepsilon \quad \forall k \geq K.$$

したがって，定理の主張が成り立つ．証明終わり．

(非線形) ランドウェバー法，レベンバーグ・マルカート法，ガウス・ニュートン法やその変形について，それらが反復正則化法であることが F に対する適当な付加条件の下で示されている ([6, 14, 44]など参照)．ここでは，ハンケ，ヌーバウアーとシェルツァー (Hanke-Neubauer-Scherzer[45]) の結果を紹介する．

定理 6.20 $F : D(F) \to Y$ はフレッシェ微分可能で，

$$B_\rho(x^\dagger) = \{x \in X : \|x - x^\dagger\| \leq \rho\} \subset D(F)$$

となる $\rho > 0$ が存在すると仮定する．(ただし，$x^\dagger \in D(F), F(x^\dagger) = y$)．$B_\rho(x^\dagger)$ の中で $F(x) = y$ の解はただ 1 つであると仮定する．また，ある $\eta \in (0, 1/2)$ が存在して，任意の $x_1, x_2 \in B_\rho(x^\dagger)$ に対して，

$$\|F(x_1) - F(x_2) - F'[x_1](x_1 - x_2)\|_Y \leq \eta \|F(x_1) - F(x_2)\| \tag{6.62}$$

を満たし，$\|F'[x]\| \leq 1$, $\forall x \in B_\rho(x^\dagger)$ であると仮定する．このとき，$\mu = 1$ のランドウェバー反復法

$$x_{n+1} = x_n - F'[x_n]^*(F(x_n) - y^\delta), \quad n = 0, 1, 2, \cdots \quad (6.63)$$

は，停止則：『$\tau = \tau(\eta) > 2(1+\eta)/(1-2\eta) > 2$ に対して

$$\|F(x_N) - y^\delta\|_Y \leq \tau\delta \quad (6.64)$$

となる最初の反復回数 $N = N(\delta, y^\delta)$ を停止ステップと選ぶ』の下で，単調性を満たす反復正則化法である．

[証明] 停止ステップの定義から

$$\|F(x_N) - y^\delta\|_Y \leq \tau\delta < \|F(x_n) - y^\delta\|_Y, \quad 0 \leq n < N(\delta, y^\delta)$$

である．ある $n < N = N(\delta, y^\delta)$ で，$x_n^\delta \in B_\rho(x^\dagger)$ とすると

$$\begin{aligned}
&\|x_{n+1}^\delta - x^\dagger\|_X^2 - \|x_n^\delta - x^\dagger\|_X^2 \\
&= \|x_{n+1}^\delta\|_X^2 + 2\langle x_{n+1}^\delta, x^\dagger\rangle_X - \|x_n^\delta\|_X^2 - 2\langle x_n^\delta, x^\dagger\rangle_X \\
&= \|x_{n+1}^\delta - x_n^\delta\|_X^2 + 2\langle x_n^\delta - x^\dagger, x_{n+1}^\delta - x_n^\delta\rangle_X \\
&= \|F'[x_n^\delta]^*(F(x_n^\delta) - y^\delta))\|_X^2 + 2\langle F'[x_n^\delta](x_n^\delta - x^\dagger), y^\delta - F(x_n^\delta)\rangle_Y \\
&= \|F'[x_n^\delta]^*(F(x_n^\delta) - y)\|_X^2 \\
&\quad + 2\langle y^\delta - F(x_n\delta) + F'[x_n^\delta](x_n^\delta - x^\dagger), y^\delta - F(x_n^\delta)\rangle_Y \\
&\quad - \|y^\delta - F(x_n^\delta)\|_Y^2 \quad (6.65)
\end{aligned}$$

となる．よって，$\|F'[x]\| = \|F'[x]^*\| \leq 1$ であるから (6.62) を用いると

$$\begin{aligned}
&\|x_{n+1}^\delta - x^\dagger\|_X^2 - \|x_n^\delta - x^\dagger\|_X^2 \\
&\quad \leq \|y^\delta - F(x_n^\delta)\|_Y \{(2\eta - 1)\|y^\delta - F(x_n^\delta)\|_Y + 2(1+\eta)\delta\} \quad (6.66)
\end{aligned}$$

となる．さらに，停止ステップの定義から $n < N$ のとき

$$(2\eta - 1)\|y^\delta - F(x_n^\delta)\|_Y + 2(1+\eta)\delta \leq \{-(1-2\eta)\tau\delta + 2(1+\eta)\delta\} \leq 0 \quad (6.67)$$

である．よって，

$$\|x_{n+1}^\delta - x^\dagger\|_X^2 \leq \|x_n^\delta - x^\dagger\|_X^2$$

だから，$x_{n+1}^\delta \in B_\rho(x^\dagger)$ となる．したがって，n についての帰納法によって，ランドウェバー反復法の単調性が従う．さらに，(6.66), (6.67) より，より精密な不等式

$$\|x_{n+1}^\delta - x^\dagger\|_X^2 + C(\tau,\eta,\delta)\|y^\delta - F(x_n^\delta)\|_Y \leq \|x_n^\delta - x^\dagger\|_X^2,$$
$$C(\tau,\eta,\delta) = \{(1-2\eta)\tau - 2(1+\eta)\}\delta$$

が，自然に得られるが，それより

$$\sum_{n=0}^{N-1} \|y^\delta - F(x_n^\delta)\|_Y \leq \frac{1}{C(\tau,\eta,\delta)}\|x_0 - x^\dagger\|_X^2$$

が従う．もう一度，(6.66) を用いると

$$\sum_{n=0}^{N-1} \|y^\delta - F(x_n^\delta)\|_Y^2 \leq \frac{1}{1-2\eta}\left\{\frac{1}{2(1+\eta)\delta C(\tau,\eta,\delta)} + 1\right\}\|x_0 - x^\dagger\|_X^2$$
$$= \frac{\tau}{(1-2\eta)\tau - 2(1+\eta)}\|x_0 - x^\dagger\|_X^2$$

となる．よって $N(\delta, y^\delta) < \infty$ である．同様に，$\delta = 0$ のときは，$N(0,y) = \infty$ ならば

$$\sum_{n=0}^\infty \|y - F(x_k^0)\|_Y \leq \frac{1}{1-2\eta}\|x_0 - x^\dagger\|_X^2 \tag{6.68}$$

最後に，$y^\delta = y = F(x^\dagger)$ のときの収束を考える．$x_n = x_n^0$ $(n=0,1,2\cdots)$ とする．$N(0,y) = \infty$ として，

$$\lim_{n\to\infty} \|x_n - x^\dagger\|_X = 0 \tag{6.69}$$

を示せばよい．

$$\varphi_n = x_n - x^\dagger$$

とおくと，$\|\varphi_n\|$ は単調減少で非負だから，収束する．すなわち

$$\lim_{n\to\infty} \|\varphi\|_X = \varepsilon$$

となる $\varepsilon \geq 0$ が存在する．

$\{\varphi_n\}$ がコーシー列になることを示そう．$n \geq m$ に対して

$$\|y - F(x_j)\|_Y = \min_{m \leq i \leq n} \|y - F(x_i)\|_Y$$

となる $j\,(m \leq j \leq n)$ をとる．

$$\|\varphi_n - \varphi_n\|_X \leq \|\varphi_n - \varphi_j\|_X + \|\varphi_j - \varphi_m\|_X$$

である．ところで，

$$\|\varphi_n - \varphi_j\|_X^2 = 2\langle \varphi_j - \varphi_n, \varphi_j \rangle_X + \|\varphi_n\|_X^2 - \|\varphi_j\|_X^2$$
$$\|\varphi_j - \varphi_m\|_X^2 = 2\langle \varphi_j - \varphi_m, \varphi_j \rangle_X + \|\varphi_m\|_X^2 - \|\varphi_j\|_X^2$$

である．上の 2 式について，それぞれの最後の 2 項は，$m \to \infty$ のとき $n \to \infty$ であり，$\varepsilon^2 - \varepsilon^2 = 0$ に収束するので，それぞれの第 1 項

$$\langle \varphi_j - \varphi_m, \varphi_j \rangle_X, \quad \langle \varphi_j - \varphi_n, \varphi_j \rangle_X \to 0 \tag{6.70}$$

を示せばよい．(6.63) より

$$\begin{aligned}
&|\langle \varphi_j - \varphi_m, \varphi_j \rangle_X| \\
&= \left| \sum_{i=m}^{j-1} \langle F'[x_i]^*(y - F(x_i)), \varphi_j \rangle_X \right| \\
&\leq \sum_{i=m}^{j-1} |\langle (y - F(x_i)), F'[x_i](x_j - x^\dagger) \rangle_Y| \\
&\leq \sum_{i=m}^{j-1} \|y - F(x_i)\|_Y \|F'[x_i](x^\dagger - x_i + x_i - x_j)\|_Y \\
&\leq \sum_{i=m}^{j-1} \|F(x^\dagger) - F(x_i)\|_Y \times (1+\eta)\{\|F(x^\dagger) - F(x_i)\|_Y \\
&\qquad + \eta \|F(x_i) - F(x_j)\|_Y\} \\
&\leq (1+\eta) \sum_{i=m}^{j-1} \|y - F(x_i)\|_Y^2
\end{aligned}$$

$$+ \eta \sum_{i=m}^{j-1} \|y - F(x_i)\|_Y \left(\|y - F(x_i)\|_Y + \|y - F(x_j)\|_Y \right)$$

$$\leq (1 + 3\eta) \sum_{i=m}^{j-1} \|y - F(x_i)\|_Y^2$$

同様に，

$$|\langle \varphi_j - \varphi_n, \varphi_j \rangle_X| \leq (1 + 3\eta) \sum_{i=j}^{n-1} \|y - F(x_i)\|_Y^2$$

が成り立つ．よって，(6.68) より (6.70) が成り立つ．したがって，$\{\varphi_n\}$ はコーシー列になる．ゆえに

$$\lim_{n \to \infty} \varphi_n = x^{\dagger\dagger}$$

となる $x^{\dagger\dagger} \in B_\rho(x^\dagger)$ が存在する．このとき，$y = F(x^{\dagger\dagger})$ である．解の一意性から，$x^{\dagger\dagger} = x^\dagger$ となる．

以上より，ランドウェバー反復法は単調性を満たす反復正則化法である．証明終わり．

_# 第7章 カルレマン評価

一般な準楕円型線形偏微分方程式の解の一意接続定理やコーシー問題の一意性定理の証明に用いられた解のカルレマン評価 (荷重アプリオリ評価) の手法を応用して，制御理論の可観測性評価や逆問題の係数同定評価・安定性評価を得ることができる．この手法は，方程式の形によらず，非常に広いクラスの偏微分方程式の係数同定問題に適用可能であり，荷重関数に関する種々の工夫によりいろいろな結果が得られている．

ここでは，その典型例として，線形シュレディンガー発展方程式の初期値境界値問題に対してカルレマン型不等式を導き，境界や内部のデータから係数を定める問題の一意性および安定性を導く．

7.1　シュレディンガー発展方程式のカルレマン評価

$\Omega \subset \mathbb{R}^N$ を滑らかな境界 $\partial\Omega$ を持つ有界領域とし，$T > 0$ に対して，$Q_T = \Omega \times (0, T), \Sigma_T = \partial\Omega \times (0, T)$ とおく．

次の初期値ディリクレ境界値問題を考える．

$$iu_t + \triangle u + p(x)u = 0, \quad (x,t) \in Q_T \tag{7.1}$$

$$u(x,t) = h(x,t), \quad (x,t) \in \Sigma_T \tag{7.2}$$

$$u(x,0) = u_0(x), \quad x \in \Omega. \tag{7.3}$$

ただし，$\triangle$ はラプラス作用素，$p(x) \in L^\infty(\Omega)$ は実数値関数で，$u_0 \in L^\infty(\Omega)$ は複素数値関数とする．

$p(x)$ を既知とすると，この初期値境界値問題 (順問題) の解は，データ p, h, u_0

に対して，適当な滑らかさや可積分性，有界性の条件の下で適切であることが，詳細に調べられている (例えば，Pazy[84] 等). ここでは，ノイマンデータ $\frac{\partial u}{\partial n}\big|_{\partial\Omega}$ や，領域内部の部分集合上の u の導関数を測定して，ポテンシャル $p(x)$ を求める逆問題の解の一意性，連続依存性をカルレマン評価を用いて示す.

ゼロノイマン境界条件の下で，ディリクレデータを測定してポテンシャルを求める逆問題の解の一意性は，ブッフゲイムとクリバノフ (Bukhgeim-Kilibanov[20]) により証明されている ([98] も参照).

7.1.1 基本的恒等式

まずはじめに，シュレディンガー作用素

$$L = \frac{\partial}{\partial t} + i\triangle$$

に対するカルレマン評価を求めよう. そのために，パラメータ $s \in \mathbb{R}$ と滑らかな関数 $\varphi : \overline{\Omega} \times (0,T) \to \mathbb{R}$ に対して

$$M : u \mapsto e^{-s\varphi} L(e^{s\varphi} u)$$

を定義する. 簡単な計算により

$$Mu = u_t + s\varphi_t u + i(\triangle u + 2s\nabla\varphi \cdot \nabla u + s(\triangle\varphi)u + s^2|\nabla\varphi|^2 u)$$

となる. 作用素 M の形式的共役作用素 M^* を

$$\langle Mu, v\rangle_{L^2(Q)} = \langle u, M^* v\rangle_{L^2(Q)} \quad u, v \in C_0^\infty(Q)$$

で定義すると

$$M^* u = s\varphi_t u - u_t - i(\triangle u - 2s\nabla\varphi \cdot \nabla u - s(\triangle)\varphi)u + s^2|\nabla\varphi|^2 u)$$

となる. したがって，その形式的対称部分 M_1 と歪対称部分 M_2 は，それぞれ

$$M_1 u = \frac{Mu + M^* u}{2} = i(2s\nabla\varphi \cdot \nabla u + s(\triangle\varphi)u) + s\varphi_t u$$
$$M_2 u = \frac{Mu - M^* u}{2} = u_t + i(\triangle u + s^2|\nabla\varphi|^2 u)$$

である.

以下,簡単のために,$\|\cdot\| = \|\cdot\|_{L^2(Q)}, \langle\cdot,\cdot\rangle = \langle\cdot,\cdot\rangle_{L^2(Q)}$ と略記する.また,扱う関数は滑らかとして形式的に計算をする.

カルレマン評価のアイデアは,等式

$$\|Mu\|^2 = \|M_1u + M_2u\|^2 = \|M_1u\|^2 + \|M_2u\|^2 + 2\operatorname{Re}\langle M_1u, M_2u\rangle$$

に着目して,$\operatorname{Re}\langle M_1u, M_2u\rangle$ を計算し,それを下から評価すれば $\|Mu\|$,したがって $\|Lu\|$ を下から評価できるということにある.このアイデアは方程式の形によらないので,もちろん,放物型方程式や波動方程式にも適用できる.このとき,荷重関数 φ の選び方が,結果を左右する.本書では,メルカド,オッセスとロジヤー (Mercado-Osses-Rosier[73]) が開発した関数を採用する.

[註] 方程式 (7.1) を扱うのだから,$L = i\frac{\partial}{\partial t} + \triangle$ とする方が自然に思えるが,$L = \frac{\partial}{\partial t} + i\triangle$ としたのは,最終目標の「係数の一意安定性定理」である定理 7.2 の証明のときすぐに適用できるようにしたためで,もちろん,前者のようにとっても同様のカルレマン評価は得られる.

補題 7.1 $u\big|_{\Sigma_T} = 0$ と仮定すると

$$2\operatorname{Re}\langle M_1u, M_2u\rangle$$
$$= 2s\left(\iint_{Q_T} -2\sum_{i,j} \partial_i\partial_j\varphi \partial_i u \partial_j\overline{u} dxdt\right.$$
$$\left.+ 2\iint_{\Sigma_T} \frac{\partial\varphi}{\partial n}\left|\frac{\partial u}{\partial n}\right|^2 dSdt\right) - 4s\operatorname{Im}\{\iint_{Q_T} \nabla\varphi_t \cdot (u\nabla\overline{u})dxdt\}$$
$$+ \iint_{Q_T} |u|^2\{s(\triangle^2\varphi - \varphi_{tt}) - 2s^3\nabla\varphi\cdot\nabla|\nabla\varphi|^2\}dxdt.$$

が成り立つ.

[証明] $\operatorname{Re}\langle M_1u, M_2u\rangle$ をそのまま計算するのでは長すぎるので

$$2\operatorname{Re}\langle M_1u, M_2u\rangle = I_1 + I_2 + I_3$$

$$I_1 = 2\operatorname{Re}\langle i(2s\nabla\varphi\cdot\nabla u + s(\triangle\varphi)u), u_t + i(\triangle u + s^2|\nabla\varphi|^2 u)\rangle$$

$$I_2 = 2\mathrm{Re}\langle s\varphi_t u, u_t + i\triangle u\rangle$$
$$I_3 = 2\mathrm{Re}\langle s\varphi_t u, is^2|\nabla\varphi|^2 u\rangle$$

と分解して，それぞれを計算する．なお，$I_3 = 0$ である．実際

$$\begin{aligned}I_3 &= 2\mathrm{Re}\langle s\varphi_t u, is^2|\nabla\varphi|^2 u\rangle \\ &= 2\mathrm{Re}\iint_{Q_T}\left(is^2\varphi_t|\nabla\varphi|^2|u|^2\right)dxdt = 0.\end{aligned}$$

I_1 を計算しよう．

$$\begin{aligned}I_1 =\ &4s\mathrm{Re}\langle\nabla\varphi\cdot\nabla u,\triangle u\rangle + 2s^3\mathrm{Re}\langle\nabla\varphi\cdot\nabla u,|\nabla\varphi|^2 u\rangle \\ &+ 2s\mathrm{Re}\langle(\triangle\varphi)u,\triangle u\rangle + 2s^3\mathrm{Re}\langle(\triangle\varphi)u, s^2|\nabla\varphi|^2 u\rangle \\ &+ 2\mathrm{Re}\langle i(2s\nabla\varphi\cdot\nabla u + s(\triangle\varphi)u, u_t\rangle\end{aligned}$$

である．この第 1 項を部分積分すれば

$$\begin{aligned}&4s\mathrm{Re}\langle\nabla\varphi\cdot\nabla u,\triangle u\rangle \\ &= 4s\mathrm{Re}\left\{-\iint_{Q_T}\nabla(\nabla\varphi\cdot\nabla u)\cdot\nabla\overline{u}dxdt + \iint_{\Sigma_T}\nabla\varphi\cdot\nabla u\nabla\overline{u}\cdot\mathbf{n}dSdt\right\}\end{aligned}$$

となる．$u|_{\Sigma_T} = 0$ と仮定すると，$\nabla u = \dfrac{\partial u}{\partial n}\mathbf{n}$ であるから，

$$\iint_{\Sigma_T}\nabla\varphi\cdot\nabla u\nabla\overline{u}\cdot\mathbf{n}dSdt = \iint_{\Sigma_T}\frac{\partial\varphi}{\partial n}\left|\frac{\partial u}{\partial n}\right|^2 dSdt.$$

また，再び部分積分により

$$\begin{aligned}&\iint_{Q_T}\nabla(\nabla\varphi\cdot\nabla u)\cdot\nabla\overline{u}dxdt \\ &= \sum_{i,j}\iint_{Q_T}(\partial_i\partial_j\varphi\partial_j u + \partial_j\varphi\partial_i\partial_j u)\partial_i\overline{u}dxdt \\ &= \sum_{i,j}\iint_{Q_T}\partial_i\partial_j\varphi\partial_j u\partial_i\overline{u}dxdt + \sum_{i,j}\iint_{Q_T}\partial_j\varphi\frac{1}{2}\partial_j(|\partial_i u|^2)dxdt \\ &= \sum_{i,j}\iint_{Q_T}\partial_i\partial_j\varphi\partial_j u\partial_i\overline{u}dxdt\end{aligned}$$

$$-\frac{1}{2}\iint_{Q_T}(\triangle\varphi)|\nabla u|^2 dxdt + \frac{1}{2}\iint_{\Sigma_T}\frac{\partial\varphi}{\partial n}\left|\frac{\partial u}{\partial n}\right|^2 dSdt.$$

よって，第 1 項は

$$\begin{aligned}&4s\mathrm{Re}\langle\nabla\varphi\cdot\nabla u,\triangle u\rangle\\&=2s\left(\iint_{Q_T}(\triangle\varphi)|\nabla u|^2 dxdt - 2\sum_{i,j}\iint_{Q_T}\partial_i\partial_j\varphi\partial_j u\partial_i\overline{u}dxdt\right.\\&\quad\left.+\iint_{\Sigma_T}\frac{\partial\varphi}{\partial n}\left|\frac{\partial u}{\partial n}\right|^2 dSdt\right)\end{aligned}$$

となる．同様に，第 2 項は

$$\begin{aligned}&2s^3\mathrm{Re}\langle\nabla\varphi\cdot\nabla u,|\nabla\varphi|^2 u\rangle\\&=2s^3\iint_{Q_T}|\nabla\varphi|^2\nabla\varphi\cdot\nabla|u|^2 dxdt\\&=-2s^3\iint_{Q_T}\nabla\cdot(|\nabla\varphi|^2\nabla\varphi)|u|^2 dxdt\\&\quad-2s^3\iint_{Q_T}\nabla|\nabla\varphi|^2\cdot\nabla\varphi)|u|^2 dxdt-2s^3\iint_{Q_T}|\nabla\varphi|^2\triangle\varphi)|u|^2 dxdt\end{aligned}$$

となり，第 3 項は

$$\begin{aligned}&2s\mathrm{Re}\langle(\triangle\varphi)u,\triangle u\rangle\\&=2s\mathrm{Re}\left\{-\iint_{Q_T}(\nabla(\triangle\varphi)u+\triangle\varphi)\nabla u)\cdot\nabla\overline{u}\,dxdt\right.\\&\quad\left.+\iint_{\Sigma_T}(\triangle\varphi)u\frac{\partial\overline{u}}{\partial n}dSdt\right\}\\&=-s\iint_{Q_T}\nabla(\triangle\varphi)\cdot\nabla|u|^2 dxdt-2s\iint_{Q_T}\triangle\varphi|\nabla u|^2 dxdt\\&=s\iint_{Q_T}\triangle^2\varphi|u|^2 dxdt-2s\iint_{Q_T}\triangle\varphi|\nabla u|^2 dxdt\end{aligned}$$

となる．最後の第 5 項は，x と t に関する部分積分により，$u|_{\Sigma_T}=0$ を考慮すると

$$2\mathrm{Re}\langle i(2s\nabla\varphi\cdot\nabla u + s(\triangle\varphi)u, u_t\rangle$$
$$= i\iint_{Q_T}(2s\nabla\varphi\cdot\nabla u + s(\triangle\varphi)u)\,\overline{u}_t\,dxdt$$
$$- i\iint_{Q_T}(2s\nabla\varphi\cdot\nabla\overline{u} + s(\triangle\varphi)\overline{u})\,u_t\,dxdt$$
$$= -i\iint_{Q_T}(2s\nabla\varphi_t\cdot\nabla u + 2s\nabla\varphi\cdot\nabla u_t$$
$$+ s(\triangle\varphi_t)u + s(\triangle\varphi)u_t)\,\overline{u}\,dxdt$$
$$+ i\iint_{Q_T}(2s(\triangle\varphi)\overline{u}u_t + 2s(\nabla\varphi\cdot\nabla u_t)\overline{u} - s(\triangle\varphi)\,\overline{u}\,u_t)\,dxdt$$
$$= -i\iint_{Q_T}(2s\nabla\varphi_t\cdot\nabla u\overline{u} - s(\triangle\varphi_t)|u|^2)\,dxdt$$
$$= i\iint_{Q_T} s\nabla\varphi_t\cdot(u\nabla\overline{u} - \overline{u}\nabla u)dxdt.$$

以上より

$$I_1 = s\left(\iint_{Q_T}(-4\sum_{i,j}\partial_i\partial_j\varphi\partial_i u\partial_j\overline{u} + \triangle^2\varphi|u|^2)dxdt\right.$$
$$+ 2\iint_{\Sigma_T}\frac{\partial\varphi}{\partial n}\left|\frac{\partial u}{\partial n}\right|^2 dSdt\right)$$
$$- 2s^3\iint_{Q_T}(\nabla|\nabla\varphi|^2\cdot\nabla\varphi)|u|^2 dxdt$$
$$+ 2\mathrm{Re}\left(is\iint_{Q_T}\nabla\varphi_t\cdot(u\nabla\overline{u})\,dxdt\right)$$

を得る.

次に, I_2 を計算しよう. 同様に, x,t について部分積分すれば

$$I_2 = s\iint_{Q_T}\varphi_t(u_t\overline{u} + \overline{u}_t u)\,dxdt - is\iint_{Q_T}\varphi_t(u\triangle\overline{u} - \overline{u}\triangle u)\,dxdt$$
$$= -s\iint_{Q_T}\varphi_{tt}|u|^2\,dxdt + is\iint_{Q_T}\nabla\varphi_t\cdot(u\nabla\overline{u} - \overline{u}\nabla u)\,dxdt$$
$$= -s\iint_{Q_T}\varphi_{tt}|u|^2\,dxdt + 2\mathrm{Re}\left\{is\iint_{Q_T}\nabla\varphi_t\cdot(u\nabla\overline{u})\,dxdt\right\}$$

となる.

以上をまとめると,

$$2\mathrm{Re}\langle M_1 u, M_2 u\rangle$$
$$= 2s\left(\iint_{Q_T} -2\sum_{i,j}\partial_i\partial_j\varphi\partial_i u\partial_j\overline{u}dxdt\right.$$
$$\left.+ 2\iint_{\Sigma_T}\frac{\partial\varphi}{\partial n}\left|\frac{\partial u}{\partial n}\right|^2 dS\right)$$
$$+ 4\mathrm{Re}\left\{is\iint_{Q_T}\nabla\varphi_t\cdot(u\nabla\overline{u})dxdt\right\}$$
$$+ \iint_{Q_T}|u|^2\{s(\triangle^2\varphi - \varphi_{tt}) - 2s^3\nabla\varphi\cdot\nabla|\nabla\varphi|^2\}dxdt.$$

証明終わり.

7.1.2 荷重関数と評価式

補題 7.1 を用いて有意な情報を引き出すためには,適切な荷重関数 $\varphi(x,t)$ が必要である.そこで,次のような関数を導入する.

(擬凸カルレマン荷重) S^+ を境界 $\partial\Omega$ の空でない開部分集合,$S^- = \partial\Omega\backslash S^+$ とするとき,次の条件を満たす関数 $\psi \in C^4(\overline{\Omega})$ を擬凸カルレマン荷重であるという.

$$\psi(x) > 0, \quad \forall x \in \overline{\Omega}, \qquad \nabla\psi(x) \neq 0, \quad \forall x \in \overline{\Omega}, \tag{7.4}$$

$$\frac{\partial\psi}{\partial n}(x) \leq 0, \quad \forall x \in S^-; \qquad \frac{\partial\psi}{\partial n}(x) > 0, \quad \forall x \in S^+, \tag{7.5}$$

$$|\nabla\psi(x)\cdot\xi|^2 + \sum_{i,j=1}^{N}(\partial_i\partial_j\psi(x))\xi_i\xi_j \geq 0,$$
$$\forall x \in \overline{\Omega} \quad \forall \xi = (\xi_1,\cdots,\xi_N) \in \mathbb{R}^N. \tag{7.6}$$

このとき,仮定より $C_1, C_2 > 0$ が存在して

$$C_1 \leq |\nabla\psi(x)| \leq C_2, \quad \forall x \in \overline{\Omega} \tag{7.7}$$

であることに注意しよう．また，一般性を失うことなく

$$\psi(x) \geq \frac{2}{3} \|\psi\|_{L^\infty(\Omega)}, \quad \forall x \in \Omega$$

仮定してよい．実際，ψ を任意の擬凸カルレマン荷重で C を任意の正数とすると，$\psi + C$ も擬凸カルレマン荷重であるから，$C = 2\|\psi\|_{L^\infty(\Omega)}$ ととり，$\tilde{\psi}(x) = \psi(x) + C$ とすると，

$$|\tilde{\psi}|_{L^\infty(\Omega)} \leq 3\|\psi\|_{L^\infty(\Omega)}$$

だから

$$\tilde{\psi}(x) \geq C = 2\|\psi\|_{L^\infty(\Omega)} \geq \frac{2}{3}|\tilde{\psi}|_{L^\infty(\Omega)}, \quad \forall x \in \Omega$$

となる．

さて，λ を正のパラメータ，$C_\psi = 2\|\psi\|_{L^\infty(\Omega)}$ として，荷重関数を

$$\varphi(x) = \frac{e^{\lambda C_\psi} - e^{\lambda \psi(x)}}{t(T-t)}, \quad \forall (x,t) \in Q_T$$

で定義する．このとき，作り方から

$$\varphi(x,t) > 0, \quad \forall (x,t) \in Q_T,$$
$$\lim_{t \searrow 0} e^{-s\varphi(x,t)} = 0, \quad \lim_{t \nearrow T} e^{-s\varphi(x,t)} = 0, \quad \forall x \in \overline{\Omega}$$

となる．さらに，後の便宜のために

$$\theta(x,t) = \frac{e^{\lambda \psi(x)}}{t(T-t)}, \quad \forall (x,t) \in Q_T$$

とおく．

次の補題は，カルレマン評価を得るときに本質的である．

補題 7.2 $\psi \in C^4(\overline{\Omega})$ が擬凸カルレマン荷重のとき，$\lambda_1 > 1$ と $C > 0$ が存在して

(1) $-\nabla|\nabla\varphi|^2 \cdot \nabla\varphi \geq C\lambda|\nabla\varphi|^3, \quad \forall \lambda \geq \lambda_1,$

(2) $|\Delta^2 \varphi|, \ |\varphi_{tt}| \leq C\lambda|\nabla\varphi|^3, \quad \forall \lambda \geq \lambda_1$

が成り立つ.

[証明] $\varphi(x,t)$ を x に関して微分すると,

$$\partial_j \varphi(x,t) = -\frac{\lambda e^{\lambda \psi(x)}}{t(T-t)} \partial_j \psi(x) = -\lambda \theta(x) \partial_j \psi(x),$$

$$\partial_j \partial_k \varphi(x,t) = -\frac{e^{\lambda \psi(x)}}{t(T-t)} (\lambda^2 \partial_j \psi(x) \partial_k \psi(x) + \lambda \partial_j \partial_k \psi(x)$$

$$= -\theta(x)(\lambda^2 \partial_j \psi(x) \partial_k \psi(x) + \lambda \partial_j \partial_k \psi(x))$$

であるから,

$$-\nabla |\nabla \varphi|^2 \cdot \nabla \varphi = -\sum_{j,k} \partial_j \partial_k \varphi \partial_j \varphi \partial_k \varphi$$

$$= \theta^3(x,t) \sum_{j,k} (\lambda^4 \partial_j \psi \partial_k \psi + \lambda^3 \partial_j \partial_k \psi) \partial_j \psi \partial_k \psi$$

$$= \theta^3(x,t) (\lambda^4 |\nabla \psi|^4 + \lambda^3 \sum_{j,k} \partial_j \partial_k \psi \partial_j \psi \partial_k \psi)$$

となる. 仮定 (7.6) において, $\xi = \nabla \psi(x)$ ととれば

$$|\nabla \psi(x)|^4 + \partial_j \partial_k \psi(x) \partial_j \psi(x) \partial_k \psi(x) \geq 0, \quad \forall x \in \overline{\Omega}$$

であるから, $\lambda \geq \varepsilon + 1$, $\varepsilon > 0$ とすれば

$$-\nabla |\nabla \varphi|^2 \cdot \nabla \varphi$$
$$\geq |\lambda \theta(x,t) \nabla \psi(x)|^3 (\lambda - 1) |\nabla \psi(x)| = |\nabla \varphi|^3 (\lambda - 1) |\nabla \psi(x)|$$
$$\geq \frac{\varepsilon}{\varepsilon + 1} C_1 \lambda |\nabla \varphi|^3$$

となる. よって, (1) が成立する.

次に (2) を示そう. $\varphi(x,t)$ の x に関する 4 階微分を計算すると,

$$\partial_j^4 \varphi = -\theta(x,t) \{\lambda^4 (\partial_j \psi)^4) + 6\lambda^3 (\partial_j \psi)^2 \partial_j^2 \psi) + 3\lambda^2 (\partial_j^2 \psi)^2$$
$$4\lambda^2 \partial_j \psi (\partial_j^3 \psi + \lambda \partial_j^4 \psi\}$$

となる. $\|\psi\|_{C^4(\overline{\Omega})} \leq C_3$ とすれば

$$\theta(x,t) \leq t^2(T-t)^2 \theta^3(x,t) \leq \frac{T^4}{4^2} \theta^3(x,t) \tag{7.8}$$

であるから, (7.7) を用いれば, $\lambda \geq 2$ のとき

$$|\triangle^2 \varphi| \leq C \frac{T^4}{4^2}|\lambda \theta(x,t) \nabla \psi(x)|^3 |\lambda \nabla \psi| \leq C\lambda |\nabla \varphi|^3$$

が成立する. また, $\varphi(x,t)$ の t に関する 2 階微分を計算すると,

$$\varphi_{tt} = \left(\frac{2(T-2t)}{t^2(T-t)^2} + \frac{2}{t(T-t)} \right) \theta(x,t)$$

であるから, (7.7) を用いれば, $\lambda \geq \lambda_1$ のとき

$$|\varphi_{tt}| \leq \lambda |\lambda \theta(x,t) \nabla \psi(x)|^3 \left(\frac{C(T)}{\lambda^4 |\nabla \psi(x)|^3} \right) \leq C\lambda |\nabla \varphi|^3$$

となる. 証明終わり.

関数空間

$$X = \{q \in C^{2,1}(\overline{Q}_T) : q(x,t) = 0, \quad (x,t) \in \Sigma_T\}$$

を導入する. このとき, 次の命題が成立する.

命題 7.1 ある S^+, S^- に対して $\psi \in C^4(\overline{\Omega})$ は擬凸カルレマン荷重であると仮定する. このとき, 任意の $q \in X$ に対して, 次の不等式が成り立つような定数 $\lambda_0 \geq 1$, $s_0 \geq 1$, $C_0 > 0$ が存在する.

$$\iint_{Q_T} [\lambda^2 s\theta |\nabla q \cdot \nabla \psi|^2 + \lambda^4 (s\theta)^3 |q|^2 + |\tilde{M}_1 q|^2 + |\tilde{M}_2 q|^2] e^{-2s\varphi} dxdt$$
$$+ \int_0^T \int_{S^-} \lambda s\theta \left| \frac{\partial \psi}{\partial n} \right| \left| \frac{\partial q}{\partial n} \right|^2 e^{-2s\varphi} dSdt$$
$$\leq C_0 \left(\iint_{Q_T} |\partial_t q + i\triangle q|^2 e^{-2s\varphi} dxdt \right.$$
$$\left. + \int_0^Y \int_{S^+} \lambda s\theta \left| \frac{\partial \psi}{\partial n} \right| \left| \frac{\partial q}{\partial n} \right|^2 e^{-2s\varphi} dSdt \right)$$
$$\forall \lambda \geq \lambda_0, \quad \forall s \geq s_0.$$

ただし,

$$\tilde{M}_1 q = e^{s\varphi} M_1(e^{-s\varphi} q)$$

$$= \{s(\varphi_t + i\triangle\varphi) - 2is^2|\nabla\varphi|^2\}q + 2is\nabla\varphi \cdot \nabla q,$$
$$\tilde{M}_2 q = e^{s\varphi}M_2(e^{-s\varphi}q)$$
$$= \{-s(\varphi_t + i\triangle\varphi) + 2is|\nabla\varphi|^2\}q + q_t - 2is\nabla\varphi \cdot \nabla q + i\triangle q$$

である．

[証明] $u = e^{-s\varphi}q$ とおくと，補題 7.1 より

$$\|e^{-s\varphi}Lq\|^2 = \|Mu\|^2$$
$$= \|M_1 u\|^2 + \|M_2 u\|^2$$
$$+ 2s\left(\iint_{Q_T} -2\sum_{j,k} \partial_j\partial_k\varphi \partial_j u \partial_k \overline{u} dxdt + 2\iint_{\Sigma_T} \frac{\partial\varphi}{\partial n}\left|\frac{\partial u}{\partial n}\right|^2 dS\right)$$
$$- 4s\mathrm{Im}\left\{\iint_{Q_T} \nabla\varphi_t \cdot (u\nabla\overline{u})dxdt\right\}$$
$$+ \iint_{Q_T} |u|^2\{s(\triangle^2\varphi - \varphi_{tt}) - 2s^3\nabla\varphi\cdot\nabla|\nabla\varphi|^2\}dxdt$$

である．左辺の各項を評価しよう．

まず，補題 7.2 より，$\lambda \geq \lambda_1, s \geq s_1 \geq 1/\sqrt{2}$ ならば

$$s(\triangle^2\varphi - \varphi_{tt}) - 2s^3\nabla\varphi\cdot\nabla|\nabla\varphi|^2$$
$$\geq -2s\lambda C|\nabla\varphi|^3 + 2s^3\lambda|\nabla\varphi|^3$$
$$\geq \lambda 2s^3 C(1 - \frac{1}{s^2})|\nabla\varphi|^3 \geq \lambda s^3 A|\nabla\varphi|^3$$

となる正定数 A がとれる．よって，$\lambda \geq \lambda_1, s \geq s_1 \geq 1/\sqrt{2}$ ならば，評価

$$A\lambda s^3 \iint_{Q_T} |u|^2|\nabla\varphi|^3 dxdt$$
$$\leq \iint_Q |u|^2\{s(\triangle^2\varphi - \varphi_{tt}) - 2s^3\nabla\varphi\cdot\nabla|\nabla\varphi|^2\}dxdt$$

が成り立つ

また，擬凸カルレマン荷重の条件を用いると，$\lambda \geq 1$ のとき

$$-\sum_{j,k}\partial_j\partial_k\varphi\partial_j u \partial_k \overline{u}$$

$$= \theta(x,t) \sum_{j,k} (\lambda^2 \partial_j \psi \partial_k \psi + \lambda \partial_j \partial_k \psi) \partial_j u \partial_k \overline{u}$$

$$= \lambda^2 \theta(x,t) |\nabla \psi \cdot \nabla u|^2 + \lambda \theta(x,t) \sum_{j,k} \partial_j \partial_k \psi \partial_j u \partial_k \overline{u}$$

$$\geq \lambda(\lambda - 1) \theta(x,t) |\nabla \psi \cdot \nabla u|^2$$

となる.

さらに,

$$\nabla \varphi_t = -\frac{T - 2t}{t(T-t)} \lambda \theta(x,t) \nabla \psi$$

であるから,(7.8) を用いると,ある正定数 A' がとれて

$$\mathrm{Im} \iint_{Q_T} u \nabla \varphi_t \cdot \nabla \overline{u} dx dt$$
$$\leq \iint_{Q_T} |u| |\nabla \varphi_t \cdot \nabla u| dx dt \leq \iint_{Q_T} \frac{|T-2t|}{t(T-t)} \lambda \theta(x,t) |\nabla \phi \cdot u| |u| dx dt$$
$$\leq \iint_{Q_T} \theta(x,t) |\nabla \psi \cdot \nabla u|^2 + \left(\frac{T\lambda}{2}\right)^2 \iint_{Q_T} \theta^3 |u|^2 dx dt$$
$$\leq \iint_{Q_T} \theta |\nabla \psi \cdot \nabla u|^2 dx dt + \frac{A'}{\lambda} \iint_{Q_T} |\nabla \varphi|^3 |u|^2 dx dt$$

となる.

以上より,

$$-4s \iint_{Q_T} \sum_{j,k} \partial_j \partial_k \varphi \partial_j u \partial_k \overline{u} dx dt - 4s \mathrm{Im} \left\{ \iint_{Q_T} \nabla \varphi_t \cdot (u \nabla \overline{u}) dx dt \right\}$$
$$+ \iint_{Q_T} |u|^2 \{s(\triangle^2 \varphi - \varphi_{tt}) - 2s^3 \nabla \varphi \cdot \nabla |\nabla \varphi|^2\} dx dt$$
$$\geq 4s(\lambda^2 - \lambda - 1) \theta(x,t) |\nabla \psi \cdots \nabla u|^2$$
$$+ \iint_{Q_T} (A\lambda s^3 - 4A'\lambda^{-1} s) |\nabla \varphi|^3 |u|^2 dx dt$$

よって,$4(\lambda^2 - \lambda - 1) \geq 2\lambda^2$,すなわち,$\lambda \geq 1 + \sqrt{3} = \lambda_1$ ととり,$\lambda_1^2 s_1^2 \geq 2A'/A$ となるように λ_1 と s_1 をとれば,$s \geq s_1$ のとき

$$A\lambda s^3 - A'\lambda^{-1}s = A\lambda s^3\left(1 - \frac{A'}{A\lambda^2 s^2}\right) \geq \frac{A\lambda s^3}{2}$$

となるから，任意の $\lambda_2 \geq \lambda_1, s_2 \geq s_1$ に対して，適当な正数 A'' が存在して，

$$-4s\iint_{Q_T} -\sum_{i,j}\partial_i\partial_j\varphi\partial_i u\partial_j\bar{u}dxdt$$
$$+2\iint_{\Sigma_T} -4s\mathrm{Im}\left\{\iint_{Q_T}\nabla\varphi_t\cdot(u\nabla\bar{u}\}dxdt\right\}$$
$$+\iint_{Q_T}|u|^2\{s(\triangle^2\varphi-\varphi_{tt})-2s^3\nabla\varphi\cdot\nabla|\nabla\varphi|^2\}dxdt$$
$$\geq A''\left(\lambda^2 s\iint_{Q_T}\theta(x,t)|\nabla\psi\cdot\nabla u|^2 + \lambda s^3\iint_{Q_T}|\nabla\varphi|^3|u|^2 dxdt\right)$$

が成り立つ．

最後に境界上の積分を考える．まず

$$\frac{\partial\varphi}{\partial n} = -\frac{\lambda e^{\lambda\psi}}{t(T-t)}\frac{\partial\psi}{\partial n}$$

仮定より，

$$\frac{\partial\psi}{\partial n} \leq 0 \quad \text{on} \quad \Sigma_T^-, \qquad \frac{\partial\psi}{\partial n} > 0 \quad \text{on} \quad \Sigma_T^+$$

であるから

$$\iint_{\Sigma_T}\frac{\partial\varphi}{\partial n}\left|\frac{\partial u}{\partial n}\right|^2 dS = \iint_{\Sigma_T^-}\left|\frac{\partial\varphi}{\partial n}\right|\left|\frac{\partial u}{\partial n}\right|^2 dS - \iint_{\Sigma_T^+}\left|\frac{\partial\varphi}{\partial n}\right|\left|\frac{\partial u}{\partial n}\right|^2 dS$$

となる．

以上をまとめると

$$\|M_1 u\|^2 + \|M_2\|^2 + \lambda^2 s\iint_{Q_T}\theta(x,t)|\nabla\psi\cdot\nabla u|^2 dxdt$$
$$+ \lambda s^3\iint_{Q_T}|\nabla\varphi|^3|u|^2 dxdt + \iint_{\Sigma_T^-}\left|\frac{\partial\varphi}{\partial n}\right|\left|\frac{\partial u}{\partial n}\right|^2 dS$$
$$\leq C\left(\|Mu\|^2 + \iint_{\Sigma_T^+}\left|\frac{\partial\varphi}{\partial n}\right|\left|\frac{\partial u}{\partial n}\right|^2 dS\right) \tag{7.9}$$

が成り立つ．

そこで，$q = e^{s\varphi}u$ を用いて得られた評価式を書き直す．はじめに
$$M_1 u = e^{-s\varphi}\tilde{M}_1 q, \quad M_2 u = e^{-s\varphi}\tilde{M}_2 q$$
である．
$$\nabla\psi \cdot \nabla u = -se^{-s\varphi}q\lambda\theta|\nabla\psi|^2 + e^{-s\varphi}\nabla\psi \cdot \nabla q$$
であるから
$$\begin{aligned}
\theta(x,t)&|\nabla\psi \cdot \nabla u|^2 \\
&\geq s^2 e^{-2s\varphi}\lambda^2\theta^3(x,t)|\nabla\psi|^4|q|^2 \\
&\quad - 2se^{-2s\varphi}\lambda\theta^2(x,t)|\nabla\psi|^2|q||\nabla\psi \cdot \nabla q| + e^{-2s\varphi}|\nabla\psi \cdot \nabla q|^2.
\end{aligned}$$
さらに，
$$\begin{aligned}
s\lambda\theta^2(x,t)&|\nabla\psi|^2|q||\nabla\psi \cdot \nabla q| \\
&\leq \frac{s^2\lambda^2}{2}\theta^3(x,t)|\nabla\psi|^4|q|^2 + \frac{1}{2}\theta(x,t)|\nabla\psi \cdot \nabla q|^2 \\
&\leq \frac{Cs^2}{\lambda}|\nabla\varphi|^3|q|^2 + \frac{1}{2}\theta(x,t)|\nabla\psi \cdot \nabla q|^2
\end{aligned}$$
また，Σ_T 上で $q = 0$ であるから
$$\frac{\partial u}{\partial n} = -se^{-s\varphi}\frac{\partial\varphi}{\partial n}q + e^{-s\varphi}\frac{\partial q}{\partial n} = e^{-s\varphi}\frac{\partial q}{\partial n} \quad \text{on } \Sigma_T.$$
よって，Σ_T 上では
$$\frac{\partial\varphi}{\partial n}\left|\frac{\partial u}{\partial n}\right|^2 = \lambda\theta(x,t)e^{-2s\varphi}\frac{\partial\psi}{\partial n}\left|\frac{\partial q}{\partial n}\right|^2.$$
これらを (7.9) に代入して整理すると，
$$\begin{aligned}
\iint_{Q_T} &\left\{|\tilde{M}_1 q|^2 + |\tilde{M}_2|^2 + \lambda^2 s\theta|\nabla q \cdot \nabla\psi|^2 + \lambda s^3|\nabla\varphi|^3|q|^2\right\}e^{-2s\varphi}dxdt \\
&+ \iint_{\Sigma_T^-} \lambda s\theta\left|\frac{\partial\psi}{\partial n}\right|\left|\frac{\partial q}{\partial n}\right|^2 e^{--2s\varphi}dSdt \\
&\leq C\left(\iint_{Q_T}|Lq|^2 e^{-2s\varphi}dXdt + \iint_{\Sigma_T^+}\lambda s\theta\frac{\partial\psi}{\partial n}\left|\frac{\partial q}{\partial n}\right|^2 e^{-2s\varphi}dSdt\right)
\end{aligned}$$

となる．最後に，

$$\iint_{Q_T} \lambda s^3 |\nabla \varphi|^3 |q|^2 e^{-2s\varphi} dxdt \geq \iint_{Q_T} \lambda^4 s^3 \theta^3(x,t) |\nabla \psi|^3 |q|^2 e^{-2s\varphi} dxdt$$
$$\geq C\lambda^4 \iint_{Q_T} (s\theta(x,t))^3 |q|^2 dxdt$$

を用いれば，命題の主張が成り立つことがわかる．証明終わり．

ポテンシャル $p \in L^\infty(\Omega)$ がある場合にも，命題 7.1 と同様の評価が成り立つ．そのために

$$L_p = \frac{\partial}{\partial t} + i\Delta + ip(x)$$

と定義して，関数空間

$$X_p = \left\{ u \in H^1(Q_T) \cap L^2(0,T; H^2(\Omega)) \ : \ L_p u \in L^2(Q_T) \right.$$
$$\left. z = 0 \ \text{on} \ \Sigma_T, \ \frac{\partial u}{\partial n} \in L^2(\Sigma_T^+) \right\}$$

を導入する．次の定理は命題 7.1 より容易に導ける．

定理 7.1 m を任意の正定数とし，$p \in L^\infty(\Omega)$ かつ $\|p\|_{L^\infty(\Omega)} \leq m$ とする．ある S^+, S^- に対して $\psi \in C^4(\overline{\Omega})$ は擬凸カルレマン荷重であると仮定する．このとき，任意の $u \in X_p$ に対して，次の不等式が成り立つような，m に依存する定数 $\lambda_0 \geq 1, s_0 \geq 1, C_0 > 0$ が存在する．

$$\iint_{Q_T} [\lambda^4 (s\theta)^3 |u|^2 + |\tilde{M}_1 u|^2 + |\tilde{M}_2 u|^2] e^{-2s\varphi} dxdt$$
$$+ \iint_{\Sigma_T^-} \lambda s\theta \left|\frac{\partial \psi}{\partial n}\right| \left|\frac{\partial u}{\partial n}\right|^2 e^{-2s\varphi} dSdt$$
$$\leq C_0 \left(\iint_{Q_T} |L_p u|^2 e^{-2s\varphi} dxdt + \int_0^T \int_{S^+} \lambda s\theta \left|\frac{\partial \psi}{\partial n}\right| \left|\frac{\partial u}{\partial n}\right|^2 e^{-2s\varphi} dSdt \right),$$
$$\forall \lambda \geq \lambda_0, \quad \forall s \geq s_0. \tag{7.10}$$

[註] 定理 7.1 において，u が時間に依存していないとすると，(7.10) より，容易に

$$\lambda^4 s^3 \int_\Omega |u|^2 dx + \lambda s \int_{S^-} \left|\frac{\partial u}{\partial n}\right|^2 dS$$
$$\leq C \left(\int_\Omega |L_p u|^2 dx + \lambda s \int_{S^+} \left|\frac{\partial u}{\partial n}\right|^2 dS \right)$$

を得る．これより，次のコーシー問題の解の一意性が従う．

$$\triangle u + q(x) u = f(x), \quad \text{in } \Omega$$
$$u = u_0, \quad \text{on } \partial\Omega$$
$$\frac{\partial u}{\partial n} = u_1, \quad \text{on } S^+.$$

7.1.3 擬凸カルレマン荷重関数の構成

擬凸カルレマン荷重関数の構成できる例をいくつか与えよう．
次の命題が有用である．

命題 7.2 $\Omega \subset \mathbb{R}^N$ を滑らかな境界 $\partial\Omega$ を持つ有界領域とする．あるベクトル $e \in \mathbb{R}^N (e \neq 0)$ に対して

$$S^- = \{x \in \partial\Omega : n(x) \cdot e \leq 0\},$$
$$S^+ = \{x \in \partial\Omega : n(x) \cdot e > 0\}$$

とする．ただし，$n(x)$ は $x \in \partial\Omega$ における外向き単位法線ベクトル．このとき，十分大きな正定数 C に対して，関数 $\psi(x) = e \cdot x + C$ は擬凸カルレマン荷重である．

[証明] $C > 0$ を十分大きくとると，(7.4) は明らか．$\nabla \psi(x) = e$ であるから，

$$\frac{\partial \psi}{\partial n}(x)\big|_{\partial\Omega} = n(x) \cdot e$$

となり，$S^\pm$ の定義より，(7.5) は成り立つ．さらに

$$|\nabla \psi(x) \cdot \xi|^2 + \sum_{i,j=1}^N (\partial_i \partial_j \psi(x)) \xi_i \xi_j = |e \cdot \xi|^2 \geq 0, \quad \forall x \in \overline{\Omega}$$

であるから，(7.6) も成り立つ．証明終わり．

[例]

① 半径 R の球： $\Omega = B_R(0)$ の場合．

命題 7.2 において，$e = e_1 = (1, 0, \cdots, 0)$ とすると，

$$S^+ = \{x \in \mathbb{R}^N \, ; \, |x| = R, x_1 = x \cdot e_1 > 0\},$$
$$S^- = \{x \in \mathbb{R}^N \, ; \, |x| = R, x_1 = x \cdot e_1 \leq 0\}.$$

② 矩形： $\Omega = (-L_1, L_1) \times \cdots (-L_N, L_N)$, $(L_j > 0)$ の場合．

同様に，命題 7.2 において，$e = e_1$ とすると，

$$S^+ = \{L_1\} \times (-L_2, L_2) \times \cdots (-L_N, L_N),$$
$$S^- = \{-L_1\} \times (-L_2, L_2) \times \cdots (-L_N, L_N).$$

③ 長円形：

$$\Omega = ((-L_1, L_1) \times (-L_2, L_2))$$
$$\cup \{x = (x_1, x_2) \in \mathbb{R}^2 \, ; \, (x_1 \pm L_1)^2 + x_2^2 < L_2^2\}$$

の場合．

同様に，$e = e_1$ とすると，

$$S^+ = \{x = (x_1, x_2) \in \mathbb{R}^2 \, ; \, x_1 > L_1, (x_1 \pm L_1)^2 + x_2^2 = L_2^2\},$$
$$S^- = (\partial \Omega) \backslash S^+.$$

④ 円環： $\Omega = B_R(0) \backslash \overline{B}_r(0)$, $(0 < r < R)$ の場合．

同様に，$e = e_1$ とすると，

$$S^+ = \{x \in \mathbb{R}^N \, ; \, |x| = R, x_1 = x \cdot e_1 > 0\}$$
$$\cup \{x \in \mathbb{R}^N \, ; \, |x| = r, x_1 = x \cdot e_1 < 0\},$$
$$S^- = \{x \in \mathbb{R}^N \, ; \, |x| = R, x_1 = x \cdot e_1 \leq 0\}$$
$$\cup \{x \in \mathbb{R}^N \, ; \, |x| = r, x_1 = x \cdot e_1 \geq 0\}.$$

7.2 逆問題への応用・境界の観測データに関する安定性

次の初期値ディリクレ境界値問題を考える．

$$iu_t + \triangle u + p(x)u = 0, \quad (x,t) \in Q_T \tag{7.11}$$

$$u(x,t) = h(x,t), \quad (x,t) \in \Sigma_T \tag{7.12}$$

$$u(x,0) = u_0(x), \quad x \in \Omega. \tag{7.13}$$

ただし，ポテンシャル $p(x) \in L^\infty(\Omega)$ は未知の実数値関数とし，$u(p)(x,t)$ で，ポテンシャル $p(x)$ に対する (7.11)～(7.13) の解を表すことにする．

次の定理は，滑らかな解が存在するとき，初期データに適当な条件を付加すると，境界の一部で解の法線微係数 (ノイマンデータ) の時間微分が観測できれば，ポテンシャル $p(x)$ が一意的かつ安定的に定まることを示している．

定理 7.2 ある S^+, S^- に対して $\psi \in C^4(\overline{\Omega})$ は擬凸カルレマン荷重であると仮定する．$p \in L^\infty(\Omega;\mathbb{R}), u_0 \in L^\infty(\Omega)$ は次の条件を満たすと仮定する．

① $u_0(x) \in \mathbb{R}$ a.e. in Ω か，あるいは，$iu_0(x) \in \mathbb{R}$ a.e. in Ω.
② $|u_0(x)| \geq r$ a.e. in Ω となる $r > 0$ が存在する．
③ $u(p) \in H^1(0,T : L^\infty(\Omega))$.
④ $\partial_t u(p) \in L^\infty(0,T; H^1(\Omega))$.
⑤ $\dfrac{\partial u(p)}{\partial n} \in H^1(0,T; L^2(S^+))$.

このとき，任意の $m > 0$ に対して，$q \in L^\infty(\Omega,\mathbb{R})$ が

$$\|q\|_{L^\infty(\Omega)} \leq m,$$
$$u(q) \in H^1(0,T : L^\infty(\Omega)), \quad \frac{\partial u(p)}{\partial n} - \frac{\partial u(q)}{\partial n} \in H^1(0,T; L^2(S^+))$$

を満たすならば，

$$\|p-q\|_{L^2(\Omega)} \leq C \left\| \frac{\partial u(p)}{\partial n} - \frac{\partial u(q)}{\partial n} \right\|_{H^1(0,T; L^2(S^+))}$$

となる正定数 $C = C(m, \|u(p)\|_{H^1(0,T : L^\infty(\Omega))}, r)$ が存在する．

[証明] $y = u(p) - u(q)$ とおくと

$$i\partial_t y + \triangle y + q(x)y = f(x)R(x,t), \quad \forall (x,t) \in Q_T, \tag{7.14}$$

$$y(x,t) = 0, \quad \forall (x,t) \in \Sigma_T \tag{7.15}$$

$$y(x,0) = 0, \quad \forall x \in \Omega \tag{7.16}$$

となる．ただし，$f(x) = q(x) - p(x)$, $R(x,t) = u(p)(x,t)$. カルレマン評価を用いて，初期値 u_0 に関する条件で $f(x)$ を評価するためには，方程式 (7.14) の $t=0$ の情報を使う必要があるが，そのままだと，荷重が $t=0$ で退化しているので使えない．そこで，y と R を $t \in (-T, 0)$ に次のように拡張する．

$$y(x,t) = \overline{y(x,-t)}, \quad (x,t) \in \Omega \times (-T, 0)$$
$$R(x,t) = \overline{R(x,-t)}, \quad (x,t) \in \Omega \times (-T, 0).$$

そうすると，仮定より，$R(x,0) \in \mathbb{R}$ a.e. in Ω かあるいは，$iR(x,0) \in \mathbb{R}$ a.e. in Ω であるから，$R \in H^1(-T, T; L^\infty(\Omega))$ で

$$i\partial_t y + \triangle y + q(x)y = f(x)R(x,t), \quad \forall (x,t) \in \Omega \times (-T, T),$$
$$y(x,t) = 0, \quad \forall (x,t) \in \partial\Omega \times (-T, T)$$
$$y(x,0) = 0, \quad \forall x \in \Omega$$

となる．そこで，$z(x,t) = \partial_t y(x, T-t)$, $t \in (0, 2T)$ とおくと

$$\partial_t z + i\triangle z + iq(x)z = if(x)R_t(x,t) \quad \forall (x,t) \in \Omega \times (0, 2T),$$
$$z(x,t) = 0, \quad \forall (x,t) \in \partial\Omega \times (0, 2T)$$
$$z(x,T) = -if(x)R(x,0), \quad \forall x \in \Omega$$

が成り立つ．これに，カルレマンの評価 (定理 7.1) を適用する．すなわち，

$$\varphi(x,t) = \frac{e^{\lambda C_\psi} - e^{\lambda \psi}}{t(2T-t)}, \quad \theta(x,t) = \frac{e^{\lambda \psi}}{t(2T-t)}$$

とすると，定理 7.1 より，

$$\int_0^{2T} \int_\Omega [\lambda^4 (s\theta)^3 |z|^2 + |\tilde{M}_1 z|^2 + |\tilde{M}_2 z|^2] e^{-2s\varphi} dx dt$$

$$\leq C_0 \left(\int_0^{2T} \int_\Omega |L_q z|^2 e^{-2s\varphi} dx dt + \int_0^{2T} \int_{S^+} \lambda s\theta \left|\frac{\partial z}{\partial n}\right|^2 e^{-2s\varphi} dS dt \right),$$
$$\forall \lambda \geq \lambda_0, \quad \forall s \geq s_0 \tag{7.17}$$

が成り立つ. そこで,
$$J = \int_0^T \int_\Omega e^{-2s\varphi} \tilde{M}_2(z) \overline{z} dx dt$$
を考える. $w = e^{-s\varphi} z$ とおくと
$$\tilde{M}_2(z) = e^{s\varphi} M_2 w = e^{s\varphi}(\partial_t w + i(\triangle w + s^2 |\nabla \varphi|^2 w))$$
だから
$$J = \int_0^T \int_\Omega M_2(w) \overline{w} dx dt$$
$$= \int_0^T \int_\Omega \overline{w} \partial_t w dx dt + i \int_0^T \int_\Omega (-|\nabla w|^2 + s^2 |\nabla \varphi|^2 |w|^2) dx dt$$
となる. よって
$$\mathrm{Re} J = \mathrm{Re} \int_0^T \int_\Omega \overline{w} \partial_t w dx dt = \frac{1}{2} \int_0^T \int_\Omega \frac{d}{dt}|w|^2 dx dt$$
$$= \frac{1}{2} \int_\Omega |w(x,T)|^2 dx dt = \frac{1}{2} \int_\Omega e^{-2s\varphi(x,T)} |f(x)|^2 |R(x,0)|^2 dx.$$
ここで, $z = \partial_t y \in L^\infty(0,T; L^2(\Omega))$ だから
$$\lim_{t \searrow 0} \int_\Omega |w(x,t)|^2 dx = \lim_{t \searrow 0} \int_\Omega e^{-2s\varphi(x,t)} |z(x,t)|^2 dx = 0, \quad \forall x \in \Omega$$
となることを用いた. したがって,
$$\mathrm{Re} J \geq \frac{r^2}{2} \int_\Omega e^{-2\varphi(x,T)} |f(x)|^2 dx$$
となる. ところで
$$|J| \leq \left(\int_0^T \int_\Omega e^{-2s\varphi} |\tilde{M}_2(z)|^2 dx dt \right)^{1/2} \left(\int_0^T \int_\Omega e^{-2s\varphi} |z|^2 dx dt \right)^{1/2}$$
$$\leq \frac{\lambda^{-2} s^{-3/2}}{2} \int_0^T \int_\Omega e^{-2s\varphi} |\tilde{M}_2(z)|^2 dx dt$$

$$+ \frac{\lambda^2 s^{3/2}}{2} \int_0^T \int_\Omega e^{-2s\varphi} |z|^2 dx dt$$

$$\leq C\lambda^{-2} s^{-3/2} \left(\int_0^T \int_\Omega e^{-2s\varphi} |\tilde{M}_2(z)|^2 dx dt \right.$$

$$\left. + \lambda^4 s^3 \int_0^T \int_\Omega e^{-2s\varphi} \theta^3 |z|^2 dx dt \right)$$

であるから，(7.17) を用いると

$$|J| \leq C\lambda^{-2} s^{-3/2} \left(\int_0^{2T} \int_\Omega |L_q z|^2 e^{-2s\varphi} dx dt \right.$$

$$\left. + \int_0^{2T} \int_{S^+} \lambda s\theta \left| \frac{\partial z}{\partial n} \right|^2 e^{-2s\varphi} dS dt \right)$$

$$\leq C\lambda^{-2} s^{-3/2} \left(\int_0^{2T} \int_\Omega |f(x) R_t(x, T-t)|^2 e^{-2s\varphi} dx dt \right.$$

$$\left. + \int_0^{2T} \int_{S^+} \lambda s\theta \left| \frac{\partial z}{\partial n} \right|^2 e^{-2s\varphi} dS dt \right)$$

となる．

$t(2T - t) = -(t - T)^2 + T^2 \leq T^2$ であるから，

$$\varphi(x, T) \leq \varphi(x, t) \quad \forall (x, t) \in Q_{2T}.$$

したがって

$$\int_0^{2T} \int_\Omega |f(x) R_t(x, T-t)|^2 e^{-2s\varphi} dx dt$$

$$\leq \int_\Omega |f(x)|^2 e^{-2s\varphi(x,T)} dx \int_0^{2T} \|R_t(\cdot, T-t)\|_{L^\infty(\Omega)}^2 dt$$

$$\leq C \int_\Omega |f(x)|^2 e^{-2s\varphi(x,T)} dx.$$

以上より，$\mathrm{Re} J \leq |J|$ であるから

$$\left(\frac{r^2}{2} - C\lambda^{-2} s^{-3/2} \right) \int_\Omega e^{-2s\varphi(x,T)} |f(x)|^2 dx$$

$$\leq \int_0^{2T}\int_{S^+}\lambda s\theta\left|\frac{\partial z}{\partial n}\right|^2 e^{-2s\varphi}dSdt.$$

ところで

$$|\theta(x,t)e^{-2s\varphi}|\leq \frac{C}{t(2T-t)}e^{-C'/t(2T-t)}\leq C''\quad (x,t)\in Q_{2T}$$

$$e^{-2s\varphi(x,T)}\geq e^{-2sM}>0,\quad M=\frac{1}{T^2}(e^{\lambda C_\psi}-1)$$

となるから

$$\int_\Omega |f(x)|^2 dx \leq C\int_0^T\int_{S^+}\left|\frac{\partial z}{\partial n}\right|^2 dSdt$$

を得る．証明終わり．

参 考 文 献

1) R. G. Airapetyan and A. G. Ramm, *Numerical Inversion of the Laplace Transform from the Real Axis*, J. Math. Anal. and Appl., **248**, 572–587 (2000)
2) G. Alessandrini, *Singular solutions of elliptic equations and the determination of conductivity by boundary measurements*, J. Diff. Eq., **84**, 252–273 (1990)
3) K. Astala and L. Päivärinta, *Calderon's inverse conductivity problem in the plane*, Ann. Math., **163**, 265-299 (2006)
4) M. Azaiez, F. B. Belgacem and H. El. Fekih, *On Cauchy's problem: II. Completion, regularization and approximation*, Inverse Rroblem, **22**, 1307–1336 (2006)
5) L. Báez-Duarte, *A general strong Nyman-Beurling Criterion for the Riemann hypothesis*, Publ. Inst. Math., **78**, 117-125 (2005)
6) A. B. Bakushinskii and A. V. Goncharskii, *Iterative methods for the solution of incorrect problems*, Moscow Nauk (1989)
7) A. B. Bakushinskii, *The problem of the convergence of the iteratively regularized Gauss-Newton method*, Comput. Maths. Math. Phys., **32**, 1353–1359 (1992)
8) G. Ball, *Introduction to Inverse Problems*, Lecture Notes Columbia University (2004)
9) F. Bauer, S. Pereverzev and L. Rosasco, *On regularization and algorithms in learning theory*, J. of Complexity, **23**, 53–72 (2007)
10) F. B. Belgacem and H. E. Fekih, *On Cauchy's problem: I. A variational Steklov-Poincare theory,* Inverse problems, **21**, 1915–1936 (2005)
11) J. J. Benedetto, P. H. Heinig and R. Johnson, *Weighted Hardy Spaces and the Laplace Transform II*, Math. Nachr., **132**, 29–55 (1987)
12) K. L. Berrier, D. C. Sorenen and D. D. Khoury, *Solving the inverse problem of electrocardiography using a Duncan and Horn formulation of the Kalman Filter*, IEEE Biomedical Eng., **51**, 507–515 (2004)
13) M. Blackman, *Contributions to the theory of the specific heat crystals,I,II,III,IV*, Proc. Roy. Soc., **148**, 365, 384, **149**, 117, 149 (1935)
14) B. Blaschke, A. Neubauer and O. Scherzer, *On convergence rates for the iteratively regularized Gauss-Newton method*, IMA J. Numer. Anal., **17**, 421–436 (1997)
15) N. N. Bojarski, *Inverse Black Body Radiation*, IEEE Trans. Antenna Propag.,

30, 778-780 (1982)

16) L. Bourgeois, *A mixed formulation of quasi-reversibility to solve the Cauchy problem for Laplace's equation*, Inverse Problems, **21**, 1087–1104 (2005)

17) H. Brezis, *Analyse Fonctionnelle*, Masson, Editeur (1983) (藤田　宏・小西芳雄・Brezis, H., 関数解析—その理論と応用に向けて, 産業図書 (1988))

18) A. L. Bukhgeim, *Ill-posed problems of number theory and tomography*, Siberinan Mathematical Journal, **33**, 24–41 (1992)

19) A. L. Bukhgeim, *Recovering a potential from Cauchy data in the two-dimensional case*, J. inv. Ill-Posed Problems, **16**, 19–33 (2008)

20) A. L. Bukhgeim and M. Klibanov, *Global uniqueness of a class of inverse problem*, Sov. Math. Dokl., **24**, 244-247 (1982)

21) A. L. Bukhgeim and G. Uhlmann, *Recovering a potential from partial Cauchy data*, Comm. PDE, **27**, 653-668 (2002)

22) A. P. Calderon, *On an inverse boundary value problem*, Seminar on Numerical Analysis and its Applications to Continuum Physics, Soc. Brasileira de Matematica (1980)

23) Nan-xian Chen, *Modified Möbius Inverse Formula and Its Applications in Physics*, Phys. Rev. Lett., **64**, 1193–1195 (1990)

24) J. Cheng and T. Zhou, *A variational expectation-maximization method for the inverse black body radiation problem*, J. Comp. Math., **26**, 876–890 (2008)

25) M. Cheney, D. Isaacson and E. Isaacson, *Exact solutions to a linearized inverse boundary value problem*, Inverse Problems, **6**, 923–934 (1990)

26) M. Cheney, D. Isaacson and J. Newell, *Electrical Impedance Tomography*, SIAM Review, **41**, 85–101 (1999)

27) G. W. Clark and S. F. Oppenheimer, *Quasireversibility methods for non-well posed problems*, Elect. J. Diff. Equ., **8**, 1–9 (1994)

28) C. Cunha and F. Viloche, *An iterative method for the numerical inversion of laplace transforms*, Math. Comp., **64**, 1193–1198 (1995)

29) S. Cuomo, L. D'Amore, A. Murli and M. Rizzardi, *Computation of the inverse Laplace transform based on a collocation method which uses only real values*, J. Comp. Appl. Math., **198**, 98–115 (2007)

30) D. L. Colton and R. Kress, *Inverse acoustic and electromagnetic scattering theory*, Springer-Verlag (1998)

31) M. E. Davison, *The ill-conditioned nature of the limited angle tomography problem*, SIAM J. Appl. Math., **43**, 428–448 (1983)

32) M. Defrise and R. Clark, *A cone-beam reconstruction algorithm using shift-variant filtering and cone-beam backprojection*, IEEE Trans.Med. Image, **13**, 186–195

33) Dinh Nho Hao and Pham Minh Hien, *Stability results for the Cauchy problem for the Laplace equation in a strip*, Inverse Problems, **19**, 833-844 (2003)

34) P. Deuflhard, H. Engl and O. Scherzer. *A convergnece analysis of iterative methods for the solution of nonlinear ill-posed problems under affinely invariant conditions*, Inverse problems, **14**, 1081–1106 (1998)
35) H. M. Edwards, *Riemann's Zeta Function*, Academic Press (1974)
36) H. W. Engl, M. Hanke and A. Nuebauer, *Regularization of Inverse Problems*, Kluwer (1996)
37) H. W. Engl, K. Kunisch and A. Nuebauer, *Convergence rates for Tikhonov regularization of nonlinearill-posed problems*, Inverse Problems, **5**, 523–540 (1989)
38) P. P. B. Eggermont and V. N. LaRiccia, *Maximum smoothed likelihood estimation for inverse problems*, Ann. Statist., **23**, 199-220 (1995)
39) W. A. Essah and L. M. Delves, *On the numerical inversion of the Laplace transform*, Inverse Problems, **4**, 705–724 (1988)
40) H. Fujiwara, T. Matsuura, S. Saitoh and Y. Sawano, *Real inversion of the Laplace transform in numerical singular value decomposition*, J. Anal. Appl., **6**, 55–68 (2008)
41) I. J. Goodd and R. A. Gaskins,*Nonparametric roughness penalties for probability densities*, Biometrika, **58**, 255–277 (1971)
42) A. Greenleaf, Y. Kurylev, M. Lassas and G. Uhlmann, *Invisibility and inverse problems*, Bull. Amer. Math. Soc., **46**, 55–97 (2009)
43) C. W. Groertch, *The theory of Tikhonov regularization, Fredholm equations of the first kind*, Pitman (1984)
44) M. Hanke, *A regularizing Levenberg-Marquardt scheme, with applications to inverse groundwater filtration problems*, Inverse Problems, **13**, 79–95 (1997)
45) M. Hanke, A. Neubauer and O. Scherzer, *A convergence analysis of the Landweber iteration for nonlinear ill-posed problems*, Numer. Math., **72**, 23–37 (1995)
46) M. Hanke, *Regularizing properies of a truncated Newton-CG algorithm for nonlinear inverse problems*, Numer. Funct. Anal. Optim., **18**, 971–993 (1997)
47) G. H. Hardy, J. E. Littlewood and G. Pólya, *Inequalities*, Cambridge University Press (1934)
48) A. Hertle, *Continuity of the Radon Transform and its Inverse on Euclidean Space*, Math. Z., **184**, 165–192 (1983)
49) H. Hochstadt, *The Functions of Mathematical Physics*, John and Wiley & Son's Inc. (1971)
50) S. Helgason, *The Radon Transform*, Birkhäuser (1980)
51) B. D. Hughes, N. E. Frankel, B.W. Ninham, *Chen's inversion formula*, Phys. Rev. A, **42**, 3643–3645 (1990)
52) Y. Huang, *Modified quasi-reversibility method for final value problems in Banach spaces*, J. Math. Anal., **340**, 757–769 (2008)
53) D. Isaacson and E. Isaacson, *Comment on Calderón's paper:'On an inverse boundary value problem'*, Math. Comp., **52**, 553–559 (1989)

54) V. Isakov, *Completeness of products of solutions and some inverse problems for PDE*, J. Diff. Eq., bf 92, 305–317 (1991)
55) V. Isakov, *Inverse Problems for Partial Differential Equations*, App. Math. Sci. series **127**, Springer (1998)
56) D. S. Jerison and C. E. Kenig, *Boundary value problem on Lipschitz domains* (ed. by W. Littmann), MAA Studies in Math., **23**, 1-68 (1982)
57) D. S. Khoury, B. Taccardi, R. I. Lux, P. R. Ershler and Y. Rudy, *Reconstruction of endocardial potentials and activtion sequeces from intracavitary probe measurements. Localization of pacing sites and effects of myocarrdinal structure*, Circulation, **91**, 845–863 (1995)
58) C. E. Kenig, J. Sjöstrand and G. Uhlmann, *The Calderon problem with partial data*, Ann. Math., **165**, 567–591 (2007)
59) M. V, Klibanov and F. Santosa, *A computational quasi-reversibility method for Cauchy problems for Laplace's equation*, SIAM J. Appl. Math., **51**, 1653–1675 (1991)
60) R. Kohn and M. Vogelius, *Determining conductivity by boundary measurements*, Comm. Pure. Appl. Math., **37**, 289–298 (1984)
61) V. A. Korshunov and V. P. Tanana, *Determination of the phonon density of states on the basis of thermodynamic functions of a crystal*, Dokl. Akad. Nauk SSSR, **231**, 845–848 (1976)
62) N. S. Koshlyakov, M. M. Smirnov and E. B. Gliner, *Differential Equations of Mathematical Physics*, Moscow (1951) ([英訳] North-Holland (1964)) (藤田　宏他訳, 物理・工学における偏微分方程式 (上)(下), 岩波書店 (1974, 1976))
63) V. V. Kryzhniy, *Direct reglarization of inversion of real valued Laplace transfoms*, Inverse Problems, **19**, 573–582 (2003)
64) V. V. Kryzhniy, *Numerical inversion of the Laplace transform analysis via regularized analyutic continuation*, Inverse Problems, **22**, 579–597 (2006)
65) M. Kubo, L^2-*Conditional stability estimates for the Cauchy problem for the Laplace equation*, J. Inv. Ill-Posed Problems, **2**, 253-261 (1994)
66) H. Kudo and T. Saito, *Derivation and implementation of a cone-beam reconstruction algorithm for nonplanar orbits*, IEEE Trans. Med. Imag., **13**, 196–211 (1994)
67) R. Lattès and J.L. Lions, *Methodes des quasi-reversibilité et applications*, Dunod (1967)
68) H. A. Levine, *Logarithmic convexity and the Cauchy problem for some abstract second order differential inequlities*, Journal of Differential Equation, **8**, 34–55 (1970)
69) J. L. Lions, *Optimal Control of Systems Governed by Partial Differential Equations*, Springer (1971)
70) A. K. Louis, *Incomplete data problems in x-ray computerized tomograhy I: Sin-*

gular value decomposition of the limited angle transform, Numer. Math., **48**, 251–262 (1986)
71) J. Maddox, *Möbius and Problems of inversion*, Nature, **344**, 377 (1990)
72) J. G. McWhirter and E. R. Pike, *On the numerical inversion of the Laplace transform and similar Fredholm integral equations of the first kind*, J. Phys. A : Math. Gen., **11**, 1729–1745 (1978)
73) A. Mercado, A. Osses, and L. Rosier, *Inverse problems for the Schrödinger equation via Carleman inequalities with degenerate weights*, Inverse Problems, **24**, 015017(18pp) (2008)
74) T. Matsuura, Al-Shuaibi, Abdulaziz, H. Fujiwara and Saitoh, *Numerical real inversion formulas of the Laplace transform by using a Fredholm integral equation of the second kind*, J. Anal. Appl., **5**, 123–136 (2007)
75) 松坂和夫, 集合・位相入門, 岩波書店 (1968)
76) E. W. Montroll, *Frequency Spectrum of Crystalline Solids*, Journal of Chemical Pysics, **10**, 218–229 (1942)
77) V. A. Morozov, *Methods for Solving Incorrectly Posed Problems*, Springer-Verlag (1984)
78) A. Nachman, *Global uniqueness for a two-dimensional inverse boundary value problem*, Ann. of Math., **143**, 71-96 (1996)
79) F. Natterer, *The Mathematics of Computerized Tomography*, SIAM (2001)
80) F. Natterer and F. Wübbeling, *Mathematical Methods in Image Reconstrction*, SIAM monographs on Mahtematical Modeling and Computation (2001)
81) C. V. Nelson and D. G. Geselowitz, ed. *Theoretical Basis of Electrocardiology*, Claredon Press (1976)
82) R. G. Novikov, *An inversion formula for the attenuated X-ray transformation*, Ark. Math., **40**, 145–167 (2002)
83) L. Payne, *Bounds in the Cauchy problem for the Laplace equation*, Arch. Ration. Mech. Anal., **5**, 35–45 (1960)
84) A. Pazy, *Semi-groups of linear operators and applications to partial differential equations*, Springer (1983)
85) R. Piessens, *A bibliography on numerical inversion of the Laplace transform and applications*, J. Comput. Appl. Math., **1**, 115-128 (1975)
86) V. A. Sharafutdinov, *Integral Geometry of Tensor Fields*, VSP (1994)
87) K. T. Smith, D. C. Solmon and S. L. Wagner, *Practical and mathematical aspects of the problem of reconstructing objects from radiographs*, Bull. Amer. Math. Soc., **83**, 1227-1270 (1977)
88) E. Somersalo, M. Cheney and D. Isaacson, *Existenece and uniqueness for electrode models for electric current computed tomography*, SIAM J. Appl. Math., **52**, 1023–1040 (1992)
89) E. M. Stein and G. Weiss, *Fractional Integrals on n-dimensional Euclidean Space*,

J. Math. Mech., **7**, 503–514 (1958)

90) X. G. Sun and D. J. Jaggard, *The inverse blackbody radiation problem: A regularization solution*, J. Appl. Phys., **62**, 4382–4386 (1987)

91) J. Sylvester and G. Uhlmann, *A uniqueness thoerem for an inverse boundary value problem in electrical prospection*, Comm. Pure Appl. Math., **39**, 91–112 (1986)

92) J. Sylvester and G. Uhlmann, *A global uniqueness theorem for an inverse boundary value problem*, Ann. Math., **125**, 153–169 (1987)

93) 田辺國士, ポスト近代科学としての統計科学, 数学セミナー 11 月号 (2007)

94) 田辺広城, 関数解析 (下), 実教出版 (1981)

95) A. N. Tikhonov and V. Y. Arenin, *Solution of Ill-posed Problems*, NewYork Wiley (1977)

96) E. C. Titchmarsh, *Theory of the Riemann Zeta-Function (2nd ed.)*, Oxford (1986)

97) H. Triebel, *Interpolation Theory, Function Spaces, Differential Operators*, North-Holland (1978)

98) 堤　正義, 逆問題の数学, 共立出版 (2000)

99) G. Uhlmann, *Developments in inverse problems since Calderón's fundamental paper*, Harmonic Analysis and Partial Differential Equations, Chicago Lecture Notes in Math. Univ. pp.295-345, Chicago Press (1999)

100) V. N. Vapnik, *The Nature of Statistical Learning Theory*, Springer (1995)

101) I. N. Vekua, *Generalized Analytic Functions (2nd ed.)*, Pergamon Press (1962)

102) V. S. Vladimirov, *Generalized Functions in Mathematical Physics*, Mir Moscow (1979)

103) D. V. Widder, *The Laplace Transform*, Princeton Univ. Press (1972)

104) Y. Yamashita, *Theoretical Studies on the inverse problem in electrocardiography and the uniqueness of the solution*, IEEE, Trans. Biomedical. Eng., **29**, 719–725 (1982)

索　　引

あ　行

アインシュタイン振動数　3
アプリオリ評価　178
RN 写像　52
安定性評価　131

一意性　63
　　──の証明　68
一般な遠方場パターン　99
異方的　55

X 線変換　143
エドワーズ　8
エネルギースペクトル　2
遠方場パターン　93, 94, 97, 104

重みの付いたソボレフ空間　56
オルロフの完全条件　145

か　行

解析接続　19
ガウス・ニュートン法　215
荷重関数　222, 227
カッツマーズ法　158
ガトー微分　188
カルデロン問題　53
カルレマン評価　117, 220, 221
関数方程式　11
完全電極モデル　49
完全連続　204
ガンマ関数　11
緩和係数付きカッツマーズ法　159

擬凸カルレマン荷重　226
擬凸カルレマン荷重関数　235
基本帯状領域　9
逆黒体輻射　23
逆変換公式　26, 27, 33
逆問題の弱適切性　15
逆ラドン変換の安定性　139
球面調和関数　100
強非適切　20, 167
共役作用素　174, 189
キリロフ・ツイ条件　147
近似族　185
　　──の組　186

屈折率　86
グリーンの定理　96

形式的対称部分　221
減衰を含むラドン変換　148

格子波　4
格子比熱　5, 30
高調波解　55
黒体輻射　1
誤差の最大許容値　186, 193
コーシー作用素　77
コーシー問題　129
　　──の解の一意性　117, 123
固体の格子振動　3
固体の比熱　2
　　──とフォノンスペクトル　1
コンパクト　204
コンパクト作用素　168

コーンビーム変換　146, 164
　　——のフィルタ逆投影法　165
コーン・フォジェリウスの定理　71

さ　行

再構成公式　98
再構成の誤差　180
再構成フィルター　154
最小化問題　186
最小 2 乗解　169, 172
最小ノルム解　169, 172
最速降下法　211
最大エントロピー法　41
最良近似解　169
最良の正則化列　184, 190
雑音限界　180
作用素ノルム　180
作用素方程式　167
散乱振幅　94
散乱データ　93
散乱波　87
散乱問題　87

時間調和な平面波　87
時間調和波　86
弱形式　119
弱特異核　92
弱非適切　20, 167
シャノンのサンプリング定理　152
シュレディンガー作用素　56, 221
準可逆法　125
準静的　49
条件安定性評価　16, 28, 36
乗法的　7
乗法の作用素　5
乗法の畳み込み　10
初期値ディリクレ境界値問題　237
心外膜電位測定　113
心電図法　113
振動数分布　4
心内膜電位測定　114

正規解　193
正規方程式　174
整合的擬似解列　121, 124
整合データ　121
斉次ヘルムホルツ方程式　87
整数論　15
正則化解法　39
正則化パラメータ　186
　　——のチューニング　193
正則化列　179, 181
積分作用素の核　21
ゼータ関数　11, 17
零空間　169
全エネルギースペクトル　2, 23
線形化法　51
線形化問題　204
線形逆問題　97
全有界　205

ゾンマーフェルトの放射条件　87, 102

た　行

第一種ハンケル関数　88
第一種フレドフルム積分方程式　26
代数的再構成法　158
対数凸法　132
体積ポテンシャル　88
単調性を満たす反復正則化法　219

チェンの逆変換公式　8
逐次近似法　38, 210
逐次近似列　58
チホノフの正則化法　40, 166, 185, 186, 206
チホノフ汎関数　40, 186, 206
直交射影作用素　170
直交補空間　169

DN 写像　53, 69
停止ステップ　213
停止則　213
ティッチマルシュ　9, 11, 14, 15

ディリクレ・ノイマン写像　53, 69
適切　167
デバイ温度　3
デバイの漸近公式　158
デバイの理論　3
デュロン・プティ値　3
電気インピーダンストモグラフィー　49

投影断層定理　136, 150
透過型断層撮影法　134
統計的学習法　166
特異系　175
特異値　175
特異値分解　175
　　——による正則化　182

な 行

内部許容度　49

2次元ラプラシアンの基本解　60
入射波　87
ニュートン型の反復法　211

ノイズレベル　179
ノイマン関数　102
ノイマン級数　92, 107

は 行

背面投射作用素　137, 144
ハーディー・リトルウッド・ソボレフの不等式　60
波動方程式　86
ハンケル関数の漸近展開　94
反復正則化ガウス・ニュートン法　212
反復正則化法　213
反復法　158, 210

ピカールの定理　176
非線形チホノフ正則化　205
非線形チホノフ汎関数　206
非線形の逆問題　98
非線形ランドウェバー法　211

非適切　167
非適切問題　166
非負自己共役作用素　175
ヒルベルト変換　137

フィルタ逆投影法　150
フォノン　4
　　——の状態密度　30
輻射全エネルギースペクトル　39
複素幾何光学解　56
ブッフゲイムのアプローチ　73, 108
プランク則　2
プランクの輻射公式　2
フーリエ再構成アルゴリズム　163
フルビッツのゼータ関数　24
フレッシェ微分　200
フレッシェ微分可能　111, 200
ブロムウィッチ積分　19

平滑性の仮定　178
閉作用素　171
平面波　87
ベクア　78
ベッセル関数　102
ペナルティー項　206
ペナルティー付き最大尤度法　41
ベルガセム・フェキの変分法　118
ヘルダー空間　77
ヘルムホルツ方程式　86, 87, 101
　　——の基本解　88
変形ベッセルの微分方程式　101

ポスト・ウィダーの定理　20
ポテンシャル　54
ボヤルスキー　2, 38
ホルムグレンの一意接続定理　117
ボルン近似　93
ボルン・フォン・カルマン理論　3
本質的に Ω-帯域制限　154

ま 行

ミュンツの公式　13

索　引　251

ミュンツの作用素　12

ムーア・ペンローズの一般化された逆作用素　160, 170

メービウス関数　6
メービウス逆変換　1
メービウスの反転公式　6
メリン逆変換　10
メリン変換　8

モロゾフの相反原理　193, 198

や 行

有界線形作用素の族　77, 168

ら 行

ラゲール多項式　47
ラックス・ミルグラムの定理　127
ラドン逆変換公式　138
ラドン逆変換の近似公式　151
ラドン変換　134, 136
　　——の値域　142
ラプラス逆変換公式　19, 42

ラプラス逆変換の実解法　20, 42
ラプラス作用素　101
ラプラス変換　19
ラプラス方程式のコーシー問題　113, 116
ランドウェバー　41

リップマン・シュヴィンガー方程式　88, 91
リプシッツ連続　209
リーマンの写像定理　73
リーマンのゼータ関数　8
リーマン・ヒルベルト問題　148
リーマン予想　1, 15, 36
量子仮説　2

レベンバーグ・マルカート法　110, 212
レリッヒ　100
連続依存性　167

ローパスフィルター　154
ロバン・ノイマン写像　52

わ 行

歪対称部分　221

著者略歴

堤　正義（つつみ　まさよし）

1944 年　新潟県に生まれる
1973 年　早稲田大学大学院理工学研究科博士課程修了
1980 年　早稲田大学理工学部教授
現　在　早稲田大学名誉教授
　　　　理学博士
主　著　応用偏微分方程式（共訳，総合図書，1971）
　　　　偏微分方程式入門（共著，サイエンス社，1975）
　　　　逆問題の数学（共立出版，2000）

朝倉数学大系 4
逆　問　題
――理論および数理科学への応用――　　　定価はカバーに表示

2012 年 10 月 25 日　初版第 1 刷
2018 年 11 月 25 日　　　第 2 刷

著者　堤　　正　義
発行者　朝　倉　誠　造
発行所　株式会社　朝倉書店

東京都新宿区新小川町 6-29
郵便番号　162-8707
電　話　03(3260)0141
ＦＡＸ　03(3260)0180
http://www.asakura.co.jp

〈検印省略〉

© 2012　〈無断複写・転載を禁ず〉　　中央印刷・渡辺製本

ISBN 978-4-254-11824-7　C 3341　　Printed in Japan

JCOPY ＜(社)出版者著作権管理機構　委託出版物＞

本書の無断複写は著作権法上での例外を除き禁じられています．複写される場合は，そのつど事前に，(社)出版者著作権管理機構（電話 03-3513-6969, FAX 03-3513-6979, e-mail: info@jcopy.or.jp）の許諾を得てください．

好評の事典・辞典・ハンドブック

数学オリンピック事典	野口　廣 監修	B5判 864頁
コンピュータ代数ハンドブック	山本　慎ほか 訳	A5判 1040頁
和算の事典	山司勝則ほか 編	A5判 544頁
朝倉 数学ハンドブック［基礎編］	飯高　茂ほか 編	A5判 816頁
数学定数事典	一松　信 監訳	A5判 608頁
素数全書	和田秀男 監訳	A5判 640頁
数論＜未解決問題＞の事典	金光　滋 訳	A5判 448頁
数理統計学ハンドブック	豊田秀樹 監訳	A5判 784頁
統計データ科学事典	杉山高一ほか 編	B5判 788頁
統計分布ハンドブック（増補版）	蓑谷千凰彦 著	A5判 864頁
複雑系の事典	複雑系の事典編集委員会 編	A5判 448頁
医学統計学ハンドブック	宮原英夫ほか 編	A5判 720頁
応用数理計画ハンドブック	久保幹雄ほか 編	A5判 1376頁
医学統計学の事典	丹後俊郎ほか 編	A5判 472頁
現代物理数学ハンドブック	新井朝雄 著	A5判 736頁
図説ウェーブレット変換ハンドブック	新　誠一ほか 監訳	A5判 408頁
生産管理の事典	圓川隆夫ほか 編	B5判 752頁
サプライ・チェイン最適化ハンドブック	久保幹雄 著	B5判 520頁
計量経済学ハンドブック	蓑谷千凰彦ほか 編	A5判 1048頁
金融工学事典	木島正明ほか 編	A5判 1028頁
応用計量経済学ハンドブック	蓑谷千凰彦ほか 編	A5判 672頁

価格・概要等は小社ホームページをご覧ください．